精進大腦適應性，優化你的領導實

領導力腦科學

NEUROSEIENCE for LEADers

PRACTICAL INSIGHTS TO SUCCESSFULLY LEAD PEOPLE AND ORGANIZATIONS

尼可拉斯・狄米崔亞迪斯 ◂ 著 ▸ 亞歷山卓斯・皮斯荷約斯

NIKOLAOS DIMITRIADIS | ALEXANDROS PSYCHOGIOS

駱香潔——譯

感謝 Kogan Page 出版社經驗豐富的專業團隊全力支持，你們的協助無比珍貴。此外，也要感謝我們的學生、同事、企業客戶與聽眾對本書介紹的觀念熱情支持，並且持續提供嶄新的挑戰、觀點和經驗。因為你們，我們的大腦才得以愈變愈豐富。

另外，感謝世界各地成千上萬、購買本書第一版的讀者，謝謝你們接受書中提出的觀念、論點與方法。特別要感謝的是曾與我們分享實驗成果、經驗談與提供建議的朋友。

最後，感謝家人無條件的理解、支持與愛。

第二版獻給想要利用人類大腦浩瀚（且通常是隱藏的）力量提升領導力的每一個人！

目錄

前言

領導力之謎與人類的大腦

「優秀的領導者具備哪些特質？」幾個世紀以來，全球的科學家、哲學家、專業人士乃至於普羅大眾，都不曾停止思考這個深刻的重要問題。《哈佛商業評論》（*Harvard Business Review*）是一本影響力深遠的管理期刊，其二〇一五年十一月號的封面正是這個問題，顯示出商界與組織團體對領導力的濃厚興趣。儘管這個問題備受關注，卻一直沒有明確的答案。嘗試回答這個問題的理論與模型很多，但沒有一個能成功掌握領導力的全貌。直到現在，我們深信費解的領導力之謎終於找到令人信服的答案，而這個答案存在於一個非常具體且明確的源頭：大腦。

領導力不是一門精確的科學，也不是一種純粹的藝術，甚至不是一套獨立的思想、情感與行動。領導力是一種態度，而且跟古典心理學理論中所有的態度一樣，揉合了思想、情感與行為（Rosenber and Hovland, 1960, *Cognitive, Affective and Behavioral Components of Attitudes.*），是一種整體的呈現，而非個別因素單獨影響所致。領導力這種態度在社交生活中隨處可見、無所不在；領導力並非由階級定義，也不是特定的資格。有時，我們會把領導力比喻成野花，亦即只要有適當的條件，很多地方都能長出野花。同樣地，只要在組織的內部與外部找到適當的條件，領導力就會誕生。

領導力是一種重要的社會現象，相關研究多不勝數。從過去到現在，領導力研究的主要目標就是找出前段提及和影響領導力的各項條件。我們對領導力的認識由不同領域累積而成，包括生物學、心理學、社會學、政治學、人類學與史學等。但如同前所述，無論我們現在對領導力認識得有多深，距離全面了解仍有十萬八千里，更遑論學習如何培養有用的領導態度。原因很簡單：**領導力不是一種靜態現象，而是一個不斷演化的動態現象**。既然領導力是動態現象，就需要用動態的方法去理解它。換言之，我們必須以新形態的新知為基礎，讓自己更有能力去理解領導力這種態度。而我們發現，目前最重要的突破來自「神經科學」。

過去二十年，神經科學家借助飛躍的科技進展，對人類大腦的研究和理解都達到超越以往的歷史新高。與神經解剖學、突觸發育和大腦功能有關的嶄新創見紛紛問世，不僅大幅影響了我們對大腦內部運作的理解，也影響了我們對個人態度與社會態度的認識。因此，藉由神經科學的幫助，我們了解在組織內部做為一種態度的領導力是什麼。雖然，神經科學對行銷與溝通等其他商業領域有更加直接的影響，但是它對領導力的影響顯然也引發了愈來愈多的關注。

例如：洛克（Rock）與林勒（Ringleb）兩人於二〇〇九年共同出版的著作中，稱之為「神經領導學」（neuroleadership）。他們將神經領導學定義為「針對領導者與追隨者之間以影響力為基礎的人際關係，所進行的生物學微觀基礎研究」。神經領導學主張，藉由了解大腦的運作機制，領導者可在自己與其他人努力提升績效之際掌握優勢。此外，二〇一三年韓森（Henson）與羅素（Rossouw）兩人共同出版的著作中，也支持這種看法，他們指出目前已有證據顯示當領導者激勵自己和團隊善用腦力的時候，領導者發揮的效用會更加顯著。達成這種結果的三大主因是：加強個人腦力、發展健康的人際關係與建立優質的共同思維。由此可見，愈來愈多人認為神經科學開闢出新的路徑，除了有助於理解領導力，也有助於調整至關重要的領導力態度。

不過，讓領導者重視大腦靈活度與腦容量的實際作法，以及大腦靈活度與腦容量對領導力態度的確切影響之相關研究和發展，似乎較為少見。雖然這個主題的出版品數量頗豐，卻幾乎沒有一種按部就班、具體可行的方法，教導我們如何用簡單、有系統且實用的方式掌握這項新知；然而，對於企業與組織管理者等專業人士而言，掌握這項新知，其實是非常重要的。

我們認為「實際可行的判斷力」是現代領導者的必備能力，也就是古希臘哲學家亞里斯多德所說的「實踐智慧」（phronesis）。「實踐智慧」與判斷力之間的關聯在於採取符合情境的行為，而這些行為早已深植於每個人的日常經驗。「實踐智慧」是一種思考、認知、行動與生活的方式。我們透過實際經驗獲得這種智慧，再藉由反思經驗深入了解這種智慧。然後，它會幫助我們形成判斷，影響我們的行為。也就是說，實際可行的判斷力關乎我們能否意識到影響判斷力的事情；無疑地，大腦就是其中之一。

本書旨在幫助每一位領導力的執行者，意識到大腦對領導行為的影響。尤有甚者，本書想提供一種實用且全面的方法，幫助讀者了解領導力大腦，並讓領導力大腦發揮效用。神經科學與行為科學對大腦的認識與日俱增，除了借鑑這兩個領域的知識，本書也將參考傳統的領導力與商業思維，為讀者介紹提振領導力大腦的有效作法。對充滿挑戰的企業與組織環境來說，這更是重中之重。我們將以豐富多元的尖端研究為基礎，建立全面、具體、簡單的作法，幫助管理者與專業人士提升自身領導力。有鑑於此，我們提出「大腦適應性領導力」（brain-adaptive leadership，簡稱ＢＡＬ），這是組織化的社會實體都可採用的一種思考、感受與行動方式。

BAL是一套針對「態度」的方法，適合想要藉由「了解大腦與大腦對行為的影響」來領導專案、流程和群眾的每一個人。這種方法可歸類為廣義的應用神經科學，而重點在於「應用」。有鑑於現有的其他方法效果都不夠好，如果你必須盡快拿出新穎又有效的領導方法，那麼，這本書正是為你而寫的。

不過，在正式開始前，我們必須以更具體的方式說明ＢＡＬ的三大要素，分別是大腦、適應、領導力。

大腦

我們生活在大腦的新世紀（the new century of the brain）；這個詞是《科學人》雜誌（Scientific American）二〇一四年三月號的封面標題。過去二十多年來，神經科學、行為經濟學與其他科學領域，聯手打破許多決策和人類行為方面的迷思，尤其是根深蒂固到難以撼動的「邏輯至上」觀。這種觀念的信徒正在迅速減少，因為理性與分析思考的能力並不是「絕對的」人類能力。這種能力重要嗎？重要。它是最重要的嗎？不是。

我們在本書詳細討論的神經科學說得很清楚：**人類不是也不應該是純粹的理性動物**。取而代之的是以更複雜、更深刻（我們敢說是）也更全面的角度，去看待和理解大腦內部運作以及大腦如何影響生活，這是改善人類行為的關鍵所在。也因此過去二十年來，有無數的研究與書籍針對神經科學、大腦和塑造行為的隱性力量進行了討論。與此同時，各行各業都對「以大腦為基礎的人類行為原理」愈來愈感興趣。

此外，醫療技術的進步在這方面助益甚鉅。影像技術（例如：功能性磁振造影ｆＭＲＩ）與神經學、生物統計和腦波偵測等其他技術，都為大腦研究做出重大貢獻。我們因此對神經的作用、發展與連結性有了更多嶄新的創見。這些新發現不但影響了我們對腦功能的認識，更重要的是，它們也對腦功能如何影響個人與群體的決策過程產生深遠的衝擊，包括隨之而來的個人與社會行為。換言之，這些發展正在形塑我們對社會現象的理解，例如組織中的領導力及其改變。現在，讓我們盡量用簡單的方式說明大腦的生物學機制。

大腦不是器官，而是一個非常複雜的綜合體，由不同的部位組成，這些部位也經歷了長時間的動態演化。用更具體的方式描述，大腦（包括動物的大腦）是由巨量的神經元組成，神經元之間則藉由數以兆計的突觸彼此連結。神經科學家認為人類約有八百六十億個神經元，每個神經元約有一千個突觸。由此可證，在我們大腦裡活躍的突觸總數非常巨大，反映出大腦的複雜程度。你可以把神經元的連結想像成一張網路，如下圖所示。

神經元透過一種叫做「動作電位」的電信號彼此溝通，電壓僅〇·一伏特，傳導速度每秒一二〇公尺。當電信號抵達突觸，刺激神經傳導物質之後，就會進而打開神經元的電開關；而神經傳導物質能激發或抑制神經元活動。大致而言，我們知道神經傳導物質對大腦功能至關重要，因為它們使大腦得以不斷改變，適應來自外部與內部的各種刺激。總而言之，大腦是神經元構成的一張網，而神經元有非常精密的活動形態，是一個非常複雜的組織。

除了上述對於神經元的簡短描述，我們也必須認識大腦的構造。人類出生之後，大腦會發展成看起來大同小異的各種樣貌。我們可以用最簡單的方式來描述大腦結構，也就是將大腦分成三個相互連結的主要部位。這是常見的三腦理論，我們將在第八章討論「三腦理論」與「說服力」之間的關聯。雖然三腦理論因為過度簡化而飽受抨擊，但是用於認識以及介紹大腦結構與功能仍是相當有用的工具。

第一區叫腦幹（brain stem）或後腦（hindbrain），又稱爬蟲腦

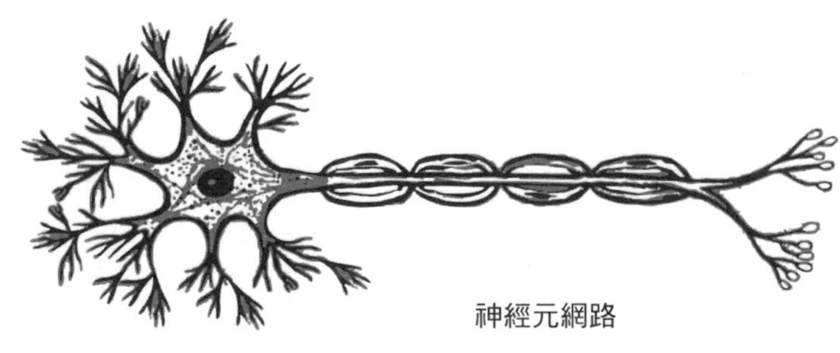

神經元網路

（reptilian brain），因為爬蟲動物的腦也有這一區；也有人稱之為蜥蜴腦。它位在頭顱底部、脖子上方。人類的爬蟲腦是由延腦、橋腦和小腦組成，負責掌管維持生存的自主行為，如：呼吸、心跳、血壓、吞嚥和睡眠等功能。近年來的腦科學研究發現，爬蟲腦也會影響情感和認知能力。

第二區叫邊緣系統（limbic system）或情感腦（emotional brain），又稱為哺乳動物腦（mammalian brain）。它與我們的情感系統有關，掌管社交行為，包括具體行動和決策。它也跟基本情感有關，因為恐懼與情感中樞「杏仁核」以及獎勵中樞都位在這一區。不僅如此，邊緣系統和聽覺、視覺資訊處理跟心情等其他功能之間也有關聯。在此必須說明一件事：儘管邊緣系統與情感有關，但這並不代表情感只「存在」於這一區，只會在這裡活躍。我們必須知道情感是一種跟神經系統有關的複雜心理狀態，與思想和感受相關的化學變化都會產生情感。

第三區叫做新皮質（neocortex）或前腦（forebrain），又稱為理智腦（rational brain）。新皮質與高階資訊處理、認知技能和記憶的形成之間存在著關聯性。舉例來說，大腦皮質與組織文字和說話的能力有關，也和發揮創意、想像力以及思想的產生有關。另外，與資訊處理和資訊儲存相關的認知能力，也是理智腦的重要功能。新皮質可進一步分為四個主要腦葉，分別是額葉、枕葉、顳葉、頂葉，前述的各項功能就位於這幾處。

對我們來說，這些活動都發生在大腦裡。大腦決定我們的行為，包括情感、思想和行動。本篇一開始說過領導力是一種態度。既然如此，我們可以說領導力也是由大腦功能來決定的。領導力的研究與實踐都應該從大腦出發，並且以大腦為終點：不管是一個人的大腦還是一群人的大腦，組織內外皆然。為此，討論領導力若不提神經科學、心理學、人類學與行為經濟學，非但不夠完整，甚至可能做出嚴重的錯誤結論。我們的思考模式、分析技巧、心情、情緒反應、習慣、人際關係的建立與溝通技巧、快速應變的能力、快速理解他人的能力、整體影響力與說服他人的能力，幾乎每一件你想得到跟領導力有關的事，都可追溯到大腦。大腦能使你成為優秀的領導者，而你是否願意讓它這麼做呢？

適應

現代社會與存在於其中的集體本質，可用一個詞來形容：複雜（complexity）。社會與組織是人類不斷互動的系統，「複雜」是其固有的特質。我們經常在課堂上請學生為「複雜」下一個最簡單貼切的定義。在經過討論並提出各種定義之後，結論通常是：「複雜」形容的是無法被充分理解的任何情況。也就是說，我們無法輕易理解進而掌控的事，就是複雜的事。在此，我們必須嚴格區分「錯綜複雜」（complicated）和「複雜難解」（complex）這兩種複雜的差異。「錯綜複雜」指的是一件事取決於諸多因素，通常需要專業知識才能加以說明與掌控。而「複雜難解」的事同樣取決多種因素，差別在於這些因素幾乎無法預測、確知，進而受到人類掌控。

過去五十年來複雜科學（complexity science）逐漸茁壯，大幅改變我們對物理現象的理解。複雜理論與混沌理論也對社會科學造成影響，包括管理和領導力，尤其是近三十年，複雜理論將社會與組織視為是由無數自主個體組成、複雜的適應系統，這些個體的行為都是非線性、不可預測的突發行為。話雖如此，這些適應系統天生具備自我組織的能力，因為系統內部的關係，是由持續不斷的反饋迴路所引導的。同樣地，混沌理論也認為社會系統會隨著時間不停演化，因為微小的變化就足以使整個系統發生難以預測的起伏變動。

由此可見，複雜性已成為社會科學的金科玉律。我們居住的世界動盪（volatile）、不確定（uncertain）、複雜（complex）、模糊（ambiguous），簡稱VUCA，而事實上，這個觀念已相當普遍。

想知道VUCA的世界是什麼模樣，不妨想一想你平常是如何度過一天。你每天會接收到多少資訊，包括與工作直接和間接相關的資訊；你每天的通訊量：你發出和收到多少email，無論這些信件是否彼此相關，甚至（更重要的）是否有用；你每天跟別人互動多少次，無論是面對面、打電話，還是透過Skype之類的數位溝通平台；你花多少時間閱讀與工作相關的新聞、瀏覽相關網站等；你每天花多少時間觀看與工作相關的社群媒體。最後，請想一想你從各類媒體接收到的總資訊量。別忘了這樣的事情或多或少也發生在地球上大部分的人身上，形成一張巨大無比的人際互動網。以上只是針對我們所居住的世界進行的一次小小的思考練習。

這世界充滿動態活力、快速變化、不可預測性、不確定性，當然還有無窮盡的資訊。毫無疑問，**我們的VUCA世界是一個資訊世界**。若社會組織過去遵循的是「官僚體制」（bureaucracy），現在它遵循的是「資訊體制」（infocracy）。這個新觀念，主張權力的來源不再隱藏於地位和職位裡，在這個資訊爆炸的年代，權力已在組織化的社會實體中重新分配。資訊體制需要一套全新的方法，目標是「持續不斷地適應」，而非像官僚體制那樣追求唯一的最佳結果。資訊體制認為生活中的大小事是群體共同創造出來的，差別是每個人的影響程度不同。換句話說，**這個新體制認為「人」才是社會系統的關鍵因素。人類必須明白我們在定義VUCA世界的過程中扮演關鍵角色，尤其是領導者**。人類不只是被動接受定義。想要明白這一點，人類急需獲得新的適應能力。

而腦科學為我們帶來希望之光，那就是「神經可塑性」（neuroplasticity）。在人類的一生中，大腦並非毫無變化。恰好相反，它每一天都在變化。神經可塑性的存在已獲得證實，意思是大腦具備改變、接受訓練、適應、產生新的神經連結和削弱舊有神經連結的能力。除了顯而易見的遺傳因素之外，這些能力都取決於我們本身、居住環境，以及我們如何與環境互動。即使到了成年與老年階段，大腦的變化依然不會停止。因此，對必須不斷適應複雜世界的新形態領導力來說，大腦才是關鍵。或許正是基於這個原因，聲譽卓著的《哈佛商業評論》才會在二〇一九年初做了一期特刊，名為〈商業背後的腦科學〉（*The brain science behind business*）。

領導力

領導力是個極受歡迎的詞彙，對社會與組織均影響重大。在谷歌搜尋「leadership」會出現大約四十三億八千萬筆搜尋結果。若將關鍵字改為「leadership in business」（企業領導力），搜尋結果大約是十七億三千萬筆。領導力很重要；自從人類出現、原始社群慢慢發展成文明社會以來，領導者一直扮演著關鍵角色。為什麼人類對領導力深信不疑？心理學或許能提供重要線索。

美國心理學家麥考比（Maccoby）指出，人類喜歡追隨領導者的原因分為理性與非理性。前者與應付未知有關，通常指的是未來。在面對未知的情況時，領導者能帶來安穩與確定性。他們能提供希望，為我們指引一條明確的道路。不過，非理性的原因似乎更加重要。我們不一定知道自己為什麼追隨領導者，因為這是碰到困境的自然反應。這種心甘情願的追隨，源自我們「無意識」中投射在我們與領導者關係上的情感和印象。由此可證，領導力是大腦演化出來的一種狀態。

試圖理解、說明、甚至（弔詭地）「控制」領導力這種現象的研究，成千上萬。原則上，這些探索領導力的文獻，將領導力分為四大類，也可說是四種領導風格：

一、專制型（autocratic-controlling approach）：領導者以提升效率為目的，尋求並控制資源。

二、激勵型（motivational-engagement approach）：領導者注重人際關係和激勵他人，藉此提升成效。

三、改革型（transformational approach）：領導者的目標是改革組織文化，以求達成更好的成果。

四、適應型（adaptive approach）：領導者將組織視為不斷改變的複雜系統，並隨之持續適應。

這四種風格是一種演化模式。領導力一開始是控制，接著走向激勵，然後是改革，最後是適應。至於本書提倡的領導力，不僅限於第四種風格，還要延伸這個觀念。適應型領導力處理的主要是系統，並且以系統做為核心分析主題。系統具有適應性，而領導者必須在系統內部持續變化的環境中發揮作用。**我們的領導力討論重點不是系統（外部世界），而是大腦（內部世界）**。人類的大腦也具有適應性，正因為大腦擁有這種非凡的應變能力，領導力才有辦法改善組織、為眾人創造更好的未來。

尤其特別的是，我們的方法偏重演化與生物學觀點。我們認為領導力（和其他因素）根植於大腦以及大腦在人類史上的演進過程。我們的許多觀點都奠基於一種叫做「演化領導力理論」（evolutionary leadership theory，簡稱ＥｖｏＬ理論）的新觀念。ＥｖｏＬ理論遵循演化思維，試圖解釋「古代人類承受的天擇壓力」如何催生領導力。此觀點認為，人類的行為（以及領導

誰是領導者？

在此必須說明一件事。本書中提到的「領導者」主要是指在各種組織裡擔任各層級正式管理職位的人。但是，別忘了非正式的「領導者」也能從本書得到重要收穫。你不需要擁有正式的階級權威也能激勵他人，引導對方達成特定的目標，並在過程中提供對方支持。是的，我們說的就是你。所有的母親、父親、朋友和平凡人，你們都具備領導者的思想跟行為，自己卻不一定知道。這本書也非常適合你！

力）是受到生物演化影響的生理、神經與心理作用的結果。此外，我們必須知道這種生物演化會自動發生，而且與環境相關，因為它們對環境的影響極為敏感。ＥｖｏＬ理論用多種角度研究領導力行為與結果。舉例來說，組織認知神經科學、神經組織行為與組織神經科學都運用了神經科學的工具和技巧來研究組織現象，包括領導力在內。另外，也有學者研究領導力的個別差異，他們把焦點放在荷爾蒙與神經傳導物質上，以及它們對領導力行為有何影響；有人研究領導力跟遺傳的關聯性，甚至有人研究臉部表情以及表情對領導力的詮釋有何影響。

以上，是ＥｖｏＬ理論的幾種研究，除了這些，領導力行為的生理影響研究還有兩個極為重要的面向。**第一個是追隨者**。ＥｖｏＬ理論認為追隨者的重要性不亞於領導者。既然領導力是演化的結果，那麼追隨也一樣。換言之，追隨者在領導的過程中不可或缺，追隨者的參與絕對是生物演化的產物。**第二個是環境**。ＥｖｏＬ理論認為領導風格的差異，源自不同情況造成的環境差異。因此，ＥｖｏＬ理論認為領導力的特性深受文化影響。

如前所述，我們的領導力模式聚焦於三項要素：領導者、追隨者與環境。我們認為做為一種社會現象，領導力的理解不能跳脫這三項要素構成的框架。因此，若把這三項要素拆開來單獨研究，會限縮我們對領導力的認識；在我們看來，這三項要素的最大公因數正是大腦。

也就是說，了解大腦與大腦對行為的影響之後，我們可以：加強自己身為領導者的意識，並且更加清楚自己的限制與能力；藉由了解他人（追隨者）如何做決定和接受激勵，提升自己對追隨者的意識；藉由了解領導行為發生的時間、空間與情境特性，提升自己對環境的意識。總而言之，我們堅信了解大腦的運作方式，並知道我們有能力改變大腦如何回應刺激，將能使我們從更好的角度去反思經驗並形成判斷，進而調整行為，用更好的方式對待自己與他人。而ＢＡＬ是達成這個目標的關鍵作法。

什麼是「大腦適應性領導力」（ＢＡＬ）？

大腦適應性領導力（ＢＡＬ）有四大支柱，是我們將收集、彙整、實踐過的想法、科學見解和實用建議分成四類，凝聚成以大腦為基礎的全方位作法，可應用在商業、管理、教育和個人生活上。在建立這套作法的過程中，我們使用了大量科學與商業文獻，盡可能參考最新的研究結果，並將之與傳統觀念融合在一起。此外，我們也使用來自世界各地的學術研究、具體實例、案例研究、個人經驗、專業意見與實用技巧。但最重要的是，我們參考了自己在諮詢、研究、訓練、指導、創業和管理方面的實戰經驗。左頁這張圖就是這四大支柱的示意，以下將分別詳述：

支柱一：思考

第一根支柱是大腦的認知功能。這是本書花最多篇幅討論的支柱，因為領導者與企業都亟需學習以大腦的為基礎的思考方式。學會這麼做，就能釋放分析思考的真實力量，達成更多目標。也就是說，想成為大腦型領導者要做的第一件事是維持和增強意志力。原因非常簡單：領導者要有強大的頭腦，才有辦法快速有效地處理棘手的情況。若輕易浪費腦力，就做不到清楚、切題、有用和啟發人心的思考與決定。因此，要好好學習如何保留和發揮意志力，避免掉入自我耗損、倦怠與一心多用的陷阱。此外，對於認知偏見（cognitive bias）的察覺也很重要。經濟學家、心理學家、商業書籍作者與商業顧問，都將偏見視為非理性思考的主要害處。強大的腦雖然充滿意志力，同時卻也充滿毫無益處的錯覺。所以領導者必須對偏見保持覺察，才能有意識地判斷這些偏見有沒有用（沒錯，偏見也能發揮效用）。偏見出現時保持警戒，視需要加以利用。同樣地，對可能造成誤導的「自動模式辨識」（automatic pattern recognition）也要

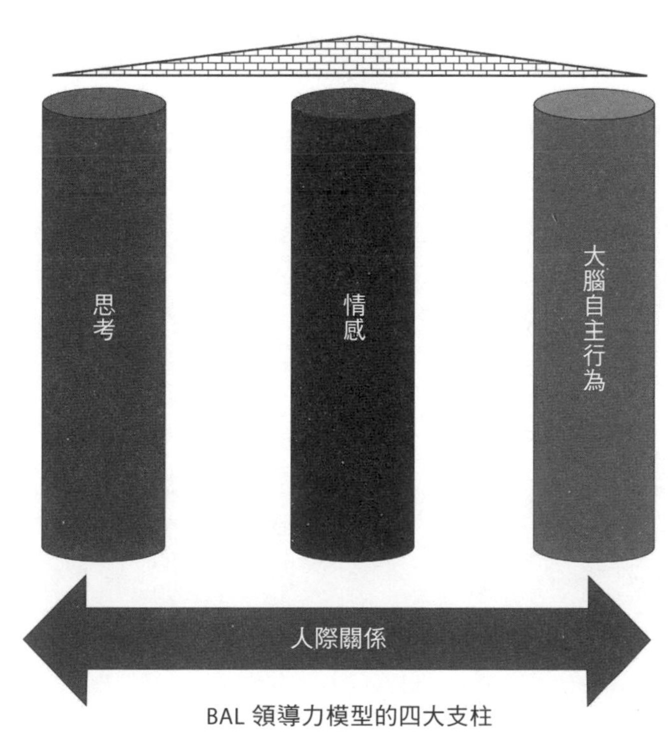

BAL 領導力模型的四大支柱

留意，只要懂得提問，碰到任何情況都能直接抓出關鍵。

提問是領導力的核心能力。深刻且充滿意義的使命感能幫助領導者專注思考。除此之外，尋找和進入最佳的「心流」狀態，亦能幫助領導者提高思路的清晰度、效度與生產力。創意思考是最重要的思考類型，因為在面對經常中斷與改變的情況時，足智多謀的解決能力至關重要。說到大家最想加強的認知能力，「記憶力」是意見調查中的常勝軍。擁有良好的工作記憶與長期記憶總是令人讚嘆，也能讓自己更有說服力。領導者必須知道如何加強和運用記憶力。除了記憶力，他們也必須透過開放、積極、注重成長的思維來改善心態，使他們在面對充滿挑戰的情況時仍能保持敏銳度，掌握大局。

支柱二：情感

第二根支柱是大腦的情感變化。身為人類，我們不一定總是能理解和表達自己的情感，這對領導者而言是一大挑戰，因為**驅動人類的是情感，而非思想**。為此，我們會提供具體的方法，教你如何辨認核心情感並加以分類，以及如何判斷自己和他人的情感；及早準確判斷並適當處理情感的能力，是提升領導力的關鍵。另外，在適當的時刻觸發適當的情感，也是現代領導力的必備技能。適時善用情感方程式與情感靈活度，能為領導者創造奇蹟。所以，我們會深入討論各種情感類型、面對刺激時既定的情感反應，以及如何辨別情感。更重要的是，我們會告訴你如何配合現代領導風格改變情感。

除此之外，領導者也必須檢視自己的心情，也就是半穩定的情感狀態，因為錯誤的心情足以摧毀團隊、部門或甚至整個組織的合作精神。發掘有助於成長的正面心情，傳達給身旁的人，效果立竿見影。

支柱三：大腦自主行為

第三根支柱是大腦的自動反應與規範。我們的決定與行為主要源自意識控制之外的大腦作用，根植於更深層的大腦結構，而現代領導者必須理解和善用這些作用。領導者可藉由促發效應（priming）來刺激自己和他人的大腦，進而促成特定的決定或行為，這是領導者每天都該做的事。也就是說，領導者可借助促發效應來提升生產力、創造力與社會連結力。此外，節省珍貴腦力最有效率的方法是建立習慣，因此習慣也應成為提升領導力的策略之一。習慣是重複的行為模式，而工作環境中的習慣代表組織文化，必須謹慎處理。近來有文獻指出，只要遵循正確的規範，改掉自己與他人的舊習慣，從而建立有利的新習慣絕非難事。因此，**打破負面習慣、建立正面習慣，可使領導力事半功倍**。

另外，經過數百萬年的演化之後，大腦已有能力處理實體世界的挑戰和機會，並發展出自主互動與回應環境變化的獨特機制。因此，我們認為應付實體環境或實體情境時，「潛意識」會對領導者的決策跟行為造成影響，且影響甚鉅。現代領導者必須了解人腦與實體世界之間的互動，同時善用空間，獲得自己想要的行為反應。

支柱四：人際關係

第四根支柱是最後一根支柱，反映出領導者的社交生活。我們認為這是最重要的支柱，因為領導力是一種人際互動，社交生活是領導者實踐人際互動的場域。這根支柱不該被視為不同於前三根支柱的大腦作用，它的功能是把前三根支柱串接起來。唯有與他人建立深刻且有意義的心理連結，領導者才有可能激勵對方。

為了建立這樣的心理連結，領導者必須充分理解意識的社會基礎，在商業互動中秉持「合作第一，互惠第二」的態度。我們會提供注意事項，並鼓勵現代領導者發展屬於自己的「雷達」去偵測身旁值得建立連結的人。光是學會這項技能就足以大幅提升領導效能。善用大腦的模仿傾向能建立並維持高效的企業文化。除此之外，藉由強連結與弱連結來創造和管理寬廣的人脈，也將提升你的領導地位。另外，藉由自身風度、溫暖與力量來引發共鳴，亦能幫助你和組織內外的重要人士建立堅強聯繫。但是，如果你不確定腦部的相關化學物質是否處於合作模式，就無法讓大腦適應以人際關係為基礎的領導力。

原則上，人際關係的建立與壯大都離不開溝通，而溝通的重點是雙方都以彼此想要的行為來回應對方。**因此說服力是領導力的核心技巧，現代領導者必須具備影響行為以便達成組織目標的能力**。我們必須調動大腦的三大功能才可激發有意義的行為改變，這三大功能是：思考、感受與行動。因此我們必須引導由強烈情感驅動的理性，同時調整環境以求建立我們想要的習慣。為了加強對個人與群體大腦的影響結果，領導者必須視需要祭出說服力的幾個準則、可使領導者快速發揮影響力的詞彙（例如「因為」）、富有同理心的對話，以及吸引大腦注意力的六個關鍵刺激物。總之，增強說服力對你自己和他人的工作都有正面影響。

現在，請讓你的心理和大腦都做好準備，一起進入ＢＡＬ的世界吧！

開始前的重點提醒

一、雖然神經科學是ＢＡＬ模型的主要依據，但這套方法的討論與引據，也納入了心理學、社會學、行為經濟學、管理學與領導力學，甚至參考了行銷與溝通。現代領導者需要充分利用各種資源，不應畫地自限。

二、碰到你有興趣的議題，不妨參考其他研究。一本書不可能深入討論每一個主題、概念、案例和建議。我們提供詳盡的參考書目，也鼓勵讀者自行探索。包括那些質疑本書討論的神經科學等主題的參考資料，例如：喜劇演員羅伯・紐曼（Robert Newman）二〇一七年的著作《神經大都會》（直譯，*Neuropolis: A brain science survival guide*）、心理學家保羅・布倫（Paul Bloom）二〇一七年的著作《失控的同理心》（*Against Empathy: The case for rational compassion*），以及心理學家班哲明・哈迪（Benjamin Hardy）二〇一八年的著作《意志力沒有用》（直譯，*Willpower Doesn't Work: Discover the hidden keys to success*）。仔細觀察就會發現，古典心理學與現代神經科學之間的碰撞，有愈演愈烈的趨勢，因為使用大腦判讀技術的神經科學正在改寫，甚至推翻心理學的傳統理論與方法。把互相衝突的論點都看過一遍，然後以批判的態度建立有理有據的意見，這是現代專業人士的必備能力。

三、每一章開頭的小故事都是真實案例。這些故事中面臨困境的商界領導者，都是我們在工作上碰到的領導者與經理人，遍及世界各地。然而，我們改變了一些細節，隱去他們的真實身分，但是困境本身並未更動。

四、我們花費了十四年的時間建立ＢＡＬ模型，書中所有的練習和建議都經過時間驗證。請自行找出最適合你與團隊的練習和建議。請盡量在適當的時機多做練習，這樣就能找到最適合的方法。別忘了「質」與「量」一樣重要。

五、這本書的作者與目標讀者，都是領導力的執行者。這不是一本神經科學家寫給領導者看的書。這一點很重要。我們不會為了解釋神經科學而詳細介紹大腦，而是精心挑選並彙整出我們在管理、諮詢、教學與研究過程中最重要的資訊。不同於市面上相同主題的多數書籍，這本書裡不會出現任何腦部圖片。領導者非常需要善用大腦，但是沒必要詳細了解大腦結構。我們會提供大腦關鍵功能的詳細資訊，不過重點會放在實際應用上，這是ＢＡＬ模型的主要精神。

六、大腦充滿驚喜，所以請保持開放心態。神經科學與研究人性的其他領域都仍在發展中，尤其是人類行為。科技的探索將拓展知識的疆界，催生出更多嶄新的見解。例如：二〇一八年澳洲神經科學研究院（Neuroscience Research Australia）的神經科學家喬治・派克西諾斯（George Paxinos）與研究團隊宣布，他們發現了一個前所未知的大腦部位：「在我們研究過的恆河猴及其他動物的大腦中均未發現。這個部位可能是人類除了大腦體積比較大之外，另一個不同於動物的獨特之處。」所以永遠不要停止探索、停止提問、停止學習。

七、不要只是坐著看書，還要動手實踐。與閱讀相比，實際操作會學得更多、更快。只要感覺對了，隨時都能把書中的想法與建議付諸實行。先用低風險的情況嘗試一下，然後慢慢應用在重要性更高的各種任務上。我們不期待你對書中的建議照單全收，但我們希望你在探索大部分建議時可以樂在其中。

八、請忘了理性的經濟人理論（Homo Economicus）。幾百年來，這個過時的人類觀受到某些經濟學家的支持，但現在已站不住腳了。人類並不理性，也永遠不會是理性的。這其實是一件好事。理性在執行深層決定時至關重要，但若是少了道德準則、情感驅動與同理心的穩定指引，人類將淪為冷血的心理變態。優秀的領導者不該如此。他們是關愛、寬容、熱情、充滿想像力的人（其具備上述幾項特質的全部或部分），面對任何困難都會繼續向前。如果他們是純粹理性的人，早就放棄了許多次。

九、這套方法與你有關，也與你身旁的人有關。ＢＡＬ模型改變的不只是一個人的大腦，而是許多人的大腦。領導者改變自己的大腦之後，身邊的人必然也會隨之改變，形成一股銳不可當的前進力量。領導者都不是孤島。領導者是強大的社會力量，時時刻刻肩負著改善所有人事物的重大責任。

十、我們都是領導者：第一線的員工、中層經理人與主管、部門主任、總監與執行長，全部都是領導者。領導者與專業人士之間的分隔線已經消失了。複雜、混亂、大量資訊加上要求嚴苛的客戶，都導致舊有模式不再適用。無論擔任什麼職位，只要當個善用大腦的領導者就能帶來有意義的改變，而且是很多有意義的改變。

接下來，讓我們一起認識第一根支柱。

第一篇

思考

第一章　大腦夠力，領導才有力

星期五的企劃會議

星期五的下午，眾人齊聚會議室。這個星期大家都忙得跟狗一樣，因為明年一整年的企劃正進入收尾階段。加班到半夜是家常便飯。今天的會議是要說明關鍵策略的最後幾個重要細節，會議室裡的整體氣氛顯得很緊張。每個人都已身心俱疲，希望會議能早點結束。

商業企劃從來就不是輕鬆的工作，但是今年面對新市場的挑戰，壓力特別大。他們的企劃有可能創造成長，為公司帶來改變；但也有可能表現不如預期，嚴重損傷公司與團隊的聲譽。團隊領導者走進會議室，她的領導風格是以身作則，所以這個星期她上班最早到、下班最晚走。她深信苦幹實幹、努力不懈就會成功。她看了一眼議程，又看了看表情緊張的同事們。會議開始。

然而執行方面的討論，很快就演變成咄咄逼人的對峙。策略上的歧見變成惡毒的人身攻擊。會議還沒結束，不滿的情緒就已讓好幾個人情緒崩潰。雖然團隊最後底定了可達成主要目標的企劃案，但是一年來斥資不斐、精心培養的團隊精神就這樣遭受損害，無法挽回。破裂的同事情誼沒有修復，短短幾個月內就有兩位擔任關鍵職務的同事離職。

聽起來或許令人驚訝，但星期五那場會議其實尚未開始前就已有了結果。決定這結果的不是參與會議的人，也不是領導者，而是他們的大腦。

上述的情況，各位領導者與經理人碰到多少次？正式的會議、重要的口頭報告、意見回饋或簡單的決策會議，參與這些活動的人經常都是情緒緊張、工作過度。我們對優秀領導者的文化刻板印象，是永遠精神奕奕、永遠處於最佳狀態、永遠掌握一切。

但是，科學已證實腦力是有極限的。若對這些限制視而不見，自我控制的能力就可能會迅速降低，進而對相關人士造成可怕的後果。意志力是重要的領導特質，需要精心培養才足以支持清晰的思維和更好的情緒管理，而這一切都始於大腦。

大腦是耗能的怪獸

大腦消耗的能量是全身器官之首。二〇〇八年《科學人》雜誌的一篇文章指出，大腦需要的能量占身體可用能量的二十％以上。以身體質量來說，大腦僅占全身的二％，卻需消耗五分之一的氧和四分之一的葡萄糖。如果身體是一間公司，大腦是一個部門，這表示這個部門的員工人數僅占二％，但需要的財務資源卻高達全公司的二十％。想當然耳，這個部門會以最高的效率和效益做出每一個決定。

然而，關鍵在於輕重緩急，每一個行動都要依據它對公司整體生存的影響細細權衡；這正是大腦的運作模式。大腦將維持生存的身體功能放在第一位，視需要將能量從比較外部的、奢侈的功能（例如：分析和預測）轉送到維生的戰略區域。沿用公司的比喻，許多公司在面對銷售下滑的時候，會把資源集中在維繫公司存續的地方，其實也是差不多的道理。除此之外，比較複雜且風險較高的計畫與比較昂貴的廣告活動也會失去原本的資源。

此外，神經科學更進一步發現，大腦將大部分的能量用於自動維護系統，而不是用於負責執行和高階的認知功能。大腦有將近九十％的能量是在平靜狀態，也就是不需要進行太多思考的狀態下消耗掉的。換句話說，大腦只能分一小部分的能量給複雜的、對認知要求較高的任務，例如：主持年終會議、討論企劃案的最終細節、巧妙處理團隊內部的歧異等。**我們以為在日常生活中，大腦運作大多發生在我們可察覺的區域，也就是我們的意識；這實在是大錯特錯。**

實際上，我們的腦力大多用於腦部深處的其他區域。據估計，意識的頻寬是每秒一百位元，甚至有人說只有五十位元，可是每秒進入大腦的資訊卻高達一百億位元。簡直不可思議，因為這顛覆了我們身為物種與個體的基本認知。事實上，賦予我們能力和技巧去追求自我與事業的大腦部位（亦即進行分析與有意識地解決問題的部位），只從大腦的整體能量與處理能力分到一小部分。這意味著，我們必須小心謹慎地管理這些能量，否則在面對每天吃力、困難、令人筋疲力盡的資訊處理任務時，就沒有太多能量能運用了。

而關於這一點，有個新理論說明了大腦為什麼需要持續使用這麼多能量，而且主要用於潛意識；事實上，這個問題已困擾神經科學家好幾十年。詹姆斯．柯茲洛斯基（James Kozloski）是IBM湯瑪士．J．沃森研究中心（Thomas J Watson Research Center）的神經科學家，他在二○一六年開發了一套其稱之為「新皮質資訊交換的大腦封閉迴路模式」（closed-loop brain model of neocortical information-based exchange），用以解釋大腦為什麼消耗這麼多能量。柯茲洛斯基說，信號在大腦迴路裡不斷循環，也就是在既有的神經通路上反覆傳導。基本上，大腦之所以一次又一次利用既有的神經通路傳遞信號，是為了確定三種關鍵功能正常發揮：感覺（sensory）——告訴我們正在發生什麼事；邊緣（limbic）——進行解讀；行為（behavioural）——建議適當的回應。這種永無止盡、極度耗能的過程有利於演化，因為在我們面對源源不絕的環境挑戰時，它給了我們生存與發展的優勢。

因此，領導者必須回答的主要問題是：需要在類似困境中拿出最好的表現時，他們願意讓大腦分送多少力量到解決問題的部位。他們會不會製造一個腦力不夠用，為了生存只好自動把腦力送往更重要、更深層部位的情況？還是，妥善管理工作與生活環境，使他們在碰到困難時也能將腦力發揮到極致？第一個選項是通往錯誤決定、憤怒反應和無效會議的捷徑。與此相對，第二個選項則是一條安全道路，能加強領導者的決策能力，讓他們能用有效且有意義的方式，控制情感反應。

不過在開始之前，我們必須先處理一個存在已久的迷思，這個迷思跟大腦的力量及處理能力有關。我們在上課和演講時，會問台下的人對大腦有何了解，最常聽到的答案是我們只使用了十%的大腦。但這不是真的。這跟說我們只使用手臂的十%一樣荒謬。一條健康的手臂並非時時刻刻都處於使用狀態，但是在需要的時候，必要的肌肉與功能都會派上用場。大腦也是如此。

劍橋大學教授賽門・勞夫林（Simon Laughlin）說：「大部分的神經元都是長時間處於靜止狀態，等待被激發的那一刻才動起來。這麼做是為了維持能量效率。」休息的腦細胞受到刺激時才會開始行動，執行必要功能。在健康的大腦裡，每一顆細胞或多或少都做好了執行任務的準備。順帶一提，盧貝松於二〇一四年的電影《露西》（*Lucy*）由史嘉蕾・喬韓森（Scarlett Johansson）擔綱演出，她的角色露西把大腦的使用率從十%用到一〇〇%，最後變成像神一樣的生物。然而，諸如此類的熱門電影完全無助於打破十%的迷思。話雖如此，那部電影確實滿好看的。

鍛鍊意志力的必要性

意志力與自制力並非取之不盡、用之不竭。沃爾特・米歇爾（Walter Mischel）於二〇一四年的著作《忍耐力》（*The Marshmallow Test*）中，詳細描述並說明史丹佛大學著名的棉花糖實驗；這是米歇爾在一九六〇年代末與一九七〇年代初進行的實驗。

米歇爾以生動的方式證明我們處於需要展現自制力的情況時，大腦會快速消耗能量，導致接下來進行需要意志力的任務時表現較差。在實驗中，遵循要求、展現較高的意志力不吃掉棉花糖的孩子，在緊接著登場的自制力實驗中表現較差。相反地，在棉花糖實驗中自制力較差、快速吃掉棉花糖的孩子，在第二個實驗中表現較好。這是怎麼回事？意志力不是有或無的東西嗎？棉花糖實驗的結果明顯違反直覺，因為我們以為意志力是一種重要的人格特質。社會似乎普遍認為無論在任何情況下，有些人就是比較堅強，有些人就是比較軟弱；我們也會根據自己心目中的特定印象，給領導者貼上堅強或軟弱的標籤。

我們向觀眾（學生或企業主管）展示棉花糖實驗後，請他們預測第二個實驗的結果，幾乎所有人都給了預期中的答案：在第一個實驗中意志力較強的孩子，第二個實驗的表現也會比較好。而在我們揭露真正的結果之後，觀眾通常需要幾分鐘的時間，才能消化這種關於意志力的新觀念。這也再次證明即使有堅實的科學證據，要推翻自己對人類本質與行為的長期看法，絕非易事。待觀眾終於想通意志力跟肌肉一樣用久了也會累之後，他們才有辦法為過往經驗找到更好的解釋，並以更有自信、清楚的方式去面對未來。通常他們會想起自己在專業生涯中發生過的特定事件，這些事件使他們耗盡腦力，導致他們在事件結束後的思考和行為都變得效能低下。

練習：工作上什麼事情令你最苦惱？

找個地方坐下，放輕鬆，回顧一下你最後一次在工作上面臨危急難關，需要費力快速做出決定的情況。想一想，哪些事特別消耗腦力，在那之後發生了什麼事？用前面的敘述來整理你的結論，想一想下次應該注意的地方。現在立刻試試看，結果保證令你大呼驚奇！

大腦會動用它擁有的力量，幫助你妥適執行你想完成的任務，例如：協商、宣傳演講或一對一的指導課程。但同時，大腦是一個節能的器官，當它必須消耗許多能量且整體能量因此下滑的時候，它會重新調整使用能量的先後順序，把能量送到需求最高的地方，而這些地方向來是維持大腦生存和身體功能的各個中樞。

因此，若領導者想表現出最佳狀態，就必須時時留意大腦是否能把能量輸送到與「執行」有關的部位。否則，原始的情感、混亂的想法和錯放的注意力會鳩佔鵲巢，損害執行的過程、人際關係與結果。而當自我（意即主導行動和有效自制的能力）筋疲力竭以至於再也無法正常運作的時候，就會出現自我耗損（ego depletion）。基本上，這時大腦已失去了掌控，你也失去了掌控。原始的大腦功能完全接管身體。這是所有領導者避之惟恐不及的情況。絕對不能發生！

關於自我耗損，根據多倫多大學心理學教授因茲里克特（Michael Inzlicht）及其同事於二〇一六的研究，發現至少涉及人類大腦的四個部位：

- 背外側前額葉皮質（dorsolateral prefrontal cortex，簡稱 DLPFC），這是與計畫和堅守規則有關的部位。
- 腹側前額葉皮質（ventrolateral prefrontal cortex，簡稱 VLPFC），這是與抑制控制和轉換設置有關的部位。
- 背側前扣帶迴皮質（dorsal anterior cingulate cortex，簡稱 dACC），這是與監控衝突或錯誤有關的部位。
- 側頂葉區域（lateral parietal regions），這是與維持和更新工作記憶有關的部位。

而在因茲里克特與同事回顧了相關主題的神經科學研究之後，於二〇一六年發表了結論：「從社會心理學的角度來看，這幾個作用都可視為自制力的必備要素，但只靠一個作用不足以維持自制力。」這說明自制力和光譜另一端的自我耗損都是複雜的神經學現象，牽連甚廣。

所幸長期而言，領導者大腦中的抑制力是可以改善的。自我耗損的頂尖研究者羅伊・鮑麥斯特（Roy Baumeister）藉由著作《意志力》（直譯，*Willpower: Rediscovering the greatest human strength*）指出增強意志力的好處，以及不增強意志力的壞處。以自制力科學原理為基礎的建議，加上我們自身的經驗，都告訴我們「高階思考」、「堅定的價值觀」與「即時意見回饋」是企業強化領導者意志力的三大策略。以下分別詳細說明。

高階思考

高階思考，指的是更抽象也更有創意的思維，也可說是單純從大局去思考一個情況。**這種思考方式比較概念化，直搗問題的「原因」，跟著重於問題「內容」與「方法」的低階思考恰恰相反。**

實驗發現，在意志力測試中，高階思考比低階思考更能幫助大腦好好表現。雖然這項科學發現對管理和領導力具有深刻的實質意義，卻沒有受到企業重視。現代組織似乎只對作法與速成有興趣；也就是說「行動」比「思考」更受青睞，因為市場變化快速，企業必須快速回應。企業幾乎沒有餘裕進行細緻的概念思考與抽象深思。即使真的有人進行高階思考，通常也是高層主管的特權，甚至是最高層的領導者才有這個資格。但與此同時，企業卻要求第一線員工發揮絕佳的自制力和意志力，在動盪的市場裡展現恢復力並且每日奮戰。但是，要滿足這個要求，就必須鼓勵各級員工公開討論大局、思考「為什麼」，以及反思事情的原因。

我們的目標是幫助領導者綜觀全局，而不是只關注獨立因素。為了達到這個目標，我們必須知道高階思考對腦力的重要性。加強高階思考能幫助領導者根據意志力來做出決定、採取行動，使他們在快速有效完成任務的同時發揮更高的自制力。

堅定的價值觀

堅定的價值觀也與強大的意志力有關。想要維持精神專注與心理強度的領導者，必須培養有意義且深刻的價值觀。招聘看的是態度，技能靠的是訓練，這是企業普遍的策略，因為有工作操守的人，無論面臨怎樣的情況、無論有多麼疲累，大致都能維持行為端正。跟缺少價值觀或價值觀有問題的人相比，他們會花更多精神去做自己認同的事。

此外，堅定的個人價值觀也為大腦提供了一張行為規範的藍圖。就算連續工作數日、筋疲力竭，大腦也可以在能量不足的情況下進入習慣模式，重複相同的行為來節省腦力。這些預設的行為若有根深蒂固的價值觀做為指引，將有助於達成願景，面對外部刺激時也比較不會產生不良反應。同時，建立堅定可靠的組織價值觀亦能發揮相同作用，加強企業的群體意志力。不過，建立堅定的價值觀不只是品牌認同與內部口號這麼簡單。**價值觀應該深植於企業DNA，從上到下皆然**。價值觀必須成為衡量行為與績效的絕對標準。唯有如此，大腦才會知道這套價值觀是生存的必要條件，從而將它歸類為自主行為。碰到能量稀少的時候，它仍能獲得必要的能量。就我們的經驗來說，使用「ABC架構」（詳見次頁說明）可使組織上下一心接納組織價值觀。

即時意見回饋

意見回饋為大腦提供調整行為的具體檢查項目（關於回饋的資訊與建議詳見第八章）。缺乏自制力的人通常比較隨和、對衝動的感覺比較敏感，或甚至比較容易情緒激動。即時意見回饋不僅能幫助抑制不良行為，也有助於重新評估情況，進而糾正行為。

舉例來說，如果有人正式告訴你，想要成為升職的候選人就必須提升自制力，這個意見將直接影響你在下一次開會時的行為。同理，如果你覺得你不一定能察覺自己的情緒是否過於激動，可以請一個信得過的同事在會議氣氛愈來愈火爆的時候偷偷提醒你。若是放大範圍來看，建立透明又能提供支援的組織文化，廣設快速和正確回饋意見的辦法，將可幫助員工的大腦在正確的時間接收到正確的信號以便調整行為，並藉此展現更強的自制力和意志力。一旦信號的重要性愈高，大腦就會給它愈多能量跟關注來處理任務。我們是否確定自己在正確的時間接收到正確的信號呢？我們是否給予

建立組織價值觀的 ABC 架構

「A」是「權力」（authority）。組織價值觀的實踐與傳遞，是由上而下，從權力高的職位傳至權力低的職位。這是因為低位階人士的大腦會潛意識地複製高位階人士的行為。

「B」是「氣壓計」（barometer）。組織需要定期衡量價值觀在組織成員心中的地位與情況。衡量的兩個主要標準是每一種價值的重要性與效度。也就是說，我們必須衡量每一種價值的潛在影響（重要性）以及它對行為的驅動力有多強（效度）。

「C」是「貫徹度」（consistency）。價值觀裡的每一個價值都不應該只用於內部公關和建立品牌故事，而是要以每個人都能了解的、正式的方式，與組織裡所有的程序跟步驟高度結合。也就是快速養成適當的習慣來鞏固價值觀。

意見回饋適當的關注與重視，幫助大腦做出適當的行為？如果不是，我們可能不具備積極回應信號所需要的力量。

意志力的科學原理告訴我們：領導者應該怎麼做才能擁有一顆強大的大腦，但這並非故事的全貌。若想要從更全面的角度認識大腦的力量，並且為大腦補充足以應付複雜問題的能量，就必須預防「過勞症候群」（burnout syndrome）。

過勞症候群

等了好久，你終於出國度假了！這個假期你當之無愧，因為你去年忙了一整年，與跨領域和跨國團隊一起完成重要的企業重整計畫。這個計畫從開始到結束都非常累人。你經常在腦中想像這次假期，放下一切，盡情享受陽光與大海。你要暫時忘卻工作，然後煥然一新地回去上班，摩拳擦掌迎接新任務。問題是假期結束後，回到辦公室的你儘管身體已充分休息、精神恢復活力、情感也充飽了電，卻只工作了一個星期，就感到前所未有的疲憊。老實說，這種奇怪的感覺很多人都有過，但很糟糕的是，多數人都不想費心去尋找答案，因為我們以為只要找回那個有幹勁的自己就行了。

很可惜，這樣無法解決問題。你已經放過假，而且放假期間腦袋也天馬行空或徹底放空。是哪裡出了錯？這種面對工作的疲累與負面感受從何而來？很可能是「過勞症候群」降低了你的能力，使你的工作表現不如期待。

長期過勞在現代組織裡並不罕見，因為新的問題層出不窮，昨天的心得不一定能應付明天的挑戰。不過，造成過勞症候群的不只是疲勞；這又是個違反直覺的答案，因為不夠妥善的核心工作條件也會使大腦失去專注，導致表現不符眾人期待，但主要是不符你「自己的期待」。身心俱疲的你，能否好好發揮領導力？我們認為答案是「不能」。若領導者長期疲勞、憤世嫉俗或感到無能為力，要怎麼激勵和影響他人呢？而以上這些，都是過勞的主要症狀。若整支團隊都已筋疲力竭，日積月累長期承受這些症狀，領導者要如何領導這樣的團隊呢？這幾乎是不可能的任務。

在我們提供諮詢與輔導的過程中，就曾碰過團隊上下都很疲憊的企業。部門主管、中階經理人與第一線員工不斷抱怨自己體力透支，要做的事情太多、太快，工作量天天都無情地增加。更糟的是，他們通常無法有效描述自己的處境。他們確實能感受和理解每天的遭遇，但語言似乎不足以表達他們的想法。於是他們一有機會就立刻求助。這樣的企業文化就像能量吸血鬼，會把員工的心理能量吸光殆盡。

然而，領導者只要往深層挖掘就能輕易找到身心俱疲的真實原因，並且立即採取行動，不讓這種情況繼續影響表現。唯有如此，領導者才能面對並減少憤世嫉俗的想法、提振自信，同時讓自己和他人都更有力量去達成目標。

不可否認，過勞是嚴重的組織問題。根據美國蓋洛普調查（Gallup poll）發現，二十三％的員工經常感受到身心俱疲，偶爾有此感受的員工占四十四%，這顯然是造成員工缺乏向心力與離職效應的原因。事實上，這種情況全球各地都很常見，因此二〇一九年世界衛生組織（ＷＨＯ）的《國際疾病分類》第十一版將過勞列為職業現象。**過勞不是一種疾病，而是一種症狀，世衛組織認為過勞「被視為沒有好好處理長期工作壓力所導致的結果」**。

至於過勞的主因，是管理階層無法解決長期壓力，進而突顯出領導力確實至關重要；領導者必須建立一個能快速有效偵測和解決過勞的工作環境。而想要建立這樣的環境，第一步是確定領導者本身沒有過勞。

特斯拉與SpaceX的執行長伊隆·馬斯克（Elon Musk）就是領導者過勞的典型案例。二〇一八年八月七日，馬斯克在推特發文說他已取得將特斯拉私有化的資金，並且公布了股價。首先，這不是事實。其次，他不該在尚未與團隊、合夥人及投資人充分討論的前提下發這種推特。這個事件導致馬斯克失去特斯拉董事長的職位，他個人與公司也都付了高額罰款。幾天後馬斯克接受訪問時，承認上一年是他職業生涯中最痛苦和艱難的時期，他發那則推特時，每週工作長達一百二十小時。馬斯克坦言：「有時候我在工廠一待就是三、四天，一步都沒有離開。我犧牲了跟孩子相處的時間，也沒跟朋友見面。」馬斯克的情況告訴我們，不是只有中低階層員工才會身心俱疲和過勞。從實習生到執行長，每個人都要注意。如果沒有及早發現過勞並妥善處理，將會導致錯誤、生產力下滑、行為不穩定、拒絕溝通、人際疏離、衝突、曠職以及其他對組織不利的行為。

職場社交的重要性

身體上的疲勞有很多種方式能處理。放假是個好選擇，但是每天和每週「固定放鬆」的幫助更大。領導者必須留意，長期超時工作可能會因為腎上腺素飆升而使你處於「亢奮」狀態，但這種「亢奮」的舒服感覺只是暫時的，目的是隱藏身體和精神承受的痛苦與效率低下，導致你明明需要休息充電卻還是繼續工作。

創造一個允許大家休息放鬆的工作環境，是有效解決過勞的重要方式。有時間恢復或紓壓能帶來的正面影響無須贅述。與此相比，過勞的深層原因比較難處理。若我們想要鍛鍊大腦的領導力，就必須果斷解決這些問題。

總的來說，理解和預防過勞的關鍵字是：「錯誤搭配」（mismatch）。當錯誤搭配持續一段時間仍未解決，就會引發一種或多種過勞症狀。至於錯誤搭配，可能以多種形態出現，舉例如下：

- 問題的複雜程度增加，但解決問題的時間有限。
- 工作內容不符合員工具備的技能。
- 任務或組織文化的本質，與個人價值觀相違背。
- 對績效的期待很高，但可用的資源很少。
- 對任務只有執行的責任，沒有掌控的權力。
- 承擔績效壓力，卻沒有獲得公司的感謝。

- 人際關係的結構緊密，但品質低劣（例如：監督人與被監督人）。
- 言行不一：經理人說一套做一套。
- 新員工被交付難以預測的任務。
- 認為工作很嚴肅，但同事的態度卻輕率無禮。

事實上，與此相關的例子不勝枚舉，歡迎全球的經理人和員工自行補充。而更加雪上加霜的是，很多人碰到的情況不只一種，所以會同時感受到多重過勞症狀。總而言之，錯誤搭配下的工作環境非常不利於領導力的持續發揮。那麼，究竟該怎麼辦呢？

練習：失敗為成功之母

回想一下，你不得不處理過的複雜問題。找出令你筋疲力竭、不願堅持下去的錯誤搭配。你覺得原因是什麼？下次怎麼做，才能避免出現類似的錯誤搭配。記住，重點是找出下次應該避免的錯誤。

大腦是一種社會型的器官。監獄裡最嚴重的懲罰是單獨禁閉，證明大腦雖然有能力處理很多事，卻很難處理人際互動的缺乏。社交互動對大腦的成長與提升皆有幫助。為此，生命的早期階段如果缺少有意義的持續互動，可能會導致嚴重的精神問題與缺陷。大腦的發展與學習主要仰賴外在刺激，而社交環境扮演的角色非常重要。我們將在後面的章節討論如何利用人際關係微調領導力大腦，不過就結論來說，**建構正確的職場社交互動已是公認的過勞良藥**。

我們有豐富的內部溝通諮詢經驗，由此歸納出幾個「透過改善內部資訊交流來減少錯誤搭配」的方法。例如，精心設計的雙向溝通能幫助領導者聆聽團隊的聲音，將正確的資訊傳遞給正確的人。許多公司並不重視完整說明情況以及討論企業的價值觀、目標、流程與結果，但這確實是解決錯誤搭配最簡單的方法。對每一個想要解決個人與群體過勞的領導者來說，透過開放溝通管道交流資訊都是必要作法。良好的人際關係建立在及時正確的雙向溝通上，即便是規模很小的人際關係也不例外，例如：兩個同事之間或一支團隊。這個功夫絕對不能省。

此外，一個微笑也能發揮深遠影響力。尊重待人和散播善意都能減輕過勞對他人的影響，進而減輕對你自己的影響。最後也最重要的是，在規劃你的日程與團隊的工作時，一定要把任務的輕重緩急安排好，確保每一個人都能掌握當下的情況與背後的原因，這也是減少錯誤搭配的好方法。自制力下降與過勞症候群可能會使你的領導能力永久受損，因此，學會及時發現和治療症狀有助於強化領導力大腦。不過，現代領導者還必須處理一種會對腦力造成威脅的情況：一心多用，這可能是威脅領導力之中最棘手的，我們遇過許多相信一心多用是正面領導特質的經理人和主管，然而，一心多用的潛在危險遠超乎我們想像。

一心多用所造成的認知負擔

幾十年來，企業的複雜性急遽上升，每天都要面對許多難以預測的動態影響。技術進步與全球競爭，只是其中兩種以不可預測的方式快速改變的外部因素。如果再加上變動的人口結構、全球政局、新興科學觀念、嚴苛的客戶與高低起伏的世界經濟，不難理解現代領導者為何承受前所未有的巨大壓力。成效、新產品線、人才管理、股東價值與快速致勝，都是人們期待領導者能夠表現出色的領域，而且通常沒有聘雇更多人手的餘裕。因此，有許多人相信一心多用能幫他們成功應付這種複雜性，只要同時間處理更多任務就一切搞定。但真的有用嗎？

當然沒用。儘管大家都相信一心多用是效率超高的一種厲害絕技，但其實這種作法會削弱腦力與領導者的能力。這是因為一心多用會造成更多的認知耗損。當同步執行的任務愈多，工作記憶承受的壓力就愈大，其最終結果，就是大腦的認知負荷變得更重，使得腦力耗損的速度也隨之變快。這對經理人來說應該不意外，因為在許多其他類型的系統裡，效能與負荷都是成反比。同時間輸入過多流量會導致壅塞：從電力網到道路交通，從音樂廳到河流都是同樣的道理。但為什麼我們卻會覺得大腦不是如此呢？

與兒童和老年人比起來，成年人確實有較高的能力去同步處理多種任務。另外，教育和經驗也確實能加強一心多用的能力。今日社會製造的資訊負荷，以難以置信的速度大幅增長，比大腦處理資訊的速度高出許多。科技入口網站 techcrunch.com（https://perma.cc/C7UX-8FXL）指出，谷歌執行長艾瑞克・史密特（Eric Schmidt）曾在二〇一〇年的一場科技會議上說，現在我們兩天製造的資訊量相當於人類在二〇〇三年之前製造的總資訊量，主因是使用者製造數據並發布上網的速度極快。這個驚人的論點對組織來說應是一記警鐘，一心多用的作法亟需改變。我們不該把一心多用當成解決複雜性、壓力與資訊的方法，而是將它視為弊病。一心多用不能幫助領導力大腦做出更好的決定，反而會使大腦無法聚焦在正確的問題上，也無法激勵他人。**它製造了一種效率的假象，這種自豪的內在衝動讓你以為能在有限的時間內完成許多事情。但實際上一心多用跟效率毫無關聯**。它只是一種錯覺，也掩蓋了領導力核心特質的缺點。我們不該把領導力當成一種任務。領導力不是任務。

二〇一三年，學者三本松（Sanbonmatsu）等人的研究提供了幾個驚人的見解，質疑企業是否應該對一心多用抱持正面態度。這項研究發現，自認擅長一心多用的人，其實都有自我評價過度膨脹的情況。他們在一心多用測驗中的表現非常糟糕，甚至比不上自認不擅長一心多用、平常也鮮少一心多用的人。這項發現令人驚訝。我們愈常一心多用，就愈容易以為自己擅長一心多用，但實際上的效果卻恰恰相反。若真是如此，為什麼大家還要一心多用呢？一心多用的人追求的是完成多項任務帶來的興奮感。自稱擅長一心多用的人通常比較衝動，喜歡那種同步做很多事情的刺激感受。然而，「做事」不等於「把事情做對」。一心多用或許讓人覺得很爽、很興奮，卻無法使我們成為更好的領導者。

領導力不是一心多用的任務。領導力是溝通、引導、激勵、支持與培養，這些都不是傳統定義中的任務，而是（或應該是）經理人的日常行為。同步處理不同的事情，嘗試一次達成多重目標，可能會讓這場領導力遊戲以損失慘重告終。

三本松的研究進一步指出，自認擅長一心多用的人在控制大腦負責執行的部位時，展現出重大缺陷。負責執行的部位掌控衝動，引導注意力與專注力的流向，處理工作記憶，管理我們解決問題和完成任務的功能。認知負荷會抑制這些作用，削弱領導力，導致領導者無法發揮影響力。我們會信任並追隨一個無法專注、工作記憶混亂、解決問題能力有限的領導者嗎？當然不會。正因如此，面對一心多用應極度謹慎；一心多用的人容易分心，無法專注處理一項任務。

可是現代組織日趨複雜，資訊、娛樂跟雜音湧現的速度也超乎想像。但即便如此，企業需要的領導者，是不會每次看到新方向就衝動直闖的人；企業需要的領導者，是面對各種挑戰仍能秉持信念領導大家往正確方向前進的人。大腦僅能將有限的能量分發給負責執行的部位，若同步處理太多任務，重要的執行功能極有可能被削弱。真正的領導者能明智謹慎地運用腦力，確保大腦有足夠的能量維持專注、解決問題、抑制衝動、理性分析。否則，一旦這些功能無法得到足以正常運作的能量，便會造成困惑、迷惘、令人沮喪的行為，從而使自制力大幅下滑。

真實案例：一心多用的經理人

我們清楚記得一個真實案例。當時，我們正在為一家東南歐地區大型零售公司的事業發展主管提供諮詢服務。這位主管具備全球經驗，在國際業務方面成果豐碩，對自己和團隊都信心滿滿。但二〇〇八年經濟危機衝擊該地區的時候，他被迫處理同時爆發的許多問題。這是他從未碰過的情況，因此他一肩扛起更多責任，試圖一心多用來應付日益上升的複雜性。

任務變多，他每天工作的時數也變長。他對自己和他人施壓，結果製造的問題反而比解決的問題還多。他花了一些時間才明白一心多用是問題的癥結，而不是解方。他在同一時間將注意力分散多處，應付不同的問題，這為他帶來興奮感和一種短暫的成就感。我們一眼就看出他的專注力、排序能力和決策能力正在快速下降。幸好很早就出了錯，在分析一心多用可能造成更嚴重後果之後，他重新思考自己的作法。在我們的協助下，他決定：

- 將權力分配給最親近的幾個同事，讓他們負責幾個關鍵決定。
- 增加開會次數，但縮短會議時間，一場會議只討論一個核心議題。
- 以有效率的方式把相關任務放在同一組。
- 空出時間反思與評估新資訊和新任務之後，再動手執行。
- 提升團隊內部工作的透明度，讓大家隨時掌握情況。
- 每次完成一項任務都要聽取來自公司內外的意見回饋，確保一切按照計畫進行。
- 先校正，再進行全新的任務。
- 盡量避免接觸不重要的資訊，減少非必要的干擾。
- 每週安排靜思時間，以便專注思考手上的任務。
- 重新規劃每週工作，保留發生意外的空間，並且盡可能重新排序。

最後，跟競爭對手相比，這家公司安然度過危機，也成交了幾筆高收益的生意。這是因為上述的觀念扭轉了內部企業文化，在這位主管改變作法之後，其他人也見賢思齊。這是領導力漂亮獲勝的實例。

另外，這個案例有個細節很有意思，那就是剛進入高壓期的時候，我們的客戶其實一心多用得非常成功。三本松等人的研究確實也發現，從未一心多用的人被要求一心多用時，會比自詡擅長一心多用的人做得更好。這意味著在別無選擇的前提下，短時間的一心多用不一定會失敗。但若是一心多用成為習慣，對那種「興奮」的感覺上了癮，我們自己與公司都將面臨危害。話雖如此，有極少數的人被認為具備「一心超用」（supertasking）的能力，原因是一心多用不會對他們造成認知上的負擔。神經科學目前無法解釋這種現象。若是沒有經過詳盡的科學檢視就認為自己有能力一心超用，這不僅毫無依據，甚至非常危險。以下有更多相關說明。

二〇一九年，學者巴克曼（Bachmann）等人的一心多用研究，為如何善用這種策略提供了更多線索。他們對學生進行為期一週的研究，發現學生有四十一%的時間處於一心多用狀態。不過，每個人一心多用的情況不一樣。受試者對各種任務的認知與感受高度取決於執行任務的自主程度：被迫處理額外任務時，一心多用對受試者的身心健康有負面影響；若是自主選擇額外任務，對身心健康則會有正面影響。也就是說，當我們被要求同時執行多項任務時，如果有被強迫或控制的感覺，一心多用會有反效果。但是，如果樂意接受或甚至主動要求處理額外任務，自主程度高、參與程度深，一心多用就會帶來正面效果。

我們都知道應避免長期一心多用，而這項研究則有助於了解如何用更好的方式在必要的情況下一心多用。選擇任務與管理時間的權力能給人掌控感，能在不得不一心多用的情況下提升一心多用的效益。簡而言之，**「高度參與」和「個人情感」都能減輕一心多用的負面影響**。反之，用上對下的權威交辦任務，執行任務的人因為「只能照辦」幾乎或完全沒有掌控權，就會使一心多用變成現代企業內的怪獸，全球皆然。

恢復力才是關鍵

現代領導者面對的複雜性與巨量挑戰，近期內不會趨緩。領導者必須在嚴苛的環境中步步為營，問題是，我們的大腦跟幾千年前的人類並無二致。這代表我們處理大量資訊、動態決策與一心多用的能力也必須進步才行，這幾項因素都是自我耗損與過勞的主因。除了本章已提供的方法之外，我們還想再討論一個觀念：恢復力（resilience）。

大腦時刻都在建構並修正有效應付環境的策略。碰到耗損情感的情況時，大腦早已學會沉浸其中或徹底逃避，至於怎麼選擇，取決於我們出生的地方與人生的經歷。而**大腦能承受多少負面情況的情感衝擊，以及得花多少時間才能回歸正常，稱為大腦的恢復力**。就實際層面來說，面對驟然下滑的銷售量、重要的供應商延遲交貨、戰略夥伴改投競爭對手的懷抱等負面消息時，如果你的思考能力相對不受影響，還能維持強大的意志力，就表示你的恢復力很強。

工程上經常使用這個詞。從工程的角度來思考這個詞很有意思，能使我們體會它的內在意涵。二〇〇六年，系統整合工程教授兼認知心理學家大衛・伍茲（David D Woods）為恢復力下的定義是「了解系統如何適應，以及系統會適應哪些環境干擾」。伍茲教授指出，恢復力的基本特徵是：

- 容量（capacity）：系統能夠吸收或適應的干擾程度或種類。
- 彈性（flexibility）：為了回應外部改變或壓力，系統調整結構的能力；與之相反的是剛性（stiffness）。
- 極限（margin）：系統能在多接近極限的情況下持續運作。
- 耐受（tolerance）：系統到達極限時的表現（快速崩潰 vs 慢速崩潰）。

至於在組織的情境中，這四個基本特徵可描述為：

- 你能承受多少「打擊」，如：負面消息、糟糕的決定、與同事的個人恩怨等，以及哪種「打擊」對你的影響比較大？
- 遭受負面「打擊」時，你調整自己的能力（彈性）有多高？
- 你能在多靠近極限的情況下維持正常作業？
- 若真的到達極限，你倒退的速度是快是慢？

這些問題都很難回答，我們不一定知道答案，但它們是必須解決的重要問題。事實上，職場的心理恢復力，與工程學對恢復力的定義非常相似。二〇一三年心理學家弗萊奇（Fletcher）與沙卡（Sarkar）將恢復力定義為「在推銷個人能力與幫助個人對抗壓力源的潛在負面影響過程中，心理作用與行為扮演的角色」。恢復力就像大腦的免疫系統，幫助我們抵禦艱難的情況。不過，恢復力強不代表完全不受環境影響；所謂的完全不受影響，是冷漠、疏離、拒絕參與。與此相對，恢復力強的人遭受負面「打擊」時，會在承受打擊之後「回彈」。

個人恢復力的各種特性曾在相關文獻中出現：應付的程度、彈性、掌控感與使命感、積極的生活態度、情緒調節，以及生理恢復力的生物特徵，例如：心律變異性。此外，恢復不是靜態的，而是一個隨著時間慢慢發展的過程。

二〇一九年，神經科學家大橋（Ohashi）與同事發現，跟不具恢復力的人相比，恢復力強的人其大腦區域之間的連結性較低。這種情況在右杏仁核尤為顯著，右杏仁核是主要的恐懼中樞。這意味著恢復力強的大腦，其各部位獨立性較高，能避免強烈的負面反應遍布整個大腦。這是一項驚人發現。過去已有動物與人類研究發現，恢復力強的大腦會利用神經可塑性來處理挑戰和促進對自己有利的行為（亦即大腦的物理變化能力）。相反地，不具恢復力的大腦比較敏感或過度敏感，會把威脅跟負面性看得比較重要，而之所以會如此，通常是因為早期受過創傷。恢復力是一個過程，大腦在這個過程中積極參與恢復正常狀態（恆定）的處理機制，而不是過度強調危險，以免危險在寬廣的神經網路中橫行霸道。

實際上，在領導力研究中，恢復力也是應用廣泛的觀念。尤其是領導恢復力，它與其他正面的心理能力，例如：希望、樂觀與信心，一同被視為領導者的「心理資本」（psychological capital，簡稱 PsyCap）。二〇〇八年，學者彼得森（Peterson）等人藉由問卷調查收集和分析了來自不同產業五十五位領導者的心理資本數據，並將領導者分為「高心理資本」與「低心理資本」兩組。接著他們用一種叫做腦電圖（electroencephalography，簡稱EEG）的神經科學研究方法，比較這兩組領導者，發現高心理資本組的左前額葉皮質比較活躍，證實恢復力與這個大腦部位有關。同一個研究還發現，恢復力強的領導者對現實的觀察比較可靠，分析情況和採取行動都比較有邏輯。除此之外，二〇一二年，學者莫汀（Maulding）等人發現恢復力與高效的領導力有關。他們的研究發現恢復力、EQ與成功的領導表現之間，存在著強烈的相關性。二〇一四年學者史都華（Steward）進一步指出，恢復力強的領導者除了具備高EQ與活力等多種能力之外，也展現出身心健康、使命感、自信心等與自我相關的特性。

上述研究與相關研究都指出，恢復力不是一種存在狀態，而是在特定情境中適應與成長的複雜過程。恢復力強的領導者不是在充滿挑戰的商業環境中勉力生存，而是樂於迎接挑戰，進而在這樣的環境中成長茁壯。為此，我們想問的是：領導者如何獲得恢復力？可以從哪些方面加強呢？

根據二〇一九年美國心理學會（American Psychological Association）提出的指引，以下為能增強恢復力的十大方法：

一、建立人際關係：建立和參與有意義的人際關係，與身旁的人互相協助。

二、重新思考危機：不要把危機當成毀滅性的單次事件。換個角度想，把危機當成其他人也曾遭遇過的情況。

三、接受改變：欣然接受改變必然會發生，而且改變或許是好事，能幫助你聚焦在最重要的事情上。

四、設定目標：建立能力範圍內的實際目標，以可行的方法按部就班達成目標。

五、做出決定：用做決定和採取行動的方式來處理挑戰。

六、往內在找答案：想一想會讓你心情感到稍微舒服的情況，當問題出現時，採取類似的心態。

七、提升信心：試著相信直覺，直覺能讓你用更正面的方式看待自己。

八、拉長思考的時間線：分析負面情況時，從它的過去、現在與未來分別切入，這是看清情勢的關鍵。

提振腦力：分辨「任務」與「領導力」的區別

請列出你在工作上幾乎每天都想要，或需要完成的任務。接著再列出身為領導者，應該採取哪些行動。想一想為了完成第一張清單上的任務，你正在做什麼，以及為了扮演領導者你做了什麼。

然後，思考一下哪些任務真的很重要，哪些領導行為同樣重要。想想你在任務上花費多少時間，在領導行為上花費多少時間。兩方面都有保留足夠的腦力嗎？如何運用你在本章學到的東西增加腦力儲量？思考上述問題，並將答案付諸實踐。

九、維持正面心態：無論是面對生活或挑戰，都要聚焦在正面的事情上，想像一個更好的結果。

十、照顧身心：做對自己有更多正面影響的事，生活與工作皆然。

由此可見，維持在最佳腦力狀態的大腦，其提升恢復力的能力最強。反之，疲憊的大腦幾乎或完全不具備恢復力。

本章重點

一心多用、自我耗損與長期過勞症候群，都會對現代領導者以及領導力的發揮造成嚴重威脅。腦力對領導力來說至關重要，因為它直接影響自制力、有意義的參與、完成任務的效度和恢復力。強大的大腦造就強大的領導者，而不是反過來。為此，你必須明白，你是腦力的守護者，因此請保護大腦，將大腦的能量送到最需要的地方。

第二章 頭腦清晰，方向明確

浮現在眼前的必勝模式

真相即將揭曉。執行長即將在團隊全員面前宣布年度業績。最近業務艱難，公司努力思考如何提升競爭力。新的競爭者正以前所未見的方式蠶食市場。團隊的第三季業績令眾人失望，他們期待下一季能看見更好的銷售數字，因為執行長這位多年來備受景仰的領導者為了扭轉劣勢，做了一連串大膽的決定，而這些決定獲得眾人支持，原因是執行長一如既往地充滿魅力與信念。他深信業績一定會進步，而且他的信念並非空穴來風。

今年初，他邀請一家研究機構協助他了解情況。入行多年，這是他第一次無法像過去一樣輕鬆解讀市場，他想要了解得再深入一些。他與研究機構和幾位可靠的主管合作，設計了一項頗具規模的研究，目的是評估公司內部與外部的所有關鍵因素。這項研究的設計與執行花了好幾個月，好不容易六個月前數據算出來之後，他終於清楚自己必須做什麼。雖然，面對複雜的多層次數據，他的團隊僅能勉強釐清狀況、看清大局，但是他一眼就看懂了。他有種回春的感覺，他能看穿圖表、掌握真義，這使他再次充滿活力。他把「模式」看得很透徹。他滿懷自信地指示團隊明天該做的事；當採購主管表達保留態度時，他和其他主管安撫了她，向她保證絕對沒問題。他們現在全都看懂了。

必勝模式終於算出來了，這種感覺真好。但是當執行長走進來宣布年度業績時，他臉上的表情說明了一切：業績依然很差。後來又過了好幾年這家公司才爬出泥沼，內部人士也才終於明白了真相。

經理人與領導者因為看見必勝模式而大感振奮，這種情況發生過多少次？開會時，同事從螢幕上的數字看見絕對真理、因為頓悟高喊「啊哈」，這種情況發生過多少次？然而，所謂的必勝模式與實情完全搭不上邊，這種情況又發生過多少次呢？

說到底，**大腦熱愛模式，這是因為面對高度不確定的情況時，模式給大腦帶來安全感**。碰到危險而不知所措的時候，你不會輕舉妄動。但是你得動起來才能逃離危險，所以大腦會快速分析線索、找出最佳選擇，然後勇往直前。而為了找出最佳選擇，大腦對線索的品質不太在意。然而，一旦選擇的答案來自對形勢的誤解時，麻煩就出現了。即便逃離現況很開心，但我們可能會陷入比之前更糟糕的情況。因此，領導者做決定時應該把這種陷阱納入考量，以免遭到愚弄。這也能防止其他人被領導者的行為所愚弄。

大腦的生存執念

我們有意識地進行日常生活；我的意思是大部分的時候，以及處於無夢的非睡眠狀態的時候。意識給我們一種掌控感，因為我們可以觀察自己的思路，了解自己做決定的時間與方式。人類的學名叫「晚期智人」（Homo Sapiens sapiens）絕非意外，這句拉丁文直譯為「最有智慧的智人」。人類是唯一具有高度自我意識和語言能力的物種。雖然黑猩猩、海豚等哺乳動物，甚至連喜鵲也擁有自我意識，但人類在動物王國中獨一無二，能進行複雜精密的思考。我們不但能思考，還能針對想法進行反思，這種獨特的卓越能力一直被吹捧為最高尚的人類特性。

笛卡兒在十七世紀說了「我思故我在」，而在更早之前亞里斯多德就說過理性（希臘語的「logos」，意指邏輯）是人類獨有的能力，所以人類是理性的動物。就連藝術界也讚揚人類的思考能力，二十世紀初羅丹（Auguste Rodin）的著名青銅雕像《沉思者》就是最佳例證。「思想」控制著人類的大腦，或是有這麼做的能力，這樣的觀念已是不言自明的真理，因為這是人之所以為人的原因。**大腦負責執行的部位所代表的思想，成了人類存在的絕對基準、絕對技能與絕對動力**。**不過，神經科學說這不是事實**。

大腦的終極目標不是思考。我們在演講時經常告訴大家，思考是人類獨有的能力，這只是人類一廂情願的想法。思考是達到目標的手段，而這個目標就是生存。既然目標是生存，大腦便會用整合且明確的方式，窮極一切力量達成目標。面對特定情況時，大腦會根據生存的急迫性與重要性來評估現況，動用不同的功能來滿足目的。換言之，思考幾乎不會是大腦的第一反應，這是因為負責執行的大腦功能，亦即控制情感、預測未來、評估後果與計算等，在演化進程中發展得比較晚。智人大約在一百九十萬年前出現之後，大腦才漸漸發展出更複雜的額葉區域，這些區域跟高等語言能力有關。到這裡一切看起來都很美好。但是，人腦不是最早出現的大腦。控制生理系統與行為的神經細胞組織，早在人類出現之前就已存在於自然界。大腦結構中較古老的部分（通常稱為後腦）與中腦（通常稱為邊緣系統）對行為的影響超越大腦中年輕的部位（新皮質或前腦）。每次我們在課程中請學員畫出大腦，大家畫的都是新皮質，這似乎是多數人心目中的大腦形象。但大腦真正的影響來自更深層的地方。

後腦又叫做爬蟲腦，主掌大腦較基本的功能，例如：控制平衡、心跳、呼吸與體溫，位在腦幹和小腦。它跟爬蟲類的腦非常相似。知名作家丹．希爾（Dan Hill）在二〇一〇年的著作《心動經濟》（*Emotionomics: Leveraging emotions for business success*）中指出，這種後腦已在自然界存在大約五億年。至於邊緣系統，位於腦幹和大腦半球之間，功能包括控制學習、記憶、動機和情感則已在自然界存在大約兩億年。最後（可能也是最無足輕重的）是新皮質，三種腦之中最年輕的部位，不到兩百萬年前才發展出來的先進功能。有鑑於此，我們怎麼能相信最年輕的部位，其影響力最強大呢？檢視大腦的神經模式就會發現，「思考第一」的觀念站不住腳。邊緣系統傳到新皮質的信號數量，是新皮質傳到邊緣系統的十倍。最令人驚訝的是，新皮質的大腦活動僅占大腦活動的五％。由此可見，在大腦評估生存的所有因素中，思考敬陪末座，而從演化的角度來說，這其實非常合理。

思考本身存在於潛意識結構深處，是我們在日常生活中幾乎不會留意的東西。為了在課程和演講中說明這一點，我們使用一個受到神經科學家山姆．哈利斯（Sam Harris）啟發的迷你練習。我們會請觀眾閉上眼睛，盡可能放空腦袋，什麼都不想。幾分鐘後，我們問觀眾率先想到的是什麼。但真正讓他們驚訝的是接下來這兩個問題：這個想法是怎麼產生的，以及來自何人。通常大家會理直氣壯地說：「是我！我的想法是我自己想出來的！」直覺上這似乎是真的，但事實上這只是錯覺。實際上，進入我們腦海的想法大多來自潛意識，是我們無法改變或控制的。這些想法很重要，原因是它們進入意識之後會形塑自主行為的各種選項。也就是說，由意識驅動的自主行為，奠基於由潛意識驅動的非自主想法。

二〇一八年學者班加爾（Bhangal）與同事的研究明確指出，意識心智的內容是不由自主產生的，沒有人類的刻意參與。研究者向受試者展示用不同顏色繪製的物品圖片，請他們說出顏色或形狀，但不能兩個都說出來。測驗結束後，無論受試者在測驗中選擇說出顏色還是形狀，有半數受試者仍記得所有圖片的形狀與顏色（這個測驗的變化版是研究人員指示受試者說出顏色或形狀）。他們會記住並非出於自主選擇，與既有文獻認為非自主大腦作用從未停止的看法一致。這些作用把想法送進意識心智，我們對此一無所知也無法掌控。此外，這項實驗的研究者做了另一個實驗，請受試者不要計算物品的數量，但是不由自主記住物品數量的受試者比例，比前次記住形狀跟顏色的比例更高。為此，研究者的結論是：「人類做出X行為的同時，也會有意識地感受到關於Y行為的內容，但後者的產生並非出於（自主）選擇。」

相關主題的科學文獻很多，這只是其中之一。總而言之，這項研究顯示：不受控制的想法進入意識心智是難以預測的，而這件事每天都發生在我們身上。這意味著我們受到基於演化的神經系統影響；神經系統是可以研究、甚至可以預測的，無法研究跟預測的是由意識驅動且不明確的非機械式系統如何運作。

每當我們向企業主管和其他人說明這些事實，對方總是非常詫異。人類總深信大腦是一台有邏輯的思考機器，以至於任何反證都會令人驚訝；驚訝還算好的，更常見的反應是拒絕相信。然而，這種領悟對企業領導者做決定的方式影響深遠。一旦領導者知道大腦之所以對刺激產生人們喜歡的反應，是因為受到非常古老且隱密的力量所影響，便會改變他們對決策過程的認知。唯有他們對自然和自動出現的邏輯與思維不再那麼自信滿滿，才有辦法重新出發。

模式辨識的陷阱

我們為什麼這麼喜歡模式？員工與客戶趨勢、最新科技發展、宏觀經濟週期、投資與政治決策變化……，模式無所不在等待我們去發現。模式可以成就一家企業，也能摧毀一家企業；可以鞏固領導者的地位，也能破壞領導者的地位。**我們忍不住尋找模式，因為模式讓我們快樂。**

多巴胺是極具影響力的獎勵化學物質，也是我們熱愛模式的原因。我們每次發現一個模式，大腦就會拿這個刺激去比對記憶。換句話說，每當新的情況出現時，例如：試算表上的最新數據或市場出現新的對手，大腦就會拚命搜尋記憶，試圖找到與新資訊相符的舊資訊。找到一模一樣的資訊或是拼湊各種舊資訊建構新模式，都會產生相同的效果：大腦分泌多巴胺做為獎勵。沒有模式等於沒有原因；沒有原因等於無法確定；無法確定等於無法生存。簡言之，模式帶來掌控感，因為模式能增加生存機率，無論這是否屬實。由此可見，這是非常有效的演化機制，促使大腦不停尋找模式，進而確保人類物種的延續。

其中，多巴胺不容輕忽。它是效果強大的獎勵荷爾蒙與神經傳導物質，釋放時能產生巨大的快樂。不過，並非所有的模式辨識都會釋放大量多巴胺。模式辨識是正常的自主大腦功能，幫助我們辨識熟悉的臉孔、符號跟音樂。如果日常生活中每一種簡單的模式辨識都會刺激大量多巴胺分泌，後果不堪設想。因此，只有在艱難且不可預測的情況下完成模式辨識，才會帶來極大的愉悅感。我們之所以會在這時候感受到最多的快樂，是因為多巴胺的「預測誤差」作用。獎勵出現在最出乎意料也最令人驚訝的時候，多巴胺才會強力釋放。如果事實符合大腦預測，多巴胺的釋放量就會是正常的。本章一開始的故事，清楚展示了這個機制。情況危急，風險很高，沒人知道該怎麼做時，模式辨識令執行長感受到最大的獎勵。他一開始無力解讀徵兆，後來又被數據淹沒，於是記憶擷取出符合現況的舊模式，他因此感到興奮，充滿活力與自信。二〇一九年，學者弗里德曼（Fridman）與同事指出：

> 大腦並非只對來自外界（或身體）的感官輸入做出反應，而是藉由建構模型來預測這些輸入……這些預測時時都在與感官輸入比對（「預測誤差」）。

如果預測誤差很大（外來的刺激與既存的現實模型不太相符），而且是非常負面的誤差（現實生活事件懲罰大腦預測錯誤），大腦會學習並更新內部模型，以求未來遇到類似情況能預測得更加準確。這意味著，以多巴胺為誘因的大腦預測系統是重要的學習機制，有助於我們現在和未來的生存。然而，問題出在預測錯誤雖然會帶來痛苦與成長，但總是得等情況已完全結束才會知道預測結果，如此，對許多企業來說為時已晚。不幸地，由於事前辨識出模式帶來的興奮和獎勵，造成領導者即便在事後發現是誤判，也鮮少會記取這個痛苦的教訓。

這種預測的內部模型，在統計學上叫做「貝氏分層預測編碼」（Baysian hierarchical predictive coding），在大腦裡從上而下發揮作用，由好奇心驅動的猜想變成假設，再以即將到來的刺激資訊進行驗證。我們查看財務數據、跟同事交談、訪談客戶或造訪競爭對手的網站時，大腦出於好奇捕捉現實的碎片，然後根據過往經驗對未來的發展進行假設：

「這是否意味著第三季的現金流會有問題？」

「這是不是競爭對手將採取激進定價策略的徵兆？」

「同事對我上個月報告的下一個大投資案，是不是改變了主意？」

「這個新技術會不會毀了我們未來五年的市場？」

我們腦海中的這些問題，通常不像表面那般單純無害。它們醞釀著一個已然成形的理論，預測情況將如何發展。但是，大腦經常在真實世界資訊不足的情況下建立假設：當下的情況愈重要，大腦建立假設的速度就愈快，目的是盡快做出最有力的反應。驚人的是在這個過程中，從感官傳到大腦的新資訊所發揮的影響力會漸漸低於大腦裡的既有資訊，亦即：**假設發揮的影響力超越現實情況**。以視覺路徑來說，由上而下的路徑比由下而上的路徑還多：大腦把更多的神經通路用來傳遞自己的想法（由上而下），而不是處理來自環境資訊的想法（由下而上）。知名美國認知科學作家丹尼特（Dennett）解釋道：「當生物在非常熟悉的領域順暢運作時，外來的修正（來自現實的數據）會減少到微乎其微，大腦的猜測不會受到挑戰，就這樣掌控下一步該怎麼做。」

我們經常聽到世界各地的主管說自己的工作是動態的。每天都會碰到意料之外的情況，每一個重大決定都牽涉到複雜性。他們有責任了解全局，提供激勵人心的解決方案。與此同時，他們也必須盡量準確。所以在困難重重的環境中，模式辨識對領導者來說相當關鍵，因為每個角落都有多巴胺陷阱。連續做出錯誤決定的領導者終將失去追隨者，甚至失業。跟過去相比，在現代組織工作的人更需留意這種大腦陷阱。

我們一定會在數據、人類行為與市場趨勢中看見模式，這是大腦為了確保生存演化出來的功能。但只要盡可能檢視所有觀點、平等關注不一樣的選項，就有機會避免在看見「對錯未知」的模式時過度興奮。模式辨識會在大腦深處冒出來。當大腦由上而下進行模式辨識時，一定要立刻反覆檢查和交叉確認。切記，模式辨識雖然是很棒的天賦，但對領導者來說很有可能暗藏危機。

團結力量大……嗎？

俗話說「犧牲小我，完成大我」，表面上的意思是身處在團隊中，要把團隊看得比自己重要；隱藏的含意則是為了團隊利益，個人的聲音可忽略不計。但，要是個人的意見是對的，團隊的意見是錯的呢？你或許還記得本章開頭的故事，有位採購主管對執行長看見的模式表達疑慮，但馬上遭到執行長和相信模式的追隨者反對。最後她服從團隊，相信大家支持的意見。最終，那一年業績悲慘收場之後，她是率先離職另謀高就的職員之一。

企業裡的團隊為一個想法著迷，把它當成解決所有或多數問題的萬靈丹，這種情況並不罕見。從企業資源規劃系統（ERP）到昂貴的品牌重塑活動，從招聘新的高層人員到肯定能扭轉局勢的創新產品，團隊經常陷入「團體迷思」（groupthink）的陷阱。我們在訓練與諮詢活動裡曾多次見識過團體迷思。剛開始是一個證實有用的解決方案，接著變成強烈的團體信念，最後展露出真面目：一個誰也沒資格挑戰的教條。美國心理學家歐文・賈尼斯（Irving Janis）是研究這種現象的先驅，他以社會心理學研究為主題，於一九八二年的著作《團體思考》（直譯，*Groupthink: Psychological studies of policy decisions and fiascoes*）中，將團體迷思解釋為團體內部不願意面對現實，承認一個決定或行動存在著其他替代方案。政策團體，尤其是決策團體，會因為過往的成功經驗而變得團結並深受影響，以至於就算領導者做出糟糕的決定，也能輕鬆獲得團隊成員的絕對支持。有不少研究試圖驗證賈尼斯的論點，其中有許多研究發現，與凝聚力很低或極高的團隊相比，適度的凝聚力與更加務實的群體信心能讓團隊做出更好的決定。相反地，凝聚力較低或較高的團隊則會因為團體迷思而做出非常糟糕的決定。

若用神經學來解釋團體迷思，會發現這又是大腦深層結構與負責執行部位之間交互作用的結果。具體地說，是古老的大腦支配了新大腦。大腦擺脫不了生存的渴望，所以會推動對團體同質性有利的計畫，而不是挑戰現況。如果這個大家支持的想法來自深受愛戴、無所不能的領導者，其他人也似乎熱烈響應，這種情況會更加顯著。團體迷思用「不支持就等於反對」威脅個人大腦，暗示著反對會帶來可怕後果。我們看似自主選擇，但其實十之八九大腦早就幫我們選好了。

練習：如何避免陷入團體迷思？

為了避免團隊陷入團體迷思，你可以嘗試下列作法：

- 指派一、兩個團隊成員嚴格評估所有決定。人選可視情況更換。
- 讓不同的團隊研究相同問題，研究期間團隊不可互通聲息。

- 決策過程不能只有專家參與，有時可請經驗較少的人或外部人士加入。這麼做的目的，是納入新想法與團隊尚未研究過的想法。

試試以上作法。此外，也需要思考既能用來挑戰成熟團隊的現況，又不至於破壞團結的其他可行方式。

認知偏見

除了「模式辨識」與「團體迷思」之外，大腦碰到各種情境的自動反應還有很多，導致經理人做出錯誤決定，進而採取錯誤行動。長久以來，那些更深層的大腦結構，也就是古老的爬蟲腦與邊緣系統都把生存當成第一要務，所以它們思考快速、不受控制且威力強大，用自己的願望影響我們的行為，使得大腦負責執行的部位幾乎沒有插手機會。究竟，它們的影響力有多深？

事實上，非常深。關於認知偏見已有涵蓋多個領域的完整研究。其中急迫性高、資訊混亂與社會風氣偏向從眾等情況，最容易產生認知偏見。大腦處理資訊存在著天生限制，於是自動化規範（automated protocols）趁虛而入，造成特定行為，理性遭到忽略。若以駕車為比喻，當車子由主觀、封閉、衝動、自圓其說的司機駕駛，理性會主動坐進後座。這個司機只想以既有資訊和舒適為基礎快速回應。他不想承受風險。大腦認為花費精力探索跟嘗試只是浪費珍貴能量，它要把能量留給更令人安心的重複行為。整體而言，這條路不適合有抱負的領導者。

從神經科學的角度來看，認知偏見主要跟大腦用什麼方式判斷一個人是否屬於這個團體有關，也就是所謂的「內團體」（ingroup）。我們每天做的決定超過一千個，而目前已確認的認知偏見約有一百五十個。我們會用顯而易見的特徵來快速判斷一個人，例如：性別（通常約需五十毫秒）或族裔（通常約需一百毫秒），這種快速判斷能幫助大腦與複雜的動態環境高效互動。這種互動的成功關鍵是把人類區分為朋友、內團體與敵人、外團體（outgroup）。二〇一八年，心理學學者莫倫柏（Molenberghs）與路易斯（Louis）將這種涉及內團體偏見的大腦作用系統化，並依據神經成像研究的結果，歸納出五種扮演關鍵角色的作用：

- **身分感知**（**perception of people**）：與感知文字、臉孔和行為有關的神經區域，會在大腦辨別對方屬於內團體或外團體時變得活躍。
- **同理心**（**empathy**）：對他人痛苦感同身受的關鍵神經區域，會在我們看見內團體成員受苦時變得極度活躍；若是其他人受苦，活躍程度較低。
- **心智化**（**mentaliziing**）：同樣地，與思考他人心態有關的核心神經區域有多活躍，取決於對方屬於哪個外團體。有些外團體被視為威脅程度較高，這些神經區域會變得非常活躍；若是我們不在乎的外團體，這些神經區域就不會太活躍。
- **道德敏感性**（**moral sensitivity**）：比起與內團體的人相處，碰到外團體的人，大腦會更加敏感。

- **獎勵系統（reward system）**：當與內團體的人交際時，大腦的獎勵機制會比較活躍。而當外團體的人受苦時，大腦的獎勵機制也會變得活躍。

由此可見，善用大腦的領導者，會運用以上幾個條件來辨認團隊內部的內團體態度與外團體態度。如果內團體心態和歧視行為來自性別或種族之類的基本人類特徵，領導者就必須拿出果斷和及時的反應。這種現象，無論是基於人道或商業考量等任何情況下，都不應容忍。在全球，認同這個觀念的企業很多，它們會提供減少職場無意識偏見的訓練課程。可惜這些訓練效果不彰。英國的人資與人力發展專業機構CIPD做了一份調查叫〈有效的多元化管理〉（Diversity Management That Works），結果發現這種訓練無法有效改善行為與態度。訓練確實提高了學員的多元化意識，可惜他們的意識並未轉化成有意義的改變。這樣的結果腦科學早已預見，因為理解（亦即認知處理）不一定能觸發新的行為。訓練無法觸發行為改變，資訊亦然。谷歌的全球多元化總監瑪克辛．威廉斯（Maxine Williams）指出，若想改變態度與行為，「數字能發揮的作用有限」，而且「演算法與統計無法掌握每天遭受歧視以及面對帶有偏見的企業文化是怎樣的感受」。威廉斯認為，我們需要更深入、更貼近人心的作法。這意味著**光靠訓練和資訊來扭轉觀念不足以改變行為，甚至連先決條件都算不上**。因此，本書提供多種有科學基礎的想法和實用工具，幫助大家利用不同的大腦功能來改變行為，而不僅僅是透過理解。

此外，值得一提的是，除了提升對這些問題的意識之外，本書亦提倡你對偏見的恢復力取決於你個人的主動程度。我們在演講和輔導課程中經常使用一個觀念，取自霍華德·羅斯（Howard J Ross）二〇一四年的著作《偏見日常》（直譯，*Everyday Bias*）。羅斯的主張雖然簡單，但對每個人來說意義重大，尤其是領導者。他認為，在一個價值觀充滿確定性的（企業）文化內，如何讓大家提高警覺和感受到不確定性極為重要。那麼，可以怎麼做呢？只要簡單地「暫停一下」（PAUSE），重新思考目的就行了。羅斯認為「暫停一下」之所以是克服偏見的關鍵，有以下幾個原因：

「P」（Pay attention）：留意藏在批判背後的真實情況（事件 vs 詮釋）。

「A」（Acknowledge）：承認或發現你的反應、詮釋或判斷。

「U」（Understand）：了解其他有可能的反應、詮釋或判斷。

「S」（Search）：尋找處理情況最有建設性、最能賦予力量或最有生產力的方式。

「E」（Execute）：實踐行動計畫（採取最合理的方式）。

簡單地說，這意味著身為領導者的你必須「三思而後行」。在做出重要決定之前，例如：聘任、解雇、評估和獎勵下屬、核准投資，甚至僅是召開會議，都必須三思你為什麼做出這個決定。停下來想一想對你有好處。我們自身的經驗已證明「暫停一下」既實用又有效，也是快速回應潛在偏見的好方法。

如果團體偏見的根源和組織結構有關，例如：內部競爭、部門衝突、權力小圈圈、個人野心等，善用大腦的領導者必須先確認問題，再評估問題的影響，接著推動對團隊與企業績效有利的團體心態。關於這一點，有個很有名的例子：蘋果與皮克斯的精神領袖史蒂夫・賈伯斯（Steve Jobs）在蘋果公司創造了一種與其他ＩＴ巨頭（尤其是微軟公司）不共戴天的內部文化。前iOS軟體總監史考特・福斯托（Scott Forstall）說，賈伯斯之所以懷抱著極大的熱情推出第一支iPhone，是因為他在社交活動中遇到一位微軟主管大力吹噓微軟的平板電腦有多棒。換言之，營造一種「我們」和「他們」的對立感不一定是壞事，領導者可以利用大腦天生的團隊意識建立正確的「內團體」和「外團體」態度，而這種手法對於團隊和組織都適用。

話雖如此，認知偏見的威脅始終存在，且任何管理情境都可能出現，尤其是內團體與外團體的對立關係。給別人貼標籤、用刻板印象解讀對方、不願意接受與既有資訊衝突的新資訊、過度相信記憶和經驗、把自己當成宇宙中心，這些都是認知偏見的表現。大腦沒有把足夠的能量送到前額葉，以便進行更客觀的情境分析。大腦喜歡不需要耗費太多能量的神經模式，只看見既定的印象，而不是真實的情況。我們曾與遍布二十幾個國家的數百家企業合作，並在過程中注意到現代商業環境的企業文化更容易催生，甚至鼓勵偏見。

鼓勵「偏見」的企業文化？

有一項以聖經故事為主題的社會心理學研究，揭露了企業如何建立鼓勵偏見的文化。

一九七三年，達利（Darley）與巴特森（Batson）發表了以寓言故事「好心的撒馬利亞人」（Good Samaritan）為主題的經典研究。這個故事說的是一個人不帶有任何自私目的，幫助了另一個亟需幫助的人。兩位科學家在普林斯頓大學進行這項研究，他們請學生先到一棟建物裡討論「好心的撒馬利亞人」和另一個不相關的主題，結束後再趕到另一棟建物參加考試。一部分學生被要求趕快去考試，另一部分學生則不用那麼著急。而在前往考場的途中，所有的學生都會遇到一個看起來亟需立即幫助的路人。

哪些學生更願意提供協助？結果令人吃驚，不久前才參與討論過「好心的撒馬利亞人」的學生，他們的反應完全不受影響。真正對行為有影響的是「急迫感」。被要求趕快去考試的學生之中，只有十%停下來提供協助；沒那麼著急的學生之中，有六十%協助了路人。

全球各地有很多企業的價值觀看起來非常相似：客戶至上、注重解決方案、團隊支援、鼓勵員工、社會關懷等，我們經常在企業的文宣中，看見這些價值觀。但是企業內部的真實情況卻是「急迫感」扼殺了這些價值觀。急迫感只重視以自我為中心的短期目標：急迫的截止日期、下一個大型企劃現在就要開跑、明天早上的會議今天就得準備、最新的數據不如預期、新來的主管提出更多要求……，實際上，無以計數的緊急任務打造出的是這樣的企業文化：**鼓勵自發行為，繞過客觀分析的前額葉，並且增加認知偏見**。為此，企業再怎麼渲染善行的美好也沒用，因為「現在就要」的壓力會削弱大腦「將能量送到重要思考部位」的能力，使我們無法提出正確的問題，於是我們不提出質疑就動手去做。更重要的是，如同普林斯頓大學的實驗，我們無法停下來問那個需要協助的人：「我能提供什麼協助？」或「我如何改善情況？」對今天的企業來說，用這些問題詢問隊友、下屬、上司、其他部門、當然還有自己，是防止偏見與本能反應的重要作法。而為了做到這一點，我們必須開始發問、別再匆匆忙忙。

有一項研究的主題是「激發情感如何改變行為意圖」，其研究結果對建立深思熟慮的企業文化有幫助。二〇〇六年，學者艾瑞利（Ariely）和羅溫斯坦（Lowenstein）請學生做一份與道德行為有關的問卷，而同樣的問卷受試者在情感被激發的狀態下，又再做了一次。結果兩次的答案大不相同，顯示當大腦特定部位受到激發時，原本深思熟慮的意圖將被拋諸腦後。由此得證，我們在心平氣和的狀態下知道該做正確的事，然而一旦有了情感，行為就會變得不一樣。這項研究激發的情感是性欲，但研究結果不僅適用於性欲的腦部活動。情感激發跟自律神經系統有關，會導致心跳加速、高血壓、對外在刺激極度敏感。在這種情況下，理性思考會失去掌控，取而代之的是更加衝動的先天反應。

全球知名叫車服務公司優步（Uber）是個很好的例子，能用來說明過度關注快速成長可能導致內部文化變得激進，凌駕任何良善意圖與精心設計的企業價值觀。二〇一七年初，媒體大肆報導優步的企業文化竟然包括系統性的歧視、騷擾與敵意行為。雖然執行長兼創辦人崔維斯・卡蘭尼克（Travis Kalanick）用盡全力解決問題，但最終還是在幾個月後黯然辭去執行長職位。這個例子突顯出，無論採取怎樣的認知防護來阻擋職場不良行為，人們的日常行為與內在熱情還是可能鼓勵我們做出與嘴上相反的行為，示意旁人必須這麼做才能在企業裡生存，進而破壞大局。

由此可見，眾多企業宣揚推廣理解、合作與反思等很棒的價值觀，但實際上卻經常處於急迫、情感和壓力被激發的狀態，使得我們比過往都更加屈從於偏見。至於具體解決的方法，就是多多提出質疑。

「提問」即勝利

對抗認知偏見最可靠的管理武器，同時也是用起來最簡單的武器：提問。多多提問，時時提問。問對問題（甚至問錯問題也可以）能創造「質疑自動反應」的條件，進而揭露出藏在表面下的偏見。提問的意義是：在實際行動之前，先進入「觀察」的心理狀態。多了這個步驟，就能將偏見的立即行為效應降到最低。不要讓大腦一受到刺激就直接跳到不成熟的結論，或產生被誤導的行為反應，「多多提問」能發揮重要的阻擋力量；也就是說，**提問能打斷快速的神經作用與衝動，把更多的大腦能量用來思考與反省**。

近來，不論是企業或其他社會機構，提問的力量終於得到關注。提倡「知情提問」（informed enquiring）的美國記者兼作家華倫．伯格（Warren Berger）於二〇一四年指出，我們的大腦從出生的那一刻就開始渴望獲得資訊，從兩歲到五歲之間提出的問題高達四萬個，四歲的孩子每天會問三百個問題。提問的頻率在五歲時達到高峰，在那之後會迅速減少，原因是我們把家庭、學校跟職場打造成反對提問的環境。提問是大腦最自然的學習與改變行為的方式，可是我們非但不鼓勵提問，反而扼殺提問。碰到「情況就是如此」和「這是我們這裡的作法」的態度時，你立刻就知道這是一個討厭知情提問的環境。不過，提問只是一個開端，提出正確的問題也同樣重要。二〇一五年，全球知名策略國際顧問公司執行長蘇梅克（Schoemaker）與克魯普（Krupp）以廣泛的企業調查為基礎，將優秀領導者會問的問題分成六個類別：

一、跳脫框架思考，揭露市場大趨勢的真實涵義。
二、思考未來情境，分析每種情境的主要外部不確定性問題。
三、從多種不同角度檢視每個問題，並進行逆向思考。
四、用多種視角找出難以察覺的關聯，準確辨識模式。
五、評估多種替代方案以及目標之外的結果，創造新的選項。
六、快速從失敗中學習，將失敗經驗變成立即改善與未來創新的來源。

對這些領導者來說，領導力的長期成功不在於答案是什麼，而是在於提問。若想戰勝認知偏見、抑制大腦對未知的執念，提出以上這六大類問題非常有用。

練習：優秀領導者的提問法

利用上面的說明，分別於六個類別各自提問一個問題。思考問題內容時，可以先想像特定的情境。請你的下屬或團隊成員也練習一下，並比較一下你們提出的問題有什麼差異？

蘇格拉底曾說過一句名言：「我只知道一件事，那就是我一無所知。」他提出的問題總是充滿力量，最後也使他因此遭受極刑。古代社會改變腳步緩慢，這樣的社會不喜歡挑戰現狀。過去產業環境穩定，舊的企業思維並不鼓勵提問的文化。但現在世界已大不相同。執行長藉由提問、支持與學習的力量扭轉企業的例子屢見不鮮。

美國居家修繕建材公司家得寶（Home Depot）的執行長法蘭克・布萊克（Frank Blake）在二〇〇八年危機之後的艱難時期，帶領家得寶轉危為安。事實上在他接任執行長的職位時，對家得寶及相關產業幾乎毫無了解。不過，他鼓勵各層級員工提出健康和有建設性的問題，並建議身居要職的主管實地走訪店鋪，這帶來顧客滿意度上升與股價上漲等正向變化。

不過，還有幾個問題也是現代領導者必須提出的。這些問題與最具策略性的挑戰有關，也就是會對企業內外的人士都造成重大影響的決定，包括正面影響與負面影響。這些問題與商業比較無關，而是與企業在世界上扮演的角色以及身為社會中積極成員的責任有關。這些艱難的決定需要特定的提問思維，用來驗證假設、習慣和看似必然的策略需求。這幾個問題是領導者能有偉大成就的原因，使他們的角色不再只是企業的掌舵手。

根據哈佛大學商業倫理學教授約瑟夫．巴達拉克（Joseph Badaracco）的看法，這幾個問題分別是：

你的決定會造成哪些淨後果（net consequences）？

要回答這個問題除了必須嚴謹分析後續行動，也需要分析對人類的影響。草率決定是不對的，尤其是對各種內部與外部群體會造成廣泛影響的決定。雖然未來大致上難以預測，但在做決定之前籌組正確的團隊、花時間用心研究，並仔細計算成本與收益，就能滿足回答這個問題的最低要求。

你在這個決定中有哪些核心義務？

領導者除了對股東和團隊的義務之外，你也承擔了商業範疇以外的其他義務：泛人類的義務。這些義務關乎你的決定可能影響到的每一個人。比如說，捍衛他人身為人類的尊嚴是一種義務；短期商業目標不得侵害基本人權也是一種義務。若執行得當，這些義務都能鞏固領導者守護企業與人類未來的地位。

你眼中的世界是不是真實的世界？

這個問題有兩個子題：「你眼中的外在世界是否真實」以及「你眼中的內在世界是否真

實」。第一個子題與執行決定的實際層面有關，要避免對他人的意圖和能力產生錯覺及誤解。第二個子題關乎你有沒有能力、心理準備和意願去承受必要的改變、挑戰與執行決定的方式。

你屬於哪些社群？

大腦是社會型的器官，所以探索與認同你所屬的各種社群，對做出正確決定來說至關重要。這個問題要求你找出引導企業行為的價值觀與規範。與此同時，也必須挑戰這些價值觀與規範，才能確保自己的決定不僅只是為了維護既有的思維與作法。

這是不是一個讓你心安理得的決定？

最後，無論我們做了怎樣的決定，結果是好是壞，都必須接受它並且對結果擔負全責。若要研究你想做的決定是否符合內心的那把尺，則必須花點時間反思，向那些最了解你的人吐露心聲，比如：與最信任和尊敬的導師或專家聊一聊。

提問的力量發揮作用時，能為大腦的理性部位帶來更多能量，同時減輕神經捷徑的衝擊，好處多多。但這樣還不夠，要請你再思考一個問題，你想成為什麼樣提問風格的領導者呢？

成功領導者的提問風格

光是問正確的問題還不夠，用正確的態度提問也很重要，這樣才能確保結果對大家都有利。我們看過一些主管用凶巴巴的態度提問，一點效果也沒有。很多時候，這種提問方式會讓工作環境變得極不舒服，提問變得像是拷問，而不是合作思考。以下表格是我們歸納出的四種提問風格類型，詳細說明如下：

- 真心提問：領導者積極參與對話，經常主動展開和推進對話。所有討論都充滿友善，而且經常是創意的激盪，答案不分對錯。目標是共同發展。
- 真心聆聽：領導者樂意回答問題，提供意見。通常是由其他人開啟討論。聆聽、指引和決定是這種風格的特色，但領導者只提供回應。
- 惡毒拷問：領導者會問大家難以回答的問題，甚至是攻擊性的問題。提問的主要目的是讓對方覺得自己差勁無能。這種領導者令人懼怕，而不是敬重。
- 暴躁孤僻：這種領導者主動選擇孤立，散發出生人勿近的信號。大家都害怕打擾到他，一切看似都在他的掌握之中，不應有人提出質疑。

		互動方式	
		積極	消極
態度	有建設性	真心提問	真心聆聽
	無建設性	惡毒拷問	暴躁孤僻

提問被認為跟軟弱有關。

而**經過領導力腦科學訓練的大腦，必須朝「真心提問」的方向努力**。改變或許不易，但若想對抗偏見與其他心理捷徑，這是必要手段。

練習：你屬於哪一種提問風格？

利用上述的提問風格進行自我評估。把四種風格都思考一下，試著把自己歸類到其中一種風格。寫下你的哪些行為證明你屬於這種風格。若想換一種風格，必須怎麼做？再次寫下想法。寫下想法是重要步驟，因為這能幫助你在思考這些問題時，建立結構較完整也較具體的思路。

思考一下，哪一種管理風格是優秀的領導者？

A經理在正確的時間，向正確的人提出正確的問題。

B經理從不問問題，他怕提問顯得很軟弱。

A經理鼓勵獨立思考。

B經理允許你在會議中表達任何意見，前提是你的意見必須跟他一致。
A經理一定會覆核數據……然後多確認一次。
B經理只看一眼數據就著手執行，因為模式就在他眼前。
A經理採取「就我所知」的態度。
B經理採取「我無所不知」的態度。
A經理接受外人的意見。
B經理覺得外人的意見不重要。
A經理強迫團隊裡的個人與全體經常反思決定和計畫內容。
B經理沒空反思，急著展開下一個計畫。
A經理喜歡使用多種樣本與方式，收集數據研究。
B經理長年使用同一種研究方法，因為這種方法證實有用。
A經理帶著有建設性的開放態度參加研討會、產業會議與訓練課程。
B經理每次參加活動，回來都說：「那些東西我早就知道，了無新意。」

A經理追蹤各領域頂尖思想家的推特、部落格與出版品。

B經理誰也沒追蹤（至少沒公開追蹤），認為其他人追蹤他才對。

A經理工作時允許自己休息，也會固定放長假幫大腦充電。

B經理認為弱者才需要休息。

A經理發現他對自己或他人有偏見時，就會特別留心；他對待自己和他人總是彬彬有禮。

B經理不接受思維上的錯誤來自偏見，因為他深信自己以純粹理性進行思考。他認為是其他人充滿偏見。

A經理仔細思考每一個意見（但花費的時間不一定相同），包括跟公司外部的人隨意聊天時聽見的意見。

B經理從不跟公司外部的人聊公事，除非是為了誇耀自己事業有成。

A經理會嘗試使用對生產力、合作與創意思考有關的新APP，也很喜歡嘗試新作法。

B經理只用email跟試算表，討厭嘗試新作法，認為不知所措的人才會嘗試新事物。

說實在，我們至今尚未看過介於這兩種極端領導風格類型之間的人，卻經常看見其中一種風格（不一定和A經理或B經理的特質一模一樣）的大部分特質出現在同一個人身上。實際上，這兩種管理風格符合美國政治學作家泰特洛克（Tetlock）於二〇〇五年的經典分類：他將政治預測家分成狐狸跟刺蝟兩個類別。他的研究〈專家政治判斷：有多準確？如何確知？〉（*Expert Political Judgment: How good is it? How can we know?*）探索如何讓政治預測更加準確。他想起一位古希臘詩人說過的著名比喻，就是狐狸知道很多事情，但刺蝟只知道一件重要的事。

泰特洛克的觀點被廣為接受，他認為一個人的基本態度對自己的思維和預測能力影響至深。狐狸心胸開放，為錯誤負責，持續學習，認為世界是一個複雜而難以預測的系統。與此相對，刺蝟很頑固，只想證實舊的信念，不聽外人的意見，只喜歡用既定的理論解釋一切。整體而言，狐狸的預測表現遠勝於刺蝟。A經理是狐狸，在動態而混亂的時代，他的大腦比較有機會成為優秀的領導者；B經理是老古董，如果不快點改變，注定會被淘汰。

如何抵抗「杏仁核劫持」？

在我們試圖了解大腦對領導力以及人類一般行為有何影響的過程中，很早就學到重要的一課：生存本能威力強大。古老的生存本能深植於大腦隱藏的神經網路，極端情況會觸發這些本能，確保我們得以生存。然而，我們兩人付出慘痛代價才學到這一課。

一九九〇年底，我們其中一個人出了車禍。這場意外沒有人受傷，但有趣的是，他對車禍發生的那一刻毫無意識，因為他昏倒了。他在撞擊後數秒鐘恢復意識，這是關鍵時刻，他必須在傷害最小的前提下逃出車外。不過，最大的問題是，誰決定在撞擊發生的那一刻關閉意識？這當然不是一個理性的決定，因為一切發生於毫秒之間。在尋找答案的過程中，我們發現當大腦判斷情況危急時，「本能」就會登場。外在刺激藉由感官進入大腦，大腦用比思考更快的速度決定如何處理它們。以這場車禍來說，大腦決定關閉感知，以免系統因為受到衝擊而阻塞。若處於衝擊狀態，或許無法做出最適合生存的行為；我們可以把這種本能稱之為「劫持」。

但只有在碰到極端情況的時候，原始的大腦部位才會劫持負責執行的部位嗎？不是。這件事每天都在發生。現代領導者必須特別注意一種叫做「杏仁核劫持」（amygdala hijacking）的機制，因為它每天都對清晰的思路造成威脅。

杏仁核是大腦邊緣系統的一部分，前面提過，邊緣系統主要處理記憶、學習、動機和情感。杏仁核在邊緣系統裡扮演生存的情感守護者，它會決定是否要介入以及何時介入；介入就是接管。杏仁核跟情感學習有關，因為它會拿外在事件去對照內在記憶，從而選出最好的行動。如果外在事件可能喚起一段情感強烈、不愉快的記憶，杏仁核會決定取得掌控，以便阻止理性的腦葉過度思考。因為碰到極度危險的情況時，根本沒有時間討論與深思。由此可見，杏仁核跟壓力、焦慮、恐懼和敵意有關。

領導者在職場裡每天都要面對會被杏仁核視為威脅的情況，若杏仁核因此劫持高階思考，後果不堪設想，可能會出現：行為不穩定、不相信他人、自信低落、決斷力與表現降低、無法判讀信號（包括人類與數字信號）、自我中心、短視近利、誤解與溝通不良、本能反應與報復的態度。如果你想要啟發他人，這些人格特質都很不妙。

不過，我們對杏仁核劫持也並非毫無抵抗力。與之對抗的方法很多。雪菲爾大學的史帝夫・彼得斯教授（Steve Peters）在二〇一二年設計了一個心智管理課程，用來幫助運動員和其他領域的佼佼者有效處理杏仁核劫持。他認為我們內在的「黑猩猩」經過演化之後，比我們的意識意志力強大五倍，會用「我做不到」跟「大家都針對我」之類充滿毒害和恐懼的想法攻擊心智。而揭露內在黑猩猩意圖的典型想法是：

「事情不會照我想要的樣子發展」（外在因素）。

「我不適合做這件事」（內在因素）。

至於要如何對付大腦裡這隻有能力壓倒清晰思維的黑猩猩，首先，要接受牠的存在，並避免跟牠起衝突（牠力氣比你大）。我們必須觀察牠的行為與衝動，長時間降低牠的不安來幫牠培養好情緒。最後，可以用一套「分心」與「獎勵」的系統來管理這隻黑猩猩。讓黑猩猩分心的作法包括不給牠充分表達自己的機會，例如：口頭報告前快步走進會議室，不要給自己緊張的時間；獎勵則是在你把黑猩猩反對的事完成或部分完成之後，給牠一個牠喜歡的東西，例如：早上堅持在看完那份困難

提振腦力：和你的內在黑猩猩和平相處

想想你大腦裡的那隻黑猩猩。把黑猩猩掌控你時所做過的事情一一寫下來。是怎樣的情況？你能將這些情況分類嗎？然後把身為領導者的你可以採取哪些行動來控制這隻黑猩猩的方法寫下來。思考一下結論，提醒自己下次碰到相同情況時要特別留意。

的報告之後才喝咖啡休息。

艾倫．沃特金斯醫生（Alan Watkins）在二〇一三年的著作《言行一致：領導力的科學祕密》（直譯，*Coherence: The secret science of brilliant leadership*）中，則提出一種更具體的方法來對付杏仁核劫持：呼吸放鬆法。當你的頭腦被杏仁核誘發的恐懼侵占時，可以藉由呼吸和緩不規律的心跳。每天花點時間規律平穩地深呼吸，可對壓力反應產生顯著影響。你的心智會清出適當的空間來孕育有建設性的感受和想法。

與此相對，對杏仁核劫持的生理機制視而不見，則是一種戰略錯誤，反而會削弱你處理劫持的能力。因此，我們經常建議客戶在被憤怒或恐懼淹沒時，不妨暫時休息一下。常見的建議是生氣時不要發email，留到第二天再處理，這樣的建議源自身心機制的相互依存。另外，散步、平靜而規律地深呼吸，給身心足夠的時間排出敵意和恐懼所製造的化學物質，也相當有幫助。以上這些動作雖然簡單，但提振領導力的功效絕對超乎你的想像。

總之，**管理杏仁核劫持的關鍵，是察覺劫持正在發生，並把這種反應跟自己切割開來**。如果你面對這些負面想法的態度是真心好奇，而不是聽天由命的接受，那麼，這場戰爭已經勝利一半。你的想法不一定等於你；雖然決定哪些想法能否進入大腦不是件容易的事，但你可以決定如何處理這些想法，尤其當身體處於平靜狀態的時候。領導大家的應該是清晰的頭腦，而不是那隻黑猩猩。

本章重點

心智永遠無法擺脫古老大腦結構的非理性影響，但只要抗拒模式辨識的多巴胺興奮感與認知偏見的吸引力，留意想要掌控我們的內在黑猩猩，就能維持清晰的思維。此外，對偏見保持警覺、提出正確問題、創造重視辯論的文化，就能在我們每天面對領導力挑戰時，加強清晰思維的戰略作用，從而使我們有辦法為團隊提供更清楚、更有意義的方向。

第三章 表現愈好，人氣愈旺

一切都是為了業績……真的嗎？

她欣然接受新職位，扛起全球行銷業務的責任。執行長明確表示對她全然信任。此外他也強調她必須發展新的行銷策略，使公司迎頭趕上其他國際同業。公司的未來掌握在她手裡，她從容以對。從小到大，面對任何要求她都無所畏懼。她的自信來自她有能力正確排序，然後捲起袖子，正面解決問題。這個作法一直很有效。但這是她職業生涯中最重要的角色，這次也能奏效嗎？

一開始很順利。她親自擬定策略的主要方向，聽取同事和幾位資深顧問提供的關鍵想法。她的策略面面俱到，經過精準分析，也獲得董事會的讚賞。這是一個大膽的計畫，它採用了創新的方法。面對充滿挑戰的時代，他們需要拿出新的思維與深刻的改變來解決新的問題。只剩下一件事要做，那就是向各區域行銷主管介紹這個計畫，以求盡快在全球市場付諸執行。她做過重要的大型口頭報告，但這次肯定是她職業生涯中最重要的一場報告。想當然耳，她熬夜修改每一句話，精心設計每一張投影片。她排練了一次又一次。走進會議室之前，她在腦海中把數據從頭到尾想一次，確保順序沒有弄錯。她知道這些改變很難讓人馬上接受，但也知道她說出來的每一個詞和每一個數字都能幫助公司生存。大家都希望公司蒸蒸日上，對吧？否則的話，她幹麼這麼努力工作？如果不是為了增加業績，還能為了什麼？

然而，儘管她舌燦蓮花，投影片視覺效果精美，數字清楚明確，聲音與手勢充滿說服力，但聽眾對這場報告並不買單。當然大家都明白她的意思，也同意這個計畫的實用性，但就是少了什麼重要的東西。聽眾的主要感想（大多是在非正式的晚宴上分享的）是新策略無可挑剔，可是必要的改變並未打動人心。執行長在晚宴上與她短暫交談時，也提到她在台上報告期間與報告結束後，台下的氣氛很不熱絡。

隔天早上她做了自己碰到這種情況時一定會做的事：捲起袖子加倍努力，將計畫付諸實行。各區域行銷主管第一階段都做得不錯，只是仍未達她的預期。有些表現得比較好，有些比較差，但整體而言，他們沒有如她預期的在這段充滿挑戰的時期積極做出改變。老實說，就連她自己也不如她一開始想像的那麼積極。她也覺得少了什麼。學習與改變對每個人來說都是既緩慢又痛苦的過程。幾個月之後，她離開這個職位。她再也感受不到過去那種積極進取、不落人後的內在動力。

這是怎麼回事？任務很明確，數據很可靠，成功的條件齊備。一切都很好，除了她的大腦之外。

老實說，出色的領導力與出色的表現密不可分。我們自己表現出色以及影響別人同樣表現出色的能力，仰賴的不只是我們對表現的傳統觀念，還結合了技術、能力、時間、資源與引導的結果。此外，這種能力也取決於大腦能否體認眼前任務的重要性，以及能否產生成功必備的決心、耐力與改變，無畏障礙、失敗與缺陷。這種能力來自大腦裡一個了不起的特徵，第一次知道這個特徵的每個人都很驚訝。我們的大腦會在一生中經歷許多變化，而這些變化可能會以重要且果斷的方式，決定我們的努力結果。

不斷變化的大腦

大腦不會永遠一成不變，它時刻都在變化。大腦是一個動態的神經元系統，變化從未止息。這個驚人的事實在神經科學界掀起軒然大波，也推翻了一個根深蒂固的觀念：所有的大腦變化都發生在幼年時期。心理學家兼神經科學家伊萊恩．福克斯（Elaine Fox）於二〇一三年出版了著作《雨天腦、晴天腦：如何重新訓練大腦以克服悲觀情緒並獲得更積極的態度》（直譯，*Rainy Brain, Sunny Brain: How to retrain your brain to overcome pessimism and achieve a more positive outlook*），她在這本書中指出，在一九八〇年代前，大腦在生物學上被視為靜態器官，這是一種主流觀念，亦即成年之後大腦的結構與性質都不會再改變。也就是說，這輩子你的大腦就是這個樣子了。因此，我們該做的是：第一，不要讓大腦遭受任何損傷；第二，盡量善用大腦。大腦或許會因為意外或疾病而能力減弱，但是它永遠沒機會變得更好；大腦有固定的能力上限，因為我們無法大幅提升它的學習能力跟表現，這正是智力測驗如此重要的原因；大腦容量是固定的，所以大腦的潛能可以測量，也可以計算。然而，以上完全不是事實。

過去二十多年來，我們已經知道大腦絕非固定不變。大腦有可塑性，也就是說，大腦有能力根據內在與外在的情況於神經元之間建立新的突觸，改變自己。我們對「神經可塑性」這種能力的理解，改變了我們對大腦與自身能力的認識。我們使用大腦的方式確實可以改變大腦，這推翻了過去的舊觀念，亦即大腦是無法改變的「硬體」，思想只不過是「軟體」。神經可塑性證明「軟體」可以改變「硬體」，當然這樣的比喻相當粗略，因為我們得先花錢升級硬體與外掛程式才能提升智慧型設備。實際上，大腦的「硬體」升級可透過升級「軟體」或改變行為來達成。喬布拉（Chopra）與譚茲（Tanzi）在二〇一三年的著作《超腦零極限》（*Super Brain: Unleash the explosive power of your mind*）中說得很好：

> 神經可塑性比心靈控制物質更棒。它把心靈直接變成物質，因為思想會激發新的神經生成……大腦的彈性不可思議；神經可塑性這神奇的作用，使你有能力藉由思想、感受和行為朝你選擇的任何方向發展。

因為大腦具有改變神經元連結的非凡能力，所以現在有句話很有名：「一起放電的細胞會連接在一起。」（Cells that fire together wire together.）其實這句話的意思是：神經通路使用得愈頻繁，就會變得愈穩固。雖然這種神經活性的好處不計其數，卻也並非毫無缺點。

首先，神經元之間的連結可能會變得太強，以至於幾乎沒有調整和改變的空間。其次，沒使用的區域可能會變得很弱。「用進廢退」是神經可塑性領域的另一句名言。意思是，就算你不去適應並發展出新的方式，也不會維持原樣；你會害神經元之間的連結退化，以至於做同一件事情的能力不如過往。跟運動能力相比，認知能力的退化更加明顯：我們永遠不會忘記怎麼騎腳踏車，但是多年前學過的語言如果很久沒練習就會忘了怎麼說。**而現代企業中大部分的管理與領導技巧都跟認知有關，與勞動無關，因此你必須設法鞏固最重要的神經連結。否則的話，你的認知能力會變弱，專業能力也會下滑。**

那麼，具體上可以怎麼做？如何建立、提升和維持領導的認知能力？閱讀（例如這本書）跟參加領導力發展課程是不錯的方法，但是不要對這種方法期待太高。你肯定會讀到很棒的領導力觀念，也肯定會在培訓課程中玩得開心又學到有用的知識，但是培養領導技巧完全是另一回事。做為一種認知能力，領導力的發展和維持主要靠的是實踐。你必須讓自己「進入」真實的領導情境，你必須以領導者的角度去思考跟行動，你的領導技巧才會愈來愈好，而且不能只做一次。你必須增加實踐的頻率，因為「與領導力有關的」腦細胞必須不斷放電才能保持連結與活躍。

面對不可預測、持續變化的環境，組織必須跟上來自四面八方的變化，領導者的大腦則必須不斷適應、不斷變化。神經可塑性可以是我們最好的朋友，也可以是最大的敵人。至於是敵是友，取決於我們使用大腦的方式。只要持續學習，神經可塑性就對領導者有利，因為學習是神經元建立新連結與通路的主要燃料。二〇一四年，英國著名心理學家布魯斯．胡德（Bruce Hood）在著作《被馴化的大腦》（直譯，*The Domesticated Brain*）中指出，只要一輩子不停止學習，大腦就會一直發揮可塑性，即使成年後也一樣。因此，**學習是可塑性的關鍵，也是現代領導者表現優劣的關鍵**。二〇一四年，百事公司（Pepsico）的董事長兼執行長盧英德（Indra Nooyi）在《財星》雜誌中對專業人士提供了建言：

> 永遠不要停止學習。無論是剛入行的員工還是執行長，沒有人是萬事通。承認這件事不等於軟弱。最強大的領導者，是願意終身學習的領導者。

具備可塑性的大腦若永遠不停止學習，它的認知能力會愈來愈強，例如：記憶力與專注力。可塑性是拓展新皮質能力的關鍵，也是我們在支柱一提到可塑性的主因。然而，可塑性不是用之不竭的神經超能力，它會隨著時間衰減，而且若沒有留意，其衰減的速度可能會更快。我們要對自己的神經可塑性負責，這是現代神經科學最重要的訊息之一。加州大學的神經科學家亞當．格薩雷（Adam Gazzaley）解釋道：

> 如同身體裡的每一個器官，大腦的運作方式也會變化。肌肉、骨骼、毛髮的變化肉眼可見，而大腦的變化靠的是感覺。年紀大的人追求安逸舒適的生活，這對改變大

腦沒有幫助。事實上，就算到了七十或八十歲，大腦依然具有可塑性，也依然有機會優化。可惜的是，許多人在不知不覺中加速大腦衰退。

那麼，我們如何給自己不斷學習、適應和改變的動機呢？要從哪裡找到啟發與動力，讓自己有勇氣率先踏進沒有人到過的地方，並帶著其他人一同前進？更重要的是，我們如何讓大腦保持活力，在面對各種挑戰、甚至各種失望的過程中持續放電與成長？首先，擁有一顆活躍、具可塑性大腦的領導者，必定擁有強烈的「使命感」。

使命感至上

在本章一開始的故事中，那位新任全球行銷總監最大的問題，是她沒有拿出正確的態度扮演新角色。有形的因素她都掌握得宜，例如：數據、策略、口頭報告等，但驅動她的卻不是使命感。在組織裡的職位升得愈高，就愈需要崇高的使命感來推動你、指引你、讓旁人願意追隨你。這是現代領導者無法忽略的事實。因此，她自己和其他人都不該把行銷數字當成終極目標和主要動力，而應該專注於不一樣的目標，啟動大腦其他區域。

知名作家賽門．西奈克（Simon Sinek）於二〇〇九年的TED演說，是觀看次數最多的TED演說影片之一；在這個演說中，他深入淺出地解釋使命感的生物學機制。他從大腦內部開始說起，用蘋果公司、萊特兄弟與金恩博士等知名人物為例，說明最強大的動力來自大腦深處。古老的大腦結構由熱情驅動，而這股熱情源於想要明確回答「為什麼」。相比之下，企業與人類都拚命想要回答「是什麼」跟「怎麼做」，卻忘了在產品、過程跟步驟的複雜解釋中是找不到力量的，因為真正的力量來自宏大的理想。一個偉大的目標，而且最好是長期的目標，能幫助你身邊的人看清方向，了解每一個既定與即將出現的決定。

西奈克在二〇一〇年的著作《先問，為什麼》（*Start with Why: How great leaders inspire everyone to take action*）中介紹了黃金圈的概念，這個同心圓的最內圈是重要的「為什麼」。如果你的動力是強大的「為什麼」，也就是與使命感有關，那麼為了達成目標，你就會願意投注時間、決心，甚至發揮影響力。但如果你的動力是「是什麼」跟「怎麼做」，面對艱難時刻你能達成的目標就非常有限，也吸引不到追隨者。**「為什麼」能激發大腦深處的熱情與連結，也就是真正驅動行為的區域；「是什麼」只會激發合理化與分析，幾乎無法提供動機**。西奈克的想法與丹尼爾．品克（Daniel Pink）的主張極為相似。品克於二〇〇九年的著作《動機，單純的力量》（*Drive: The surprising truth about what motivates us*）以及同年說明動機奧祕的TED演說中，都提到當代的問題需要有創意的解決方式，而這樣的方式只可能來自內在動機。如果財富跟銷售額就是你的動機，你將無法觸及比較難掌握但效用更高的大腦區域，但這些區域能為意想不到的問題找到解決方法。財富與銷售額是所謂的外在獎勵，是計算結果，而且由別人操控。換言之，外在動機只能解決簡單且直接的例行問題。

與此相對，內在動機能幫大腦擺脫短視近利造成的壓力，使你的表現超越以往。面對困難、充滿挑戰、需要創意與複雜思維才能達成的目標，內在動機會更有幫助。我們請學生參與過的一個實驗似乎符合以上描述。我們把學生分成兩組，兩組學生任務相同。他們必須一一走進房間，解開一個謎題；兩組的謎題一模一樣。第一組解開謎題沒有獎勵，我們只告知受試者會計算他們解開謎題花費多少時間。我們向受試者表達了感謝，認可他們參與這個將為我們帶來寶貴知識的實驗。至於第二組則增添了競爭氣氛，解謎速度最快的前三名將獲得獎金。猜猜結果如何？傳統（理性）的管理觀念是重賞之下必有勇夫（第二組），認為他們的表現會超越沒有提供外在獎勵的情況（第一組）。但實驗結果恰恰相反。第一組解謎的速度，比第二組平均快了三・三分鐘。

這個實驗我們重複了許多次，在大部分的情況下，我們觀察到「承諾給予外在獎勵」反而會妨礙大腦進行創意思考；與此相對，內在獎勵會讓學生在解決困難任務時表現得更加優異。我們還觀察到：明確的整體目標會強化內在獎勵。由此可見，內在動機需要使命感，而使命感顯然來自大腦深處的「為什麼」。

使命感是領導力的關鍵特質，尼可斯・摩根吉安尼斯（Nikos Mourkogiannis）於二〇〇六年的著作《目的》（*Purpose: The Starting point of great companies*）闡述了這個觀念。摩根吉安尼斯認為，要成為出色的領導者，有驅動力的使命感是不能與旁人脫節的。有抱負的領導者必須建立明確的道德方向，為自己和他人在做重大的職涯與人生決定時指點迷津。摩根吉安尼斯認為，組織裡有四種使命感：

- 探索（discovery）：對以探索為動力的人來說，人生是一場冒險。不斷尋找新事物驅使他們做出堅定的承諾，並盡最大的努力實現承諾。傳統、熟悉的事物與眼前的限制，都是探索的大敵。追求探索的人與企業，都願意加倍努力達成目標，尤其會在滿足未開發的新市場需求時不落人後。
- 卓越（excellence）：對以卓越為動力的人來說，人生是一種藝術。他們的行動並非為了回應顧客需求，而是來自對產品或服務內在本質的執著。產品與服務都必須拿出最好的表現，盡善盡美。他們追求完美，跟藝術家一樣，高標準是他們的燈塔，沒有商量餘地。他們會認為，「降低過程與結果的標準」是一種妥協，甚至是一種失敗。
- 利他主義（altruism）：對於把利他主義當成使命感的人來說，生命的意義是為他人提供支持。利他主義指的是協助社會的一種個人本能或制度化本能。關懷的對象可能是顧客、員工、供應商、城鎮，乃至於整體環境。利他主義把旁人的身心健康放在第一位，自己的私人需求則放在第二或第三位。
- 英雄主義（heroism）：信奉英雄主義的人相信，個別的人類或企業可以、也應該改變歷史的方向，藉由發揮影響力來改善眾人的生活。他們覺得自己擁有特殊才能，應該充分發揮才能，盡可能達到最好的效果，不惜一切代價對抗現狀。英雄主義是一種好勝的態度，也是願意犧牲小我以求生存於地球的終極意義，如：開發產品、建立企業、完成交易、解決問題。

可惜的是，逃避強烈的使命感，或因為從眾而追尋膚淺的使命感，這樣的作法深植於組織內部管理結構的某個想法，然而，這個想法雖然強大卻已過時。它源自傳統經濟學思維，相信人類以自我為中心、只在乎私利，是因為契約義務的束縛才在組織裡工作。二〇一八年，美國密西根大學商學教授昆恩（Quinn）與塔克（Thakor）指出，企業內部之所以有那麼多錯誤，甚至適得其反的作法，是因為他們把這種古老的邏輯當成基本假設，但實際上，使命感與這個假設背道而馳。使命感照顧到人性和情感，採取的方法可長可久。昆恩與塔克認為，身為經理人的你有選擇的餘地：

> 你可以堅持這種（經濟學驅動的）方法，認為只要加強控制就能達到想要的效果。但是，你也可以為組織找到真實且更有高度的使命感，一個既符合商業利益又對決策方向有幫助的使命感。若能成功做到後者，你的下屬會願意做新的嘗試，進入深度學習，承擔風險，做出出乎意料的貢獻。

換言之，**成功的使命感，能透過情感把個人與企業的利益連結起來**。想做到這一點，昆恩與塔克認為除了高階領導者扮演構思、探索和傳達真實目標的策略角色之外，組織內還有兩種人也是關鍵：中階經理人與變革推手。

中階經理人很重要，因為他們是高層管理者和基層員工之間的橋梁。中階經理人必須獲得認同、激勵與授權，才能積極傳達與執行企業的使命感。變革推手（昆恩與塔克稱之為「激勵者」）遍布組織內部，很容易辨識也很容易獲得信任。被辨識出來的激勵者形成有意義的合作網絡之後，會成為一股改變的能量，啟發和引導其他人朝目標邁進。

相關經驗告訴我們，使命感是傑出的領袖、同事、朋友的出發點。我們遇過許多才能與知識兼備的經理人與主管，他們有明確的事業野心，甚至表現優異，但欠缺讓自己與旁人更上一層樓的內在熱情。為此，通常我們的建議是，無論讓他們成功走到這裡的因素是什麼，但這些因素未必能讓他們在更高的位置繼續成功。為企業和高階團隊掌舵的人將面臨諸多挑戰；從有形到無形，從追求銷售額到加強創意與複雜思維，這樣的改變是承擔這些挑戰的先決條件。他們必須改變才能繼續前進、繼續學習、繼續建立連結、繼續提升腦力。為此，崇高的使命感對領導者來說不是一種奢侈品，而是一種先決條件。

如何找到正確的使命感？

我們會在輔導課程的一開始詢問學員的使命感，以辯證的方式探索動機與抱負，簡單引導學員檢驗一下自己與身邊的人的使命感，並請他們依序思考以下四個問題：

一、外在或內在？

如果是短期、過度集中、利己、物質的動機，就表示方向錯誤。

「只要－就能」（只要做……就能獲得……）的狹隘邏輯帶來的外在獎勵，無法讓人充分發揮潛能，實現真正的使命感。真正的使命感必須來自崇高的理想（例如：為旁人的生活做出正面貢獻）以及深刻的情感（愛與關懷）。我們幫助學員親自探索他們「為什麼」會有這樣的行為，原因可能藏在內心深處。

二、複雜或直接？

如果你得長篇大論才能描述你的使命感，就表示有問題。在這件事上，語言對我們不利，因為掌管決心、熱情與行為的深層大腦結構不具備語言能力。愈是長篇大論，就愈顯示新皮質裡負責執行的部分占了上風，不必期待有多少動力。

強烈且正確的使命感很容易解釋和觸動人心。當然，有時即便學員回答得又快速又直接，卻仍提到外在動機，我們就會從頭再問一次，盡可能幫助學員用一種大家都能輕鬆聽懂的方式解釋使命感。

三、自發或被動？

使用企業語彙或背誦公司的使命、願景與價值觀，這是值得擔憂的跡象。真正的使命感必須發自內心，而不是別人強加在你身上。即便你認同公司大部分的價值觀，在我們請你回答個人使命感時，也不該只是複述公司的文宣內容。

碰到這種情況，我們會懷疑學員隱藏了真正的答案。為此，唯有進一步討論和完成作業之後，學員才會說出自己的動機，輔導工作方能正式展開。

四、是否具有感染力？

這個問題要探索的，是使命感是否容易傳達給他人，包括組織內部與外部的人。如果答案是「是」，就表示使命感不只是領導者的燈塔，也能感染內部團隊與外部的顧客、供應商與合作夥伴。

透過企業員工、產品與口耳相傳散播出去的高層次目標，不僅能改變個人，也能改變產業與社會。反之，若答案為「不是」，而且無法啟發他人，那就必須審視使命感本身或環境，或兩者都審視。

練習：找到你的使命感

個人練習：把以上「如何找到正確的使命感？」中的四個問題看一遍，可邊看邊筆記，然後寫下答案。回答完四個問題後，根據本章的內容思考答案。你的使命感與最佳作法是否方向一致？如果不是，可以如何改進？把答案修改一遍，直到對答案感到滿意為止。也可以用摩根吉安尼斯的模型來定義或重新定義你的使命感。

團隊練習：這個練習也可以與團隊成員一起進行，但前提是你們都是真心想要找到正確的使命感。每個人都要敞開心胸，分享內心的想法與感受。團隊成員各有各的使命感不是問題。碰到這種情況時，與成員討論各自的使命感如何相輔相成，攜手完成組織的使命。這個練習的目的是找到共同的啟發。我們建議先做個人練習，找到並定義個人的使命感之後，再做團隊練習。

使命感由內而外驅動你不停前進、向上努力，這股動力來自無限的熱情與崇高的原則。但是，若大腦不是處於最佳表現狀態，光有使命感，不足以成就非凡。而這種最佳表現狀態叫做「心流」（flow），在成為傑出領導者的過程中，你必須全心全意擁抱心流。

全神貫注，「流」向不凡

大腦的最佳表現並非天生內建，需要特定條件才能發揮；這些條件是可以被觀察和分析的。因此，我們可以誘發出大腦的最佳狀態，藉此達成目標、加速學習，用超乎預期的速度培養專業技能。這項發現改變了我們對表現的觀念，也應該使神經科學成為全球專業人士最好的「閨密」。

你上一次覺得自己表現奇佳，是什麼時候？你有多常和多容易全神貫注，覺得一切盡在掌握之中？你在什麼時候能快速吸收和理解資訊，提供令你與團隊感到驕傲的解決方案？簡而言之，你會在什麼時候、以什麼方式進入「心流」狀態？

大部分人口中的「天人合一」，在神經科學稱之為「心流」。心流，指的是因為全神貫注而進入最佳意識狀態。最佳意識狀態指的是最好的表現、輸出和身心健康。著名的匈牙利裔美國心理學家契克森米哈伊（Csikszentmihalyi）率先以有系統的方式研究這種狀態，並終生致力於相關研究。他在二〇〇八年的這段話說得很好：

> 生命中最棒的時刻不是消極、被動接受、放鬆的時候……最棒的時刻通常出現在

你主動讓身體或心智發揮到極致，完成艱難且值得付出努力的事情。

幾乎每個人都有過這樣的時刻，在困境中找到內在力量發揮最佳實力，感受到自己充滿力量、聚精會神，且心滿意足。在這樣的情況下，我們會體驗到一種平行現實的感覺，在這個平行現實裡時間變得不一樣，可能是太快或太慢，而我們會覺得自己與周遭環境融為一體。也就是說，我們所向披靡！領導者若想要在關鍵時刻表現非凡、獲得更多追隨者的全然信任，就不能不知道何謂心流狀態。

未來是心流的時代，而現在已出現許多推廣這個觀念的超棒計畫。神經科學家兼創業家克莉絲．博卡（Chris Berka）與她的團隊製作了一款簡單的儀器，戴在頭上就能測量心流的兩種主要腦波：α波與θ波。根據二〇一一年《美國傳統英語詞典》的定義，α波可視為人腦中一種順暢、規律的電振盪模式，會在清醒和放鬆的時候出現，頻率介於八到十三赫茲。另外，θ波的頻率介於四到八赫茲，食肉哺乳動物處於警戒或情緒激動時，大腦的海馬迴會出現θ波。簡而言之，**α波製造冥想專注狀態，θ波製造極度放鬆狀態**。想像一下，你可以藉由測量腦波，將腦波調整到心流狀態：一旦藉由放鬆與專注達到適當的α波與θ波狀態，就立刻開始處理棘手的重要任務，因為這是你表現最佳的時刻。博卡說，這種技術能讓你用前所未有的速度學習、發揮創意與掌握新技能。

除此之外，美國知名作家史蒂芬．科特勒（Steven Kotler）與他的心流基因體計畫（Flow

Genome Project），致力於發掘心流的神經生物學機制。他檢視大腦在進入心流狀態之前、處於心流狀態與結束心流狀態後的化學、電力與結構變化，其目的是幫助大家找到頻繁進入心流的方法。科特勒發現，除了腦波變化之外，心流也需要複雜的神經化學物質組合才能達成，它們合力創造快速解決問題的三大作用：

- 肌肉對於專注力的反應時間：整體而言，身體對目標的反應速度會比平常更快。
- 模式辨識：這對模式辨識有好處；大腦會以更快且有效的方式，盡可能正確判讀現況。
- 橫向思考：大腦用嶄新的另類思維看待問題，想出新的解決方法。

另外，以我們的經驗來說，我們認為進入心流狀態有幾個內在與外在的關鍵條件：

內在影響

- 使命感：若你的作為對滿足使命感沒有幫助，心流就不會出現。反之，你的使命感愈是真誠、積極、熱情地感動你，就愈容易進入心流狀態。
- 專業知識與技能：雖然心流能加速學習，幫助你更上一層樓，但要是缺乏基本技能也是癡人說夢。你必須在你的領域內出類拔萃，才有機會精益求精，進而表現卓越。卓越是可以經由練習達成的。學者霍伊等人（Howe）於一九九八年指出，才華（例如領導力）可經由長時間努力變成重要技能。

- 焦慮感較低：焦慮程度愈高，進入心流狀態的可能性就愈低。負面焦慮與過多的壓力，是阻礙進入最佳心流狀態的大忌，因為如此一來，心流三利器：冥想專注、強烈的情感獎勵和內在動機就無法同時出現。不過，毫無焦慮感同樣不利於進入心流狀態，有時，正面的焦慮是卓越表現的必要條件。

外在影響

- 新挑戰：處理例行問題不太可能進入心流狀態。例行問題只會讓大腦打開自動導航，用習慣就能完成任務。簡而言之，如果一項挑戰裡沒有令人感到興奮和具備吸引力的新元素，大腦就沒必要浪費多餘能量。
- 適度的掌控：面對全然無力掌控的情況時，想進入心流狀態非常困難。若缺少自由解決問題的權力與能力，就幾乎無法找到內在力量，成為最好的自己。實現心流的能力與自主感、充滿力量的付出相輔相成。然而，若掌控過度，尤其是對認知的壓抑與限制進行掌控，反而會變成內在最嚴厲的批評聲音，對心流有害無益。
- 重要性：愈是重要的情況，愈容易進入心流狀態。反之，影響範圍有限的問題，無論多麼出人意料或多麼新奇，都無法產生讓人自然且安穩進入心流狀態的急迫感與衝擊感。我們只會在最需要心流的時候，才進入心流狀態。

在了解心流之後，無論下一步該怎麼具體執行，有件事是「肯定的」：學校、大學、機構和組織都應該提供適合心流的環境，讓人們能各自或集體進入心流狀態，進而實現更多目標、完成更多創作，並更加樂在其中。但最重要的是：你是否正在成為心流領導者？也就是說，你有沒有設法進入心流狀態，同時也幫助他人進入心流狀態？因為，這是成為善用大腦的領導者最快也最有效的方式。

創意無敵

我們在前一章討論過「提問」對維持頭腦清晰的重要性。事實上「好奇心」也很重要。好奇心的功用不只是幫助我們看清周遭世界，也是發揮創意、為新問題找到新方法的關鍵因素。在不可預測的動態環境裡，快速變化已是常態，因此，創意成了主管與領導者的首要技能。面對與日俱增的複雜性，創意似乎也是主要（甚至是唯一）的回應方式。我們必須快速行動，並對古老、過時又危險的觀念敬而遠之，如「好奇心殺死貓」這樣的觀念。實際上，好奇心與創意只會殺死一種東西：競爭對手！

二〇一〇年，ＩＢＭ對全球六十個國家、三十三個產業的一千五百多位執行長進行調查，發現面對日趨複雜的商業環境，創意被認為是不可或缺的基本技能。在這項調查中受訪的執行長們認為，創意是最重要的能力，超越嚴謹、管理紀律、誠信正直與遠見等傳統商務能力。這個調查結果令人驚訝，因為創意一直被視為特定領域才需要的能力，例如：藝術家、廣告大師、發明家等。商業的相關研究、研討會與培訓確實鮮少討論創意，除非是與行銷溝通和創新有關的課程。

二〇一三年，知名作家蘿絲・泰勒（Ros Taylor）在英國做了一項跨產業研究，訪談了一百位企業主管，發現七十％的受訪者相信創意與職場的相容度較低，與藝術的相容度較高。之後，她又對全英國一千位專業人士做了調查，發現分數最低的兩道題目是：「在我所屬的組織，創意是首要能力」與「（我所屬的）組織裡每個人都有系統地使用創意工具或技術」。儘管執行長都非常希望創意能在公司裡占有一席之地，但是傳統企業的DNA裡沒有創意這種東西。然而我們在前面提過，全球各領域都對持續創新懷抱執念，認為創新是領導者成功處理複雜性的利器。那麼，創意到底從何而來？富有創意的解決方法又是如何產生的呢？

在大腦中，能產生最深刻的新見解的部位，不是進行分析與理性思考的部位。二〇一四年，堪薩斯大學心理學系助理教授克里斯庫（Chrysikou）總結了想法產生的神經科學研究，她指出，「降低大腦負責執行的部位的活躍程度，對創意的誕生至關重要」。負責執行的大腦部位，位在前額葉，而其活躍程度降低稱為「額葉功能低下」（hypofrontality），這會讓人掙脫限制、專注力降低，不再受到規則的束縛，進而使思想變得更開放，新的想法源源不絕。簡而言之，負責執行的大腦部位活躍程度降低，與創意的高產量呈現正相關，亦即：**我們愈不用理性去思考一個問題，就愈能發揮創意想出解決方法**。

關於這一點，業界提供了直接證據。破格公司（Anomaly）是一家在全球三大洲皆設有分公司的非傳統行銷公司，二〇一五年，其創辦人兼全球創意長邁可・伯恩（Mike Byrne）在《實業家》雜誌（*Entrepreneur*）中透露：

> 我會給每個想法一點時間「成形」……最好的想法總是在我做別的事情時成形。不知道為什麼，做別的事情能打開我的思路，一切變得清晰。我可以快速解決問題，因為這種作法有助於快速找到答案。

不少仰賴創意的主管和專業人士都說，跑步、洗澡、散步或甚至「睡一覺」就能為新挑戰想出有創意的解決方法；我們的EMBA學生與幾個企業客戶也都表達過類似的看法。不去積極思考一個問題，不等於不重視它；伯恩所說的讓想法「成形」不是逃避思考，而是讓負責執行的大腦部位在獲得充分資訊之後（而不是之前）靜一靜，反而能讓大腦的其他部位動起來，提供一個適當的解決方法。

這種了不起的大腦作用有兩個端點。第一個是起點：「編碼」（encoding），意指大腦盡量透過感官吸收資訊，目的是解決手上的問題。第二個是終點：「檢索」（retrieval），意指大腦決定了最佳的行動路線，並且將這個決定外顯為想法，也就是讓這個決定進入意識心智，進而變成具體行為。二〇一六年，學者博斯利（Bursley）與同事的尖端研究證實了這種腦部作用。他們讓受試者一邊接受fMRI掃描，一邊看各種有名字的虛構動物照片。接著，他們請受試者回想動物跟牠們的名字，不過，有些受試者在看完照片之後會先做一項分心任務，有些則是看完照片立刻作答。哪一組受試者記住的動物跟名字比較多？結果是：分心任務組的表現比直接回答的受試者出色許多。這項研究之所以是尖端研究，是因為它率先證明了「編碼結束後若有一段短暫而積極的離線處理時間，對聯想學習大有助益」，而且即便你的腦袋正在有意識地積極追求其他目標，這種作用仍會發生。

除此之外，這項研究的fMRI結果顯示，編碼階段很活躍的大腦區域，會在分心階段再次活躍起來。這意味著「編碼期間在左側DLPFC觀察到的活躍模式，會在離線處理期間再次出現」，這樣的結果，支持了「編碼記憶表現在離線處理期間再次活躍」的假設。**大腦以記憶的形式重新體驗已編碼的數據，目的是處理資訊的「原貌」，藉以提供最聰明也最符合現實的答案。**以上這些活動，都發生在意識察覺不到的地方。

實際上更早之前，博斯利曾於二〇一二年嘗試了解這種作用。當時他主張「離線學習」與「決策過程」會在兩個條件下表現得最好，一個是問題有多複雜，另一個是動機有多強烈，兩者都跟潛意識決定的優劣成正比。大腦愈是在乎、個人的興趣愈是濃厚以及情況愈是嚴苛，清醒時的離線處理結果就愈好。

另外，神奇的是，睡眠狀態的大腦也會進行離線處理；這是總想掌控大腦的執行功能最弱的時候。「成形」也是同樣的道理：我們的腦袋裝滿與煩心事有關的數據和資訊入睡，於是我們會夢到解決方法，或是在完全醒來之前想到好主意。

腦科學家似乎特別容易遇到這種情況，本章稍早提到的加州大學神經科學家格薩雷，還有研究大腦自主性與無意識處理的重要學者約翰·巴吉（John Bargh），兩人都曾在夢境中獲得重要的事業突破。格薩雷生動地夢到一個玩家在電玩遊戲裡邊開車邊射擊特定形狀的路標，醒來之後，他想到他何不設計一款幫助改善大腦的電玩遊戲。無獨有偶，巴吉滿腦子想著如何釐清意識與無意識的相互作用時，夢到一隻短吻鱷翻身露出肚皮。他醒來後突然明白大腦在判斷決定跟行為的時候，無意識作用會比意識作用先發生。而最值得注意的例子，發生在心理生物學家奧圖·羅威（Otto Loewi）身上，他在一九二〇年的某個晚上醒來時，腦中的想法為他贏得一九三六年諾貝爾醫學獎：神經細胞的溝通媒介是化學物質，也就是神經傳導物質。

睡眠，能激發潛在的創意來源

當然，這種現象不是腦科學家的專利，實際上大家都有過這種經驗。現代神經科學研究對這種現象有新的認識，他們發現睡眠中有兩個離線處理的關鍵階段。一個是「非快速動眼期」，又稱為深層無夢睡眠，此時數以百萬計的神經元主要在兩個部位放電：海馬迴與新皮質。海馬迴儲存事件記憶，新皮質儲存想法、數據與抽象概念。大腦會在這個階段將資訊分門別類，並且提取必要資訊。另一個，則是「快速動眼期」，大腦在這個階段切斷海馬迴與新皮質之間的連結，讓這兩個部位處於無拘無束的狀態，可自由地隨機建立新的連結。關於這個發現，學者路易斯（Lewis）與同事的解釋是：

> 快速動眼期（第二階段）的高度興奮、可塑性與連結性提供了理想的環境，讓意想不到的新連結得以在既有的皮質編碼知識範圍內誕生。當交錯的快速動眼期與非快速動眼期聯手發揮作用，或許便有助於解決複雜的類比性問題。

然而，即便現在「非快速動眼期」與「快速動眼期」都被視為睡眠時創意大爆發的助力，問題是這世界正在經歷馬修・沃克（Matthew Walker）口中的「災難式失眠流行病」。沃克是加州大學人類睡眠科學中心主任，著有《為什麼要睡覺》（*Why We Sleep: The new science of sleep and dreams*）一書。沃克教授說：「失眠每年給英國經濟造成三百億英鎊的收入損失，相當於GDP的二%。」這些數字令人憂心，理應能使領導者更加注重自己跟下屬的睡眠品質和時間長短。遺憾的是，睡覺經常跟懶惰、粗心畫上等號。為此，這種誤解必須打破。事實上，睡眠對促進頭腦清晰、決斷力和發揮創意解決問題都很有效，尤其是當你懷抱著使命感，並與自己的工作內容、團隊成員和企業品牌進行深刻、有意義的互動。

你是否有這樣的經驗呢？愈是絞盡腦汁想要想出好主意，盯著數據、圖表跟試算表看了一次又一次，似乎愈難找到什麼有創意的解決方法。這種觀念相當違反直覺，也跟許多企業和經理人行之有年的作法背道而馳：每次遇到困難複雜的問題時，他們會將更多能量送到負責執行的大腦部位。這著實很矛盾，因為我們在最需要創意的時候，反而限縮了大腦產生創意的能力。

聖地牙哥大學的學者珍妮佛・穆勒（Jennifer Mueller）對組織創意進行了尖端研究，其研究結果也支持這個觀點。她的研究指出：「主管跳不出常見的商業思維會嚴重扼殺創意。」她與同事於二〇一二年發表的論文〈有損創意的偏見：渴望創意的人為什麼抵制創意〉（*The bias against creativity: Why People desire yet reject creative ideas*）相當受歡迎，也受到大量引用。他們認為就算組織聲稱對創意與創新很重視，但當組織要求員工想出最好、最適當、最可行的方法時，就是在扼殺創意。厭惡未知是組織的天性，而逃避未知會快速扼殺新穎的創意，因為經理人會在激盪創意的會議上選擇較安全的解決方式。然而，這是一種損害創意的偏見：聲稱自己渴望創意，卻沒有接受創意的心態與作法；渴望創意，但所作所為卻是逃避創意。

前段提到的研究影響深遠，現在，我們亟需改變創意工作坊的授課方式，也亟需改變篩選想法的方式，因為現行的方式會把大部分的創意淘汰掉。過度思考必然會啟動大腦負責執行的部位，而它總是急切地用既存資訊去過度分析、評估風險、計算後果和預測未來，如此一來，大腦最終將退回到熟悉、零風險、意料之中的想法。負責執行的大腦部位不擅長製造和判斷剛萌芽的新創意，因此，我們必須先讓它安靜下來，這樣強大的洞察力才有機會登場。

以下是我們建議的創意思考六步驟，除了以現有的科學證據為基礎，也參考了我們輔導客戶的經驗，能幫助你的組織激發創新、激盪創意：

步驟一：理解

這個步驟是盡力了解問題的來龍去脈。你必須深入調查、判讀關鍵數據、檢視重要圖表、與關鍵成員討論，並且從各個角度考慮問題。發揮大腦的分析功能取得重要資訊，同時將個人經驗納入考量，這些都是洞察力發揮作用的重要素材。你的團隊也應該這麼做。

步驟二：探索

在你試著跟團隊一起思考和討論新的想法時，盡量保持心胸開放。在這個階段，過度分析和批判有害無益。

個別探索：不帶思考的思考很重要。不要思考問題本身，而是多想想問題的背景。必要時把背景改成前景再與團隊討論，並且思考一下新證據。讓問題「成形」後，去「睡一覺」、用跑步或運動釋放珍貴的大腦空間、聽音樂、讓大腦進行高階思考，這些作法都非常有幫助。

團體探索：即使問題很嚴重，也要以輕鬆有趣的方式討論問題。盡量不要讓自己和團隊因為過度渲染的責任、失敗與危機而承受壓力。增加休息頻率，在討論過度激動的時候轉移大家的注意力，例如：討論新的主題與任務，甚至大家一起去散步，都可以。一支開心、有活力、有目標的團隊，想要激盪出無限創意幾乎隨時都可以。

步驟三：決策過程

好的想法出現時，不要急著執行，先審慎思考，這些想法真能解決問題嗎？我們是否思考過每個角度？我們確定自己沒有因為疲累、恐懼、可行性、貪圖簡單輕鬆和躲避風險等因素，淘汰掉真正創意嗎？有時，也可以請公司外部的可靠人士提供意見，因為他們通常能免於團隊內部既有的偏見眼光，以客觀的態度看待問題與解決方法。

步驟四：執行

時至今日，將想法付諸實行不只需要理解想法，更需要發揮創意。規劃、分配資源與協調活動不再像過去一樣直接了當。透過親身參與不斷審視過程，永遠提出正確的問題，並且熱忱地堅守目標。在執行創新方案的時候，以上這些作法都有機會幫助你創造奇蹟。

步驟五：結果

成敗取決於最後的結果。衡量顯而易見的事情不需要什麼創意，但衡量重要的事情需要很多創意。當解決方法執行之後，請用你想得到的各種方式來衡量結果。盡量用多種衡量方法，量化以及質化的方法都需要。此外，好好慶祝成功的結果，如此一來，用創意解決商業問題的作法才會有機會生根。別怕失敗，用創意面對失敗，因為失敗也是重要的學習過程。

步驟六：配置

在試圖解決特定問題時，抓住機會進行創意思考也很好，但若真的想要長期使用創意思考，就需要建立對創意有利的文化與結構。這種環境的特色包括：趣味、賦權、持續提問、適當的工具以及做每件事都帶著使命感。

德國學者坎普曼（Kempermann）與同事於一九九七年的小老鼠實驗發現，讓老鼠待在有趣、活潑、好玩的環境裡一段時間，特定大腦部位製造的神經元數量，與待在舒適空洞環境裡相同時間的小老鼠相比，多出三倍。若在人類身上也有如此顯著的神經生成現象，就可成為企業內部成就偉大的堅實基礎。現代的創新與創意專家都一再強調適合創意的環境與文化有多重要，史丹佛大學教授婷娜．希莉格（Tina Seelig）就是其中之一。蘿絲．泰勒也在著作《職場創意》（直譯，*Creativity at Work*）中指出，我們需要借助特定的技巧、工具與步驟來為創意鋪路。

創意，是神經可塑性的極致表現。想出解決新問題（或老問題）的新方法、學習新事物、探索意想不到的見解、挑戰現狀，以上這些行為都會在大腦內部建立新的神經通路，使我們擁有持久不衰的戰鬥力與競爭力。

記憶力增強術

根據我們的觀察，但我們想你應該也不陌生，組織裡記憶力很強的人會是大家崇拜的對象。事實上，這種人到哪兒都備受崇敬。記憶力強的人，在討論過程中隨時都能說出過去的一則事實、一個事件、一個名字或日期，這種能力令人佩服。這是我們與全球各地的組織合作時，親眼見識到的情況。因此我們相信若要藉由鍛鍊大腦來提升領導力，就必須增強記憶力。

相信這件事的可不只有我們兩個。《科學人大腦》雜誌（*Scientific American Mind*）在二〇一四年做了一份問卷調查，參與調查的讀者之中，大部分都說提升腦力最想做的事是「破解認知」，其排名超越了「塑造品格」，甚至超越「治癒疾病」。而在「破解認知」子題底下，大家最想掌握的能力是記憶力，獲得高達四十%的受訪者青睞。科普記者喬許・弗爾（Joshua Foer）在他二〇一一年的著作《大腦這樣記憶，什麼都學得會》（*Moonwalking with Einstein: The art and science of remembering everything*）裡是這麼說的：

> 那些聰明才智的人，最令我欽佩的，是似乎總能適時說出恰如其分的小故事或高度相關的事實。他們能在大腦浩瀚的資訊海徜徉，從偏僻的角落抓出他們想找的東西……記憶與智慧的關係似乎密不可分，

就能釋放大家的無限創意！

選擇二：請大家快速丟出想法，先不要急著評估可行性。想到什麼點子全部寫下來，再請大家根據兩項因素，分別為每個想法從一到五分評分。至於這兩項因素，分別是：實際解決問題與可行性（安心程度）。最後，討論給分差異，強調解決問題才是重點的觀念。

選擇三：你也可以請每個人都只鼓吹和推銷自己的想法，同時避免批評別人的意見。關注決定會帶來哪些正面效果，不考慮負面影響，藉以幫助他們釋放創意。

就像肌肉骨架和運動能力一樣。

此外，記憶力好對領導者的助益，不只是贏得欽佩，也對決策過程有利，進而對BAL的「思維」有幫助。決策過程牽涉到複雜的神經作用，這種作用雖然只是部分仰賴於記憶力，卻是關鍵的部分。南加州大學心理學教授安東．畢沙拉（Antoine Bechara）說：「當我們在決策過程中考量每一種可能作法時，是記憶力負責喚回知識與過往資訊。」基本上，遺忘可能會導致同樣的錯誤重複發生，造成原本可避免的決策錯誤。想想有多少次開會時，因為團隊裡有人想起重要的事實或過往經驗，使大家在做出錯誤決定前懸崖勒馬？當時每個人對這位成員的感激肯定翻倍！

至於大腦的記憶可分成兩大類：短期記憶，又叫流體記憶（fluid memory）；長期記憶，又叫晶體記憶（crystallized memory）。回憶幾小時前、昨天或更早之前做過的事，這屬於長期記憶；短期記憶只能維持

提振腦力：三種能釋放無限創意的腦力激盪

下次與團隊一起腦力激盪時，請仔細觀察想法跟決定是如何產生的。他們是否正確使用大腦促進創意，還是受制於前額葉皮質所以選擇風險較低、較熟悉的作法？若是後者，請（發揮創意）設法改變腦力激盪的過程，幫助團隊產出更多創意，並鼓勵團隊接受有創意的想法。具體作法有以下三種：

選擇一：選擇一個雖然可以解決問題卻因為大家懷疑可行性，而不喜歡的激進想法。請大家想像一下實際執行這個想法的過程。觀察團隊成員的反應，並根據他們的反應帶領討論。這會將他們的注意力從懷疑可行性轉移到如何執行令人興奮的新計畫；少了必須扛責任的心理負擔，

一分鐘左右。短期記憶並不長久，但要處理剛接收到的資訊，因此短期記憶不可或缺。學者寇蒂斯（Curtis）與迪斯波希托（D'Esposito）於二〇〇三年指出，DLPFC掌管與短期記憶有關的神經活動。

位在新皮質底下和邊緣系統中的海馬迴對短期記憶發揮關鍵作用。除了將短期記憶變成長期記憶，海馬迴也掌管空間感；海馬迴受傷的人除了有記憶問題，也會搞不清楚方向。長期記憶將數據妥善存放，幫助我們更完整地思考資訊；長期記憶存放在新皮質神經元的突觸連結裡。記憶會自然退化，因此，我們必須在海馬迴與新皮質之間建立動態和反覆的連結，才能把資訊鞏固成長期記憶。而資訊變成長期記憶之前會經過三個階段：編碼階段（製造記憶）、儲存階段（先存在海馬迴，然後移到皮質）與提取階段（能在回憶時取出）。

沒有被回憶取用的資訊通常會被忘掉，因為儲存這段記憶的突觸連結會漸漸變弱。二〇一四年，加州大學洛杉磯分校的心理學教授唐諾・邁凱（Donald G Mackay）指出：

> 建築工人能打造新建物，也能修復損壞的建物。同理，海馬迴可以製造新記憶取代已衰退的記憶……每當你看到一個忘記的字，或是經歷過去經歷過的事，這種記憶重建就有可能發生。

正因如此，**反覆接觸相同資訊可以把片段的記憶儲存起來，使記憶不會流失得那麼快**。邁凱認為，儲存記憶的步驟如下：

一、感官接收到資訊。

二、資訊被送到相關的大腦部位進行處理（假設收到的是視覺刺激，就會送到視覺皮質）。

三、資訊來到位於新皮質的布洛卡區（Broca's area），這裡負責儲存文字記憶。

四、你無法提取這則資訊，因為記憶會隨著時間衰退。

五、你再次接觸相同資訊。

六、新刺激被送至海馬迴，海馬迴與新皮質互動並重建被遺忘的記憶。

七、重建的記憶再次存入新皮質，這次比上次更加牢固。

其中，尤其要注意的是，我們必須重新接觸原本的資訊或間接的資訊來源，確保衰退的記憶已重建和鞏固。千萬不要把這件事交給運氣和本能！

此外，**情感是另一種增強長期記憶的方法**。只要對參與的活動投入關注與感情，情感會幫你把更多資訊保存下來。無論是對話、開會或其他活動，疏離和厭煩對記憶都有負面影響。這是因為如果你對自己在乎的事積極投入情感，就會對它產生自傳式的記憶，或貼近自我核心的記憶。情感的作用就像膠水，幫我們把重要的資訊（無論好壞）全部黏住。二〇〇一年心理學家史蒂芬・哈曼（Stephan Hamann）表示：「情感對記憶的影響不只發生在編碼階段，亦即對資訊的關注和解讀，也會發生在記憶的儲存階段。」基本上，注入強烈情感的記憶被重新活化的頻率更高、記得更牢，也吸引更多的注意力。因此對於工作與工作環境，你必須再次檢視自己的動機、參與程度和情感依附程度：愈把工作當成是自己的事，工作的時時刻刻就會變得更加難忘。同樣地，愈是看重自己身為領導者的角色，你的領導態度就會變得更加難忘，有助於重現和改變這些態度；強烈的使命感在這種情況下也能派上用場。

第三種增強記憶力的方式是聯想。世界各地的記憶力競賽參賽者都是借助聯想來幫助記憶，這是因為一則資訊若帶著比較強烈和多元的相關聯想進入皮質區，就愈容易儲存和提取它。需要被有效儲存的每一則新資訊，都要用行動來讓它在記憶中顯得與眾不同、難以抗拒。作家弗爾在《大腦這樣記憶，什麼都學得會》中描述過這種記憶法，他說資訊必須在皮質裡占據最大空間，而方法是盡量建立突觸，數量愈多、愈強烈愈好。如果我們能想出有趣的元素，再把這些元素跟一個事件聯想在一起，再普通的事件也會變得很好玩。舉例來說，如果記不住新朋友的職業，可以想像一個從事相同職業的熟人跟這位新朋友一起騎在駱馬或驢子背上。這種超乎尋常又好笑的心理畫面會在腦海中加強關聯性，有助記憶。

練習：「記憶宮殿」的想像訓練

古希臘詩人西莫尼德斯（Simonides of Ceos）使用的記憶古法叫「記憶宮殿」（Memory Palace），先在腦海中想像自己熟悉的結構（房子、道路、社區等），再把記憶一一放進去；每則資訊都有專屬的位置。

請在安靜的地方做此練習。首先，選擇你想要記住的五則訊息。接著閉上眼睛，在腦海中的公司（或你家）走動。你會看見每一條走廊、每一個角落、每一張辦公桌、每一間會議室，看到愈多細節愈好，但是沒有人也沒有嘈雜的聲音。走完一圈，在你對這個記憶宮殿感到心滿意足之後，再走一圈，這次把五樣東西（畫面、名字、想法、文字，任何東西都可以）依特定順序放在公司的不同地方。你必須清楚看見自己把它們放在每一個特定的位置。為了加強記憶，必須為每樣東西設計一個專屬活動，這個活動是一個動詞跟一個人，或是這樣東西正在做某件事。切記，這個活動愈跳脫常規愈好玩，記憶也就會愈牢固。

完成之後，好好放鬆休息一下。然後再次閉上眼睛，回到記憶宮殿走一圈，把存放在記憶宮殿裡的東西一一找出來。愈練習愈熟練，所以這個遊戲玩得愈多次，就會愈上手。別忘了每次存放新東西之前，一定要先把記憶宮殿清空。

無論如何，領導者加強記憶力的好處多多。記憶力變好能帶來更好的決定、更有意義的對話，整體表現也會有所提升。更重要的是，身旁的人會對你大感佩服，進而提升你的魅力和影響力。不僅如此，記憶力也能強化大腦的適應力，這同樣是現代領導者不可或缺的能力。

有趣的是，**「遺忘」也是重要的學習因素，因為它能幫你記得「真正」重要的事**。科學記者班奈迪克．凱瑞（Benedict Carey）在二〇一五年的著作《最強大腦學習法：不專心，學更好》（*How We Learn: The surprising truth about when, where, and why*）中指出：「雖然聽起來違反直覺，但遺忘能促進並加深學習，因為遺忘會過濾掉令人分心的資訊。此外，遺忘也有助於記憶拆解，在重新取用記憶之後增強資訊的提取與儲存。」畢約克夫婦（Bjork, RA and Bjork, EL）是研究遺忘與學習的頂尖專家，他們在二〇一九年歸納出三種透過遺忘加深學習的方法：

一、改變環境：若要牢記資料的內容，初次詳讀與再次詳讀同一份資料時，可以選擇不一樣的感官環境。因此，企業應該規劃在不同的地方進行相同的訓練課程，幫助員工鞏固已經記住的內容。

二、延遲學習：詳讀與驗證（再次詳讀）同一份資料的時間要分開。為此，企業應避免在同一段時間內講解相同主題的所有資料。把這些資料分散在不同時間講解，效果更好。

三、主題交錯：與其把同質性的主題放在一起「塊狀學習」（blocking），不如把打算學習的各種知識主題混在一起研究或練習。學習一種主題時，企業應將其他主題放在一起同時學習。

其他相關研究，也都曾頻繁提到上述三種方法，認為它們形成的堅實框架能幫助領導者深入了解學習、記憶與遺忘的科學原理。使用這三種方法時，人們通常不會察覺到自己做的事是遺忘，而不是學習。但長期而言，他們學習到的內容會變成更容易保存（提取）的記憶，習得的技能也更能夠學以致用。可惜的是，當企業面臨時間與成本的壓力時（這種情形很常見），就沒有餘裕採用最新的學習觀念，導致相同的錯誤一再發生。腦科學走在記憶力的最前沿，懂得應用腦科學的領導者必能擁有競爭優勢。

關於記憶力，還有最後一個不能不提的重點。這件事非常重要，那就是：**記憶不可能準確，而且非常容易塑造**。茱莉亞・蕭博士（Julia Shaw）於二〇一六年的著作《記憶如何對你說謊》（*The Memory Illusion: Remembering, forgetting, and the science of false memory*）中指出：「記憶是一個由腦細胞組成的網路，範圍涵蓋大腦各區，而且時時都在更新。雖然這是重要的神經作用，有助於我們學習和解決問題，但這也表示記憶的內容很容易操弄。」基本上，我們每次敘述一次過往經驗都會改變與之有關的回憶，因為我們會加入新的細節、來自他處的新元素，或是捏造既不正確又會誤導他人的概念性關聯。

無論是作為一種作用，還是一種結果，這種去浪漫化的觀點都削弱了記憶的可信度：記憶並不像大腦希望我們相信的那般真實無誤。製造記憶的是動態和敏感的神經放電，所以記憶不是電腦硬碟存放跟提取的數據，而是基於情感、印象、新資訊與隱藏動機去重新塑造和體驗的一段經歷。因此，當領導者想要在說故事或闡述重要論點時引述一個過往事件，必須先審慎考慮每個細節，使用多種可靠來源重複確認關鍵資訊是否準確。

此外，還有另一個值得學習的重點。企業內部碰到會損害團隊、製造負面情感反應和毀滅性記憶的情況時，擁有BAL領導力的領導者可在事後重新塑造這段經歷，把它轉化成有建設性的學習機會。本質上，記憶力對人類而言是一種好處，它讓我們以不同的視角重訪過往情境，並改變我們面對這種情境的態度（而不是改變事實）。在我們為團隊重塑過往經驗的同時，我們也在重塑記憶。順帶一提，這種方法不僅用於創傷心理治療效果良好，對想要讓士氣低落的團隊重新振作的領導者來說，更是絕佳的策略工具。

關於記憶系統還有最後一個重點，與資訊以及後續的記憶產生、儲存有關。一九七五年，有一項著名的實驗，就是請兩組受試者分別記住資訊。第一組坐在房間裡僅用聽的方式記住資訊，第二組同樣用聽的方式記住資訊，但差別是他們穿著潛水衣潛到水下！受試者聽完資訊後，研究人員以兩種方式確認受試者記住多少資訊，一種是相同情境（房間組在房間測試，水底組在水底測試），一種是不同情境（水底組在房間測試，房間組在水底測試）。結果顯示，在相同情境接收資訊與接受測試的人，其表現超越不同情境的受試者。這個研究證明情境對學習和長期記憶的形成並不重要（至少沒那麼重要），但是對提取記憶來說很重要。換句話說，把一個人放在相同的情境裡有助於啟動長期記憶，幫助學習過程。這項發現對於領導力的培養，意義重大。

我們在前面提過，你應該把自己放在領導情境裡，也就是認為你必須領導大家一起完成目標，這是激發領導行為與發展領導能力的絕佳機會。

除此之外，領導情境似乎也會影響追隨者對領導者的看法。學者波亞吉斯（Boyatzis）與同事於二〇一二年做了一項研究，他們請受試者一邊回憶兩種領導者，分別是跟大家有共鳴與無共鳴的領導者，一邊接受ｆＭＲＩ掃描。他們發現，這兩種領導者有關的記憶會啟動大腦神經系統的特定部位，進而對與這些部位有關的認知和情感產生正面或負面影響。這項研究結果顯示，愈是讓自己或他人接觸相似的領導經驗，記憶的產生、儲存與提取也會變得更活躍，進而影響領導者與追隨者的行為。

適應、投注與成長

《經濟學人》雜誌（*The Economist*）每年都會公布下一年度的重要的預測。這本重量級年度特刊預測未來一年經濟、商業、政治與科技等領域的發展。第二十五年的特刊是《二〇一一年大趨勢》（*The World in 2011*），對利比亞在中東和非洲的發展預測如下：

> 已掌權四十年的格達費（Muammar Qaddafi）將繼續掌權一年。透過鎮壓異議人士與削弱競爭對手等手段，他消除了足以撼動其統治地位的一切威脅。最有可能繼任者是他的兒子賽義夫（Saif al-Islam）。

回首二〇一一年，我們知道那一年格達費將軍和家人被趕出政壇，格達費本人遭到叛軍殺害，讓人不禁對《經濟學人》言之鑿鑿的預測感到驚訝。我們在前一章提過這種態度更像是刺蝟，而不是狐狸。它為我們居住的世界提供簡單有力的武斷預測，建議領導者必須採取相應的心態以求生存。但今日的世界複雜性很高，無數力量彼此交織並同步影響著生活的各個面向，因此無論你是哪一種風格的領導者，都必須使用不同於過往的決策方式。仰賴一個武斷預測採取行動的方法已經過時，我們必須變得更加靈活、開放和謹慎，以多元化的方式邁向未來；每一種方式的比重不一定相同，但是都需要認真關注。

這種新方法也與現代哲學家納西姆．塔雷伯（Nassim Nicholas Taleb）二〇〇七與二〇一二年的暢銷著作中的觀念相符，包括他提出的隨機性、黑天鵝與反脆弱（antifragile）。尤其是塔雷伯提到，隨機性與不可預測的事件遠非我們所能控制和預知；人類偏好穩定、慣例、漸進式進步與有計畫的進展，不喜歡激烈和突然的變化。但是，不可預測的事件（黑天鵝）遲早都會出現，這種偏好使我們面對這些事件的衝擊時既脆弱又敏感。與此相對，若我們經常接觸小小的變化（偶爾跳脫慣例），就有機會提高恢復力，也就是塔雷伯所說的「反脆弱」。這種方式需要所謂的「小型投注」，又稱「目標性投注」。這是就我們所知最棒的認知策略，面對充滿危險的未知情況時，可用來為人們和組織指引方向。

我們的數位分身、行動裝置與社群媒體主導著全球集體對話的方向，政治上充滿不確定性，世界各地衝突不斷爆發，產業龍頭每天都面臨來自創業風氣的挑戰。面對這樣的世界，領導者幾乎不可能對未來有任何把握。這帶來一個嚴重的策略問題，對個人與組織來說皆然，因為策略是領導者的關鍵思維，傳統上策略的制定依賴領導者對未來的預測與決定。若無法預測未來，我們如何在投資、資源配置、準備與活動規劃上做出穩妥的決定？話雖如此，只要發揮目標性投注心態，我們將能更有效地處理混亂的現況，同時降低失敗的整體風險。

作家兼顧問法蘭斯・約翰森（Frans Johansson）在二〇一二年為「目標性投注」下的定義是：在不知道行動是否有效的情況下依然採取行動；實業家兼作家彼得・席姆斯（Peter Sims）在二〇一一年下的定義是：發掘與嘗試實踐想法的低風險行動。

人類活動的各個領域都充滿不確定性，但我們也不能因此坐以待斃，明智的作法是盡量多管齊下，多方投資（下注）以增加成功機率。就算其中一個或多個行動失敗了，也不會因此遭受致命打擊。這種方法衍生的領導心態是勇敢、極度活躍、連結與樂觀。大腦負責執行的部位平息杏仁核的生存恐懼，如往常般進行分析、預測和決策。就算有許多小型投注以失敗收場也沒關係，至少不是全軍覆沒。但只要一項投注成功，就足以改變整體結果。

至於具體作法，我們一直積極使用約翰森提出的目標性投注五大關鍵步驟，如下：

一、多方投注

只在一個賽場上比賽、只想像一種可能的未來，下場就可能會很悲慘。與此相對，同時進行多項活動，不斷發掘和嘗試新的方法去追求目標，才是成功的必要條件。例如：面對挑戰時不可以尋找唯一的「黃金答案」，而是應該探索各種可能。我們的建議是，選擇可以並行的多種行動，不要選擇互相排斥的行動。

二、投注規模愈小愈好

這種投注的主要特色是低風險。也就是說，雖然我們投入資源與時間採取行動，但組織的財務與生存策略並非孤注一擲，而是分散在所有行動上。根據我們的觀察，傾注所有資源在一個解決方案上足以致命，對企業和經理人的職業生涯來說都是如此。別再以為縱使一個成本高昂但萬無一失的絕妙主意就能立刻解決問題，應改成多管齊下，將幾種成本效益更高的方法組合成便於管理的綜合方案。

三、最小的執行步驟

我們用目標性投注來檢視執行中的想法，而且是同步多方執行，因此必須謹慎小心。採用有系統的方法，確認上一個步驟已有效完成之後，才能進行下一個任務。不同的步驟指派給不同的人、利用外部資源（研究人員、顧問）協助驗證最重要的步驟、請最親近的團隊評估進度並核准接下來的步驟，這些都是我們會向客戶建議的重要作法。

四、計算可承受的損失

與其為了決定是否繼續下注而分析每一筆賭注的投報率，不如根據每一筆賭注可承受多少損失來做決定。若是只看投報率，可能會因為不確定能否真的賺錢而裹足不前，導致就算投資門檻很低也不敢行動。較好的作法是停止對不確定的結果懷抱期待，把焦點放在實際下注，但是每筆賭注的投資愈低愈好。

五、讓熱情熊熊燃燒

持續大量下注、密切追蹤，甚至親眼看見許多賭注輸掉，這是一個需要強烈決心的過程。本章前面提過，崇高的使命感、熱情與內在動機能支持你繼續前進，進而快速從失敗中學習，並把每一個成功機會當成持續努力的燃料。以我們的經驗來說，動力較高的團隊是那些行動最多、遇到任何挫折都能克服的團隊。實際上我們曾與樂見賭注輸掉的領導者合作過，他們多半覺得失敗會帶領他們更加接近成功。

狐狸的心態、擁有駕馭隨機性的內在力量，同時有管理多重目標性投注的能力，並採納創意、心流和崇高的使命感，這些都是當代領導思維需要的核心要素。這種思維能促進神經可塑性與神經生成，與卡蘿．杜維克（Carol S Dweck）博士提出的成長型思維極為相似。成長型思維對我們的行為、與成敗的關係，以及我們獲得幸福和身心健康的能力影響至深。杜維克於二〇一二年的著作中細述人類有兩種主要思維：「固定型思維」與「成長型思維」。固定型思維相信能力、智力與人格都是固定的，不相信有意義的改變。這樣的人生將過度仰賴外部環境，而不是自己的行動。在心理學上，這叫做「外部控制點」（external locus of control）。與此相對，成長型思維則認為可以發展和提升自己的能力，進而選擇你想成為怎樣的人。智力、人格與能力並非固定不變，每一次失敗都只是學習和成長的機會，成功取決於自身的努力。你可以改變，最終成為更好的自己，這叫做「內部控制點」（internal locus of control）。

成長型思維是神經可塑性的最佳使用典範，而固定型思維恰好相反。我們曾多次見證領導力因成長型思維而壯大，因固定型思維而萎縮。你要選擇哪一種思維呢？

本章重點

在我們的專業生涯中，大腦的生理機制不會保持不變。它可以做得更多，也可以做得更少，端看我們如何使用它。領導者必須利用大腦的神經可塑性，讓自己學得更快、表現更好、成就更多。除此之外，記憶力是重要的大腦功能，對於領導力的發展有極大的助益。最重要的，面對各種情況都要懷抱崇高的使命感、進入心流狀態與發揮創意，改善記憶力，採用多元化的方法，選擇適應與成長型思維，這些作法能幫助領導者保持敏銳、掌握全局。出色的表現將為你吸引更多忠誠的追隨者。

快速掌握「領導力腦科學」的關鍵重點

關於「思考」你必須知道……

■ 幫大腦節省能量

高階思考、堅定的價值觀與即時意見回饋，是鍛鍊領導者意志力的三大策略。你可以用以下幾個方法節省腦力：

・處理自我耗損　・處理過勞　・處理一心多用　・培養恢復力

■ 保持頭腦清晰

留意可能造成決策盲點的偏見。而「暫停一下」（PAUSE）能幫你掃除偏見：

「P」（Pay attention）：留意藏在批判背後的真實情況（事件vs詮釋）。

「A」（Acknowledge）：承認或發現你的反應、詮釋或判斷。

「U」（Understand）：了解其他有可能的反應、詮釋或判斷。

「S」（Search）：尋找處理情況最有建設性、最能賦予力量或最有生產力的方式。

「E」（Execute）：實踐行動計畫（採取最合理的方式）。

積極提問能為理性的大腦部位增添更多能量。以下為提問的四種態度：

・真心提問　・真心聆聽　・惡毒拷問　・暴躁孤僻

大腦的劫持機制會阻撓清晰思考，造成嚴重的後果，例如：行為不穩定、決策力下降、表現不佳等等。我們可以用一套分心與獎勵的系統來管理劫持。

■ 專注於表現

神經可塑性能幫助我們學習新的技巧與能力。實踐領導力就能強化領導力；愈積極執行領導力任務，就愈有機會提升這種認知能力。另外，強烈的使命感能幫助領導者看清方向，對過去與未來的各項決定瞭若指掌。至於強化創意與表現的方式有：

- 了解問題的來龍去脈
- 避免過度分析
- 用最簡單的分析工具
- 不斷審視執行過程
- 持續評估結果
- 盡量多次重複過程

記憶力是建立領導力的關鍵因素。你愈是把自己放在領導者的情境裡，就愈能加強存放在大腦長期記憶系統裡的各種領導能力。而愈常提取這些記憶，就愈有機會提升領導力。此外，請用目標性投注處理複雜性：

一、多方投注
二、投注規模愈小愈好
三、最小的執行步驟
四、計算可承受的損失
五、讓熱情熊熊燃燒

第二篇

情感

第四章　情感豐沛，決策愈正確

總是保持冷靜，不一定是最好的？

他自認是位出色的經理人。他曾在多家企業擔任過主管，且成績向來亮眼，即便偶爾碰到麻煩，也總是能快速解決。每次做決定之前，他總是仔細考慮各種選擇，也會挑選適當的人選。他的專業地位與整體聲譽，出類拔萃。這一切，都要歸功於他年輕時學到的一個簡單準則：無論情況多麼嚴重，都要保持冷靜。

他的座右銘是：商業是數字遊戲，不要牽涉情感。他堅信，情感無論好壞都會影響決策，從而改變清晰且合乎邏輯的「結果」，也就是市場與股東都喜歡的那種結果。他的情感只保留給生命中零風險的少數時刻：家族的慶祝活動、他喜歡的樂團演唱會、一個人在家看體育比賽的時候。他的辦公室是一個沒有情感的地方，他對此感到自豪。他的思維是數學式、理性而客觀的，這種思維對他的事業一直很有幫助。一直以來，這個準則他不僅用在自己身上，也用來選擇、評估和指導他的團隊。

兩個月前，他接到一通重要的電話。他有資格競爭公司裡的最高職位：執行長。這對他而言可是件大事，但他一如往常的，在聽到這個消息時保持表面上的冷靜。遴選執行長的過程很漫長，也很辛苦，他必須沉著面對；他相信支持他走到這一步的準則，也將幫助他更上一層樓。

公司請了一家顧問機構來進行遴選。果不其然，遴選過程包括面談、測驗、角色扮演以及跟公司內外的不同人士開會。他認為過程大致順利。最後一項考驗來了。候選人必須為公司想出一套大規模重整計畫。他們會怎麼做呢？他們主要關注哪些問題，首要之務又會是什麼？這顯然是股東正在考慮的行動，他們希望新任執行長能成功達成目標。面對這項計畫，他拿出所有的知識、經驗與一貫的冷靜態度。他找出導致公司需要重整的市場變化，評估目前的結構需要做哪些調整，並規劃新的目標、結構以及預算，最後，他擬定了一套有效的執行方案。他甚至連與外部合作夥伴的協商、更換或調動關鍵人員都考慮到了。在他看來，他的重整計畫清楚無誤。

遴選結果公布，他沒有當選。他很震驚。更令他震驚的是，他們說他的最後一個任務表現不佳。怎麼可能？他有條不紊、按部就班，每一步都合乎商業邏輯。他無法理解這樣的評語，尤其是公告提到組織與個人都應該知道執行長的角色不只是「首席執行長」，也是「首席情感長」（chief emotional officer）。此外，公告也提到，最高層管理者在面對公司重整這樣巨大的挑戰時，應當把自己和他人的情感、態度與信念放在各項分析跟方案的第一位。顯然商業不只是數字遊戲；人才才是商業最重要的因素，因為處理數字和做決定（無論對錯）的是人。其次，人類有情感。經理人應具備辨識和控制情感的能力，如此，才能對嚴峻的情況做出相應的回應。

經歷這件事之後，他開始把「情感」納入工作之中，包括自己與其他人的情感。他明白沒有一種情況（專業或私人）不會受到情感的掌控與影響。

事實上，我們對於人性的理解，存在著一種嚴重的誤解。中世紀之後出現的科學與受到文藝復興啟發的思想，宣稱「認知作用」是人類經驗的頂點，把情感貶低為獸性狀態；心智作用將情感排除在外，以確保思考維持客觀。「保持冷靜」、「別那麼情緒化」、「你反應過度了」等類似說法，顯示現代社會對情感的態度充滿敵意。這種用字遣詞自出現以來，一直在管理學的傳統術語中占據主導地位，許多理論大家紛紛採用，包括：美國科學管理之父泰勒（Frederick Taylor）、法國古典管理理論創立者法約爾（Henri Fayol）與德國社會學家韋伯（Max Weber）。

這種誤解的主要訊息是：情感愈少，你做的決定就愈好。可是，人類的生活、思想和行為，可以擺脫情感嗎？情感真的是削弱理性思維的演化殘留物嗎？我們應該為了成為更好的領導者而壓抑情感嗎？對於這幾個問題，神經科學給了果斷的答案：「不！」我們可以從一位名叫艾略特（Elliot）的病人身上找到明確的解釋。

情感掌控大腦

艾略特在三十出頭時，被診斷出大腦中線區域有一顆快速長大的腫瘤，這顆腫瘤把兩片額葉往上推。他接受手術摘除了腫瘤，然而即便恢復健康，但整個人也變了。雖然他能進行邏輯思考並理性評估決定，但他出現反社會行為，完全不正常。這項變化，以及在其他案例身上觀察到的類似變化，讓我們對「情感在決策與維持健康生活上扮演的角色」有了重大了解。簡而言之，這個案例揭示了人類在做出決定和採取行動時，情緒與其他的大腦功能一樣重要。**少了情感的決定不僅錯誤，甚至危險**。

另一個著名的案例，是十九世紀的美國鐵路工頭費尼斯．蓋吉（Phineas Gage），他在弗蒙特州蓋鐵路時，頭骨被一根熱鐵棍刺穿，之後他雖然奇蹟生還，但性情大變。知名葡萄牙裔美國神經科學家兼神經生物學家安東尼歐．達馬吉歐（Antonio Damasio）在一九九四年的重要著作《笛卡兒的錯誤》（*Descartes' Error*）中，對蓋吉與艾略特的故事進行了分析。達馬吉歐在書中語出驚人地說：「減少情感可能是非理性行為的重要來源之一。」他言之鑿鑿地表示，雖然違反直覺，但缺乏情感與行為扭曲之間存在著關聯性，顯示嚴謹的推理對健康情感有著複雜而強烈的依賴。

艾略特與醫療史上類似的其他案例帶給我們最大的啟示是，雖然手術後案例的高階認知功能完好無損，但他做決策的方式與行為導致他與身旁的人長期隔絕。在接受感知能力、過往記憶、短期記憶、學習新知、語言、算數和運動技能測驗時，艾略特表現優異。他看起來完全正常，跟每一個準備處理私事或公事的人沒有兩樣，但他的實際行為於公於私都是一場災難。然而，一個人怎麼可能既通過上述各項測驗且完全理解邏輯，卻在社會與私人行為上表現得如此糟糕？為什麼神經科學一次又一次證實了這種現象？答案很簡單，也很直接了當。

在決策與行為中使用情感，其重要性不亞於、甚至超越使用邏輯的能力。從演化的角度來看，情感在漫長的人類歷史中發展得比較早，在做選擇的時候扮演了關鍵角色。因為，負責執行的大腦部位是新成員，其非常仰賴情感來推動和指引它做出決定。實際上，艾略特、蓋吉和醫療史上的其他案例，都是由於「為選擇注入情感」的神經通路受到損傷，導致長期的行為異常。由此可證，想在管理與商業決定時關閉情感腦，以神經學的角度來看是不可能的，而且是一種非常危險的嘗試。

情感之於決策最大的影響是道德，這是一種根據對自己和他人可能產生的影響，於決策後期衡量決定是否正確的能力；與同理心相似，它幫助我們體驗某個行為可能造成的感受。然而，情感神經通路受損的人（杏仁核－邊緣系統與下視丘－交感神經反應）無法使用道德準則來引導決策過程與行為，以至於對自己和他人做出錯誤的選擇。事實上，對於缺乏同理心，因此只能做出對自己與社會不利的冷血決定的人，在醫學上被稱為「心理病態」（psychopath）與「社會病態」（sociopath）。

二〇一一年英國作家強．朗森（Jon Ronson）的《心理病態測驗》（直譯，*The Psychopath*

Test: A journey through the madness industry），以及二〇〇六年，心理學家保羅・巴比亞克（Paul Babiak）與犯罪心理學家羅伯特・黑爾（Robert Hare）的《穿西裝的蛇》（直譯，*Snakes in Suits: When psychopaths go to work*），這兩本知名著作都認為心理變態必然有的特質包括：缺乏同理心、懊悔與關愛。而令人驚訝的是，學校、企管碩士課程與企業向來鼓勵未來專業人士和主管培養上述這些特質，希望提升他們冷血和算計的推理能力。我們是不是想把經理人、領導者和一般人塑造成心理病態？如果是，那成效似乎不錯，因為有一項研究發現，二十％的企業執行長符合心理病態的診斷，這個比例與監獄中的囚犯相同。這個情況令人擔憂，因為心理變態在正常人口中僅占一％。倫敦大學學院與哥倫比亞大學商業心理學教授托馬斯・查莫洛－普雷謬齊克（Tomas Chamorro-Premuzic）表示，心理病態的人有幾個主要特徵：不斷需要他人的認可與表揚、極度自我中心、極度自以為是、感受不到後悔與內疚，以及平息不了的報復念頭。在我們看來，現代領導者必須盡快擺脫這種陳舊的思維，從神經科學的角度面對現實，了解讓我們於公於私都能表現優異的特質究竟是什麼。

道德是一種複雜的情感。道德可以跟同情心有關，也跟公平與尊重有關。除此之外，道德還跟信守承諾有關，尤其是不說謊話。人類的道德情感有很多面向，而且是動態的。道德情感的演化有兩大前提：「我們」比「我」更重要，以及「我」在同儕中並不特別。這兩個前提都是組織獲得群體成功的關鍵要素。在光譜的另一端，真正的邪惡可被視為大腦功能障礙，並非健康的神經元每天正常放電的狀態。心理病態、社會病態、某些大腦腫瘤與受損的前額葉皮質，都會導致人類不斷重複使用惡意行為。換言之，健康的大腦具備道德感。

情感除了能加強決策能力，對領導力而言同樣至關重要，因為情感是動機的基礎。「emotion」這個英文單字的拉丁字根是「移動／搬動」，一看就知道，因為這個單字裡有「motion」（動作）。我們大概想不到，「情感」這個詞意味著情感是所有動作的基本依據。少了情感，我們會無所事事，沒有動力去做任何事。正因如此，許多科學家、顧問與實業家，如美國知名飯店經營者奇普・康利（Chip Conley）把情感、能量與行動畫上等號；康利說：「情感是改變或推動人生的工具。」無論是正面或負面的情感都會促使我們採取行動，把我們推向某個情況，或是推出某個情況。二〇一三年，心理學家兼神經科學家伊萊恩・福克斯詳述了兩種大腦基本系統，她認為它們為許多人類行為提供了解釋。一種是杏仁核：恐懼、急迫感、逃避、悲觀中樞；另一種是依核（nucleus accumbens）：快樂、興奮、接受、樂觀中樞。它們驅動大部分的人類行為，包括離開和進入各種情況。雖然這些較深層的大腦結構或許是人類出現所謂「趨近」與「逃避」這兩種動機系統的原因，但它們的神經足跡不局限於這兩個大腦區域範圍。

在二〇一七年的相關主題回顧研究中，英國社會心理學教授凱利（Kelley）與同事證實這兩種動機系統的表現，是由於左右前額葉皮質活躍程度不對稱。當左前額葉皮質放電程度超越右前額葉皮質，大腦會想要趨近某個情況；若是反過來，大腦會想要逃避某個情況。這種大腦的「側化」能力有其非常重要的演化原因：

> 據推測，這種側向效應的演化目的是為了增加生物的神經能力與處理效率。側向

> 模式或許可藉由腦半球之間的抑制性連結，避免兩種拮抗反應同時啟動。也就是說，大腦側化能防止生物同時出現趨近與逃避反應。

領導者與經理人若想完成更高層次的決定，就必須熟悉這兩種系統如何影響他們本身和他人的行為。這件事之所以如此重要，是因為大腦的「意向性」（intentionality）會建構你的思想與行動基礎；所謂意向性指的是：大腦潛意識對於是否要支持某個情況所快速做出的決定。趨近動機（意向性）與正面情感有關，逃避動機（意向性）與負面情感有關，而憤怒是唯一跟兩種系統都有關的情感。

掌控大腦的情感通常分為三種。第一種是任何時刻都會出現的轉瞬情感；第二種是人格特質，意即長期存在的情感；第三種則是情緒，介於前兩者之間。而從神經的角度來說，「情感類型」的概念更像是了解大腦如何透過情感影響決定跟行為，因此是認識情感的最佳切入點。

戴維森的六種情感類型

心理學處理情感由來已久，但是和其他學科一樣，心理學無法直接觀察大腦內部發生了什麼事，也因此無法提供準確的觀察。所幸，隨著神經科學與相應技術的誕生，使我們得以深入大腦觀察神經元如何放電與建立連結。已有研究揭露了情感傾向的神經學基礎，其中以研究西藏僧侶大腦聞名的理察・戴維森（Richard Davidson）發展了一套他稱之為「情感類型」的分類方式。他對情感類型的描述是：

> 回應生活經驗的一貫方式。由特定的、可辨識的大腦迴路控制，能夠用客觀的實驗室方法測量……因為情感類型更像是大腦的基本系統，而不是情感狀態或特質，所以可將其視為情感生活的原子，意即建構情感生活的材料。

由此可見，所謂的情感類型標誌著特定的神經通路，而不只是我們每天在組織內部和外部，經常聽見的那種粗糙解釋與討論。戴維森以嚴謹的長期科學觀察為基礎，建立了六種情感類型。每一種類型都是極端值之間的光譜。我們相信，領導者必須認識情感類型才能獲得更好的行為準則。以下是每種類型的介紹，包括情感類型與領導力之間的關係，以及來自我們親身觀察與應用的心得：

類型一：恢復力（Resilience）

我們在第一章討論過恢復力，其光譜的一端是快速從逆境中恢復，另一端則是緩慢恢復。這會決定我們對負面事件的情感反應。如果你不容易從挫敗中恢復，而且會一直陷在負面情緒裡，這表示你比較接近恢復力緩慢的那一端。反之，如果你能大致不受影響，快速擺脫挫敗，這表示你比較接近恢復力快速的那一端。

至於靠近哪一端，取決於杏仁核與前額葉皮質之間的交互作用，這在第二章曾說明過。若杏仁核活躍程度超越前額葉皮質，就屬於恢復力緩慢；若前額葉皮質比杏仁核活躍，就屬於恢復力快速。別忘了現代組織的快速變動與我們在第三章討論過的「小型投注」，領導者幾乎每天都必須快速克服失望並且考慮新的替代方案，這需要消耗很多能量。恢復力確實是領導力的關鍵因素，能讓領導者找到內在力量，引領自己與團隊帶著信心與堅定邁向勝利。因此，我們會建議學生與企業客戶一碰到挫敗就立刻動起來，從中尋找教訓、新的替代方案與積極行動的理由。

類型二：視角（Outlook）

這是大家最常使用的「悲觀－樂觀」光譜。一如伊萊恩．福克斯的樂觀腦與悲觀腦系統，視角所關心的是我們如何看待每天發生的事：是否碰到每個情況都習慣看不好的那一面？還是「永遠看見人生的光明面」？左前額葉皮質與依核（快樂中樞）之間的交互作用是這個類型的重點。前額葉皮質傳送到依核的信號愈多，將它引導到較活躍的區域，就會比較接近正面感受這一端；若傳送到快樂中樞的信號比較少，就會比較接近負面感受那一端。

快樂中樞主要仰賴多巴胺與鴉片劑運作，這兩種化學物質會產生不同的愉悅結果。多巴胺與期待有關，鴉片劑與快樂有關，這意味著領導者必須以不同的方式，管理這兩種正面情感狀態。期待一個結果、事件、會議、口頭報告的興奮感來自於多巴胺，而實際完成一項任務的興奮感則是鴉片劑的作用。

針對我們的客戶，我們會同時增強期待與成就的情緒，幫助他們與合作夥伴採取更正面的視角。具體作法，是在良好的團隊合作氣氛裡準備口頭報告、用即將發生的體驗和正面結果提振士氣，建立充滿多巴胺的期待；稱讚每個人的努力、歡慶成功（就算是小小的成功也可以）、提供適當的團隊與個人獎賞，則能提供鴉片劑的獎勵。

類型三：社交直覺（Social intuition）

有效解讀他人的意圖與情感，對優秀的領導者而言非常重要，因為無視別人的心境就不可能激勵對方。這個光譜的其中一端是社交障礙，另一端是社交直覺。若無法解讀對方的情感，就會不知道能採取哪些行動來改變現況、提升表現。但是，若對他人的情感非常敏感，就能產生同理心與同情心，進而知道如何對現況做出符合實際的適當回應。

關於這一個情感類型，杏仁核也會發揮作用，但這次是跟「梭狀回」（fusiform gyrus）聯手出擊。梭狀回位在大腦皮質的顳葉與枕葉上，與各種類型的辨識有關。史丹佛醫學院的約瑟夫・帕維奇（Josef Parvizi）與同事在二〇一二年發表了一項研究，他們將電極放在病患的大腦上，證實了這個大腦區域的唯一作用是臉部辨識。若是在看見人臉時，杏仁核比梭狀回還要活躍，就是社交障礙的強烈徵兆；若反之，則代表這個人的社交直覺很強。

另外，二〇〇七年保羅・艾克曼博士（Paul Ekman）針對世界各地人類臉部表情的尖端研究，揭露了人類觀察臉部表情判斷對方情感狀態的能力，具有演化上的意義。人類祖先在發展初期，語言能力仍然有限，只能仰賴潛意識快速判讀彼此的表情來溝通，藉此調整自身行為，提高生存機率。不僅如此，為了擁有社會意識，也就是發展社會認知，我們借助的可不只是臉部辨識能力，還要能夠自動判讀眼球活動。人類的眼白範圍很大，這是人類獨有的特徵，目的是藉由共同關注以及用視線指明方向來進行社交溝通。因為有眼白，我們比其他物種更容易辨識黑色的部分正在看著哪裡，進而推斷彼此的意向性。若眼球可見的部分都是黑色的，幾乎不可能推測對方的視線與偏好；這稱為「視覺合作假說」（cooperative eye hypothesis），在大腦發育正常的兒童與成人身上成效良好，但在自閉症患者身上成效較低，證明了社交直覺的成功仰賴正確判讀他人的視線。

雖然，判讀表情與視線的天生能力並沒有隨著高階語言能力的出現而消失，但誠如先前提過的，這方面的能力每個人不盡相同。而若想在這個情感類型有所改進，必須練習讓杏仁核安靜下來，防止被杏仁核劫持的可能性，方能努力判讀別人的表情、肢體動作、聲音跟動作所透露出的情感線索。那麼具體作法是什麼呢？一開始可以觀察朋友與好同事的情感線索，並告訴他們你的評估結果，再跟他們討論看看。不過，為了避免任何風險，一定要跟足夠熟識和信任的人進行練習。

類型四：自我覺察（Self-awareness）

你能否準確判斷自己的情感狀態？或是沒辦法適當偵測、解讀自己的情感呢？對領導力而言，自我覺察是至關重要的情感類型，因為唯有當我們準確偵測身體傳送給我們的訊息，藉此了解自己的想法與感受之後，才能適當引導能量並採取行動。例如，我們應該了解艱難的會議對自己的情感狀態會有什麼樣的影響，然後阻止這種影響蔓延至接下來不同主題的其他會議。

負責這種覺察的大腦區域是「腦島」（insula），又叫「腦島皮質」（insular cortex），是大腦皮質的一部分。這個大腦區域和意識有關，愈來愈多人認為它是感知自我的中樞，意即主觀意識的自我。這是因為腦島有一張大腦器官的地圖，會與這些器官交換信號。腦島愈活躍，自我覺察愈強；腦島愈安靜，對自己的意識經驗和情感理解程度就愈低。

位在希臘德爾菲（Delphi）的阿波羅神廟銘刻著千古名言：「認識自己」，極有可能是出自蘇格拉底、柏拉圖與泰利斯等古聖，而這句話正是自我覺察的本質。

自我覺察的其中一端，內省能力非常薄弱，切斷內在自我與意識自我之間的聯繫；另一端則是對內在變化與信號非常敏感。情感神經科學將這種內省能力稱為「內在體感」（interoception），指的是我們辨識和追蹤內在身體信號的能力。這種能力向來被認為與良好的身心健康有關，近年來也被視為與健康的社交生活有關，而它是由三個大腦區域所組成：前腦島皮質、前扣帶迴皮質與眼窩額葉皮質。

大腦利用內在雷達，也就是神經系統，有意識和無意識地偵測身體變化，再把這些變化當成重要的資訊，用來做決定或微調已經存在的決定，其終極目標是達到並維持有助於成功的恆定狀態。著名神經科學家達馬吉歐說，此處的恆定不是那種「貧乏的傳統恆定觀念，局限於維持生命的『平衡』調節」。這種說法非常簡化，因此他對這種內省式的恆定進一步提出說明：

將生命調節在特定範圍內，不僅符合生存，也有利於繁衍、保護一種生物或物種的未來性……我認為恆定的鐵律已是各種生命形態無所不在的主宰。恆定是自然選擇背後的價值基礎，而自然選擇反過來也有利於表現出最創新和最有效率的基因，以及由此而生的生物種類。

辨識內在身體數據，運用這些數據幫助我們達到大腦期望的「正常」程度，是BAL領導力的關鍵作用。當然，更重要的是這種「正常」的本質。你的大腦是否對擁有一份工作感到滿意，並透過聆聽與這個目標有關的感受來保持此正面的恆定狀態？或者，你的大腦想追求更高的成就與更大的影響力，所以把適合這些目標的感受放在第一位？處於恆定狀態的大腦如果比較創新、效率比較高，存活的時間就會比較長，演化也會比較成功。因此，招聘員工和選擇團隊成員時，領導者必須特別小心，因為人選的恆定本質也應該符合職務與團隊的需求。除非你想為團隊帶來改變，所以刻意選擇與團隊成員都不一樣的恆定狀態。

我們與組織裡的經理人和領導者合作時，經常花很長的時間討論在各種工作情境中自我情感覺察的程度，以及覺察程度對整體行為的影響。花點時間一個人靜一靜，評估自己興奮時的身體信號，可能是正面信號，也可能是負面信號；這件事很重要，它能幫助你準確理解情感狀態並採取相應行動。而就我們的實際經驗觀察，自我覺察與使命感密切相關。

如何正確解讀情感？

了解情感，才能判斷情感類型。不過，這個任務非常困難，因為情感和感受是不一樣的東西，兩者並不相同。情感發生於內在，感受則是我們對內在事件與相關詮釋的主觀感知。二〇〇四年達馬吉歐指出，情感是自動的生物反應，是對身體或環境刺激產生的化學與神經回應；情感是自動產生的，無論刺激的過程是發生在意識還是無意識。由此可見，情感的作用是驅使我們為了生存而移動或反應。與此相對，感受則是認知表徵或感知，反映出情感造成的改變以及符合情感的思考過程與心理狀態。

如果腦島運作正常，情感的覺察與相應感受的產生會是一致的，進而使我們都有良好的自我覺察。但是，如果兩者不一致，我們無視腦島，誤解了情感會怎麼樣？我們對情感的感知會不會被環境和其他因素欺騙？如果會，該怎麼做？

一九七四年，心理學家達頓（Dutton）與艾倫（Aaron）發表了一份研究，也就是著名的卡皮拉諾吊橋實驗（Capilano Suspension Bridge experiment）。他們讓一位美麗的女性研究人員進行問卷調查，其中一組受試者在不穩固的吊橋上接受訪問，另一組則是在平穩的地面上。調查結束後，她把自己的電話號碼告訴年輕的男性受試者，告訴他們如實驗結束後有其他問題，可以打電話給她。實驗結果很明確：吊橋組的回電人數比地面組更多。為什麼會這樣呢？他們被自己的感覺欺騙了。吊橋組誤把情感激發、興奮的感受歸因於女性研究人員的性吸引力，而不是他們自己的生存恐懼。問題是，這兩種感覺在體內很相似，而外在刺激把它們推往錯誤的方向。這就是感受與情感不一致的生動實例。

關於如何提升你詮釋情感的準確度，尤其是在專業情境中，我們建議的方法是「3D＋3L」，也就是三種敘述方式與三種聆聽方式：

1D **敘述情境**（**Description of the situation**）：花點時間詳細敘述使你感受強烈的情境。注意起因、其他人的角色和具體環境。是什麼讓你有這種感受？你可以把這當成策略性環境分析。敘述時間必須跟事件發生的時間相近。

2D **敘述反應**（**Description of reactions**）：接下來，詳細敘述這種感受出現之後的行為反應，先說自己的反應，再說旁人的反應（若適用）。一步一步說出那之後發生的每件事，從感受出現到做出反應。把看似不重要、只有你自己知道的行為寫下來，然後把牽涉到其他人的重要行為寫下來。你為什麼做出那樣的行為？同樣地，請選擇發生時間相近的事件。

3D **敘述關聯**（**Description of correlations**）：列出有相似特徵或相似行為反應的事件。這些事件之間有沒有關聯？試著找到思緒跟感受、情境和行為之間的連結。有沒有任何模式？這是偏向內省式的分析，通常會持續進行，花費的時間也會比前兩種敘述久一些。

1L **聆聽內在**（**Internal listening**）：以最小的干擾、帶著真誠的興趣審視內心，這能幫助你在情感和感受之間建立強烈的連結。關掉平常的雜音，在草率下結論之前用心感受不加修飾的情感，這是加強理解情感的必要步驟，這樣的作法，就是所謂的「正念」。事實上，正念已成為全球執行長和主管追求的趨勢，因為如同該領域的先驅岡薩雷斯（Maria Gonzales）所言，正念有助於提升自我覺察。無論是刻意安排還是臨時起意，多把握機會聆聽內在自我的聲音吧！

2L

聆聽外在（External listening）：仔細聆聽他人，試著了解對方的觀點，不要讓自己強烈的感受干擾或誤解對話。若想掌握一個情境的情感樣貌，這種作法非常關鍵。此外，請他人評估你的情感狀態並分享意見，這能防止我們對自己的感受產生內在誤解。不要猶豫，邀請至親好友一起加入。

3L

持續聆聽（Constant listening）：發展心理雷達，持續掃描內在和外在的情感線索，以及它們對你與周遭的人有何影響，這是自我覺察的終極目標。你應該在腦袋裡建立個人「情感觀測站」，不停評估情感反應的重要與非重要時刻，如此一來，這將彙集成情感模式與相關行為的檔案庫。

練習：「3D＋3L」的實踐

回想一個最近令你在情感上備受挑戰、只能勉強撐過的情況。運用三種敘述和三種聆聽的方式，寫下你對這個情況的詮釋。你的結論是什麼？關於這個情況，你當初可以改變哪些作法？

類型五：情境敏感度（Context sensitivity）

你的情感反應，是否與周圍正在發生的事情和諧一致？行為是否也一致？你是否經常搞不清楚狀況，做出不恰當的行為，有時覺得很尷尬？這個類型的其中一端是與環境「頻率相同」，另一端則是「頻率不同」。頻率相同意味著情感與情境同步，頻率不同則是與情境脫節。舉例來說，我們都看過經理人在口頭報告的關鍵時刻講笑話，或是在企業夥伴試圖（正確地）放鬆談話氣氛時反而過度嚴肅。

與這種情感協調有關的大腦區域是海馬迴。稍早已討論過海馬迴與記憶形成的關係，但根據情境或情況來適應或調整行為時，海馬迴同樣扮演著重要角色。如果海馬迴比較弱或比較小，可能會使你產生與外在環境完全不相符的情感和行為。在這種情況下，情境學習也會減少。因此我們必須讓內在狀態與外在需求保持和諧，如此一來才能做出相應的行為，同時獲得正確的領悟。

最高度的頻率相同，是兩個想要溝通的人彼此的大腦完全連線，或是「耦合」。當兩顆大腦不單是觀察、處理與鏡像模仿對方的具體言語和行為，而是進入更複雜的意義與意向性連結時，就會發生這種大腦耦合的情況。若是進階的頻率相同，兩人放電的大腦區域也會相同：不只是單純的動作和言語感知，也包括深層、動態與共有的社交現實感，就像是「雙人舞」一般的和諧。我們在職場上看過這種情況：同事工作起來合作無間，開會時似乎能看見對方的想法，甚至還沒開口求助，對方就已主動幫忙。

二〇一五年，學者蔣靜等人做的超掃描實驗（fNIRS）中發現，領導者與追隨者之間的神經同步程度超過同事之間。這項研究結果，證明了領導者與追隨者的緊密關係，對領導行為的成效非常重要。大腦高度連結可以提高人際關係的緊密程度，而領導者與追隨者若能優質溝通，亦能增強彼此大腦之間的連結。

上一段「如何正確解讀情感？」內的幾個建議，在此也適用。聆聽他人的想法，寫下盡量準確的事件敘述，都對我們未來辨識模式、學習和適當的行為適應有幫助。再次重申，如果不確定自己在開會時感受到的是緊張還是興奮，最好等待更多線索出現後再決定行動；如果老是搞不清楚狀況，就努力往光譜的另一端移動，朝「頻率相同」的目標前進。然而要小心的是，過度敏感可能會增強壓力反應，因為過度敏感和焦慮與自覺不足有關。

二〇〇八年，學者艾利斯（Ellis）與波伊斯（Boyce）指出，雖然就演化意義而言，大腦對情境的敏感度是我們有效學習與環境互動的珍貴能力，但是它與壓力的關係是U形曲線，意即：低敏感度和高敏感度都會使壓力升高。

為此，面對不可預測、充滿壓力的現代商業環境，稍微脫節或頻率不完全相同對現代領導者來說也是一大好處。至於不同到什麼程度，每個領導者必須依照過往經驗、本身的性格和當下的情況來決定。

類型六：專注（Attention）

這道光譜的其中一端是個專注的人，另一端則是個不專注的人。你是否沒辦法專注聆聽會議桌對面的人在說什麼？每次翻開詳細的月度報告，或人力資源部提供的最新版員工敬業評量表，是否都會分心？你是不是經常覺得開放式的辦公空間很煩，吵得害你無法好好工作？於是，你往不專注那一端愈來愈近；碰到這種情況時，情感覺察會受到限制，進而使得行為反應不適合當下的情況。

「前額葉皮質」掌管專注力，這裡也是大腦負責執行的部位。前額葉皮質高度活躍時，會產生一種叫做「鎖相」（phase locking）的情況，這是一種極度專注狀態。處於這種狀態時，前額葉皮質的活動會與外在刺激完美同步，也就是說，思想會與所專注的目標一致。

「鎖相」狀態是企業追求的目標。二〇一三年，商業記者布哈亞爾（Buhayar）在彭博社發表的文章指出，企業執行長都很喜歡在演講中提到「雷射般的專注力」（laser focus）。從管理、成長、新產品到市場機會等等；「雷射般的專注力」顯然已成為管理高層的術語，不允許絲毫分心。但是，過度專注不一定是好事。二〇一二年，澳洲神經科學家加列特（Gallate）與同事的研究發現，對有創意的人來說，專注思考一個問題後休息一下大有助益，因為非意識作用會在這段休息時間取代思考，提供有見地的答案。由此可見，過度專注會抑制創意，但不夠專注會降低表現與生產力。另一方面，確實有些情況需要極度專注，例如某些談判場合，因此專注的強度必須視情況而定。

在我們看來，懷抱著第一章提過的強烈使命感，同時運用第三章的「小型投注」法，或許能為比較混亂、複雜、看似不夠專注的目標設定與決策方法保留餘地。二〇一〇年，英國經濟學家約翰．凱伊（John Kay）檢視了目標設定與成就的許多案例後，做出以下的解釋：

> 解決問題是一個反覆執行與適應的過程，而非一招斃命。擅長做決定的人會同時權衡彼此不相容和不相關的目標。他們兼容並蓄，維持一致在他們眼中等同冥頑不靈，或是思想上的盲目，而非優勢。

由此可見，我們不用那麼執著於在生活與工作上設定明確一致的目標，而是應該根據直覺追尋不那麼明確的目標，並於成功實現後，享受那份驚喜。決策過程中堅持要求明確與專注的隱藏成本，比我們想像中高出許多。

「持續練習」是在上述各個光譜上移動的關鍵，別忘了運用第三章介紹過的神經可塑性：你有能力改變神經通路，進而改變你在情感類型光譜上的位置。雖然從一端移動到另一端或許很難，但這樣的移動是可以達成的，也是明智的作法。這是我們自己的親身經驗，同時也在客戶和合作夥伴身上見證過。把這項練習放進你的日程表，做起來會更有成效。

練習：評估團隊的情感類型

閱讀戴維森的六種情感類型，以一到五分為自己打分數，一是最低分，五是最高分。仔細考慮每個分數。在你想要維持和想要改變的分數旁邊，以條列的方式寫下重點，改變可以是讓分數變高，也可以是變低。請你最好的同事幫你打分數，看看你自己的評分跟他們有何差異。如果有差異，原因是什麼？

這個練習也可以整個團隊一起進行，請每個成員先幫自己評分，再幫彼此評分。以信任與正面回饋為基礎的開放式討論，能幫助每個人改善情感類型的分數。剛成立的團隊若想進行這個練習，則需請經驗豐富的專業人士從旁協助。

好情緒給你好腦袋

情感類型長期影響我們在組織內的思考與行為，這與人格的長期影響雖不完全相同，但有相似之處：兩者都伴隨我們度過大半人生。雖然可以透過改變情感類型與人格來應付領導力的各種挑戰，不過這需要時間，也需要朝向目標付出許多努力。短期而言，情感深受情緒影響，為此現代領導者必須留意並控制情緒起伏，因為情緒是我們日常情感反應的構成基礎。雖然情緒不一定外顯，但我們在職場經歷的情感大多源自情緒。二〇〇九年，英國情緒專家麗茲．米勒醫師（Liz Miller）說：

> 我們無時無刻都有情緒……情緒是一種衡量「我們如何」的內在標準。我們不會直接表達情緒，而是透過思考、溝通、行為、觀點等方式間接表達出來……幾乎所有的憤怒反映的都是潛藏在心底的焦躁不安，這樣的情緒是孕育憤怒的溫床。

你在任何時刻表達的情感類型，大致取決於整體情緒。只要進入正確的情緒、避開有害情緒，無論碰到什麼情況都能找到適當的情感，並善用這些情感來發揮領導能力。例如：開會討論近來員工曠職率上升時，若處於正面情緒而不是負面情緒，你的情感管理會比較好，也比較能對這場會議做出有意義的貢獻。曾有無數經理人向我們透露，他們希望改變自己面對高壓情況的反應，但「那段時期」公司整體陷入壞情緒，他們沒有改變的餘裕。要是他們知道如何將情緒轉負為正，任何困難的情況都能遊刃有餘。這是因為擁有正面情緒的好處不勝枚舉，包括：能幫助你專注與清晰思考、管理行為、建立有意義的長期關係、追求目標時懂得變通又有毅力、提升工作成就感等。

二〇一〇年，加拿大西安大略大學的學者露比．納德勒（Ruby Nadler）與同事做了一項有趣的研究，證明了情緒正面的人其表現超越了情緒平淡或負面的人。情緒正面的人有較高的認知靈活度，處理需要大量使用前額葉皮質（大腦負責執行的部位）的任務時表現較佳，例如：驗證假設與選擇規則；這對企業管理來說意義深遠。另外，正面情緒不只能用來展現工作上較柔情的一面，例如：提振團隊士氣、鼓勵個別員工等，正面情緒的主要作用是能幫助我們善用認知能力，也就是面對困難問題時能善加思考，想出更好的解決方案。簡而言之，好情緒給你好腦袋。

現在大家都聽說過的米勒情緒分類，是用兩個變量畫出「情緒地圖」（mood map）：縱軸是能量，往上能量愈高，往下能量愈低；橫軸是身心狀態，往左是負面，往右是正面。能量與神經傳導物質多巴胺有關，多巴胺掌控情感激發和興奮感。身心狀態則與血清素－腦內啡系統有關，這個系統與正面感受、器官正常運作和疼痛舒緩相關。這兩條軸構成四個象限，以下則是我們用自己與世界各地經理人合作的經驗，來說明每個象限代表的感受：

象限一：火箭（The rocket mood）

高能量、正面身心狀態。鬥志高昂、心情愉悅、總是興高采烈的領導者，帶著熱情與堅定推動大家向前走。步調快速，精力源源不絕，臉上掛著燦爛笑容。火箭領導者是引領團隊的強勁動力。這種情緒幾乎不會令人感到疲憊，就算累了，恢復後會產生更豐富的創意，也為他人提供珍貴的情感支援。

象限二：大師（The guru mood）

低能量、正面身心狀態。冷靜、心滿意足的領導者，創造深思熟慮的工作、平和的工作環境以及至高的滿足感。大師領導者是平息混亂的利器，想做出與長遠成效有關的明智決定需要安穩環境，找大師領導者就對了。

象限三：陰沉（The downer mood）

低能量、負面身心狀態。身心俱疲、經常悲傷甚至陷入憂鬱的領導者，工作時無法隱藏厭倦和負面感受。陰沉領導者對身旁的人產生負面影響，不但會吸取旁人的能量，還會散布悲觀情緒。

象限四：慌張（The panic mood）

高能量、負面身心狀態。這種領導者充滿能量但是悲觀負面，特

情緒地圖表格化示意

	身心狀態	
能量	**負面**	**正面**
高	慌張	火箭
低	陰沉	大師

徵包括緊張、暴躁、恐懼、沮喪等。態度驚慌失措，專注於自我保護，呈現出「無頭蒼蠅」般的慌忙形象。處於慌張情緒的領導者會讓身旁的人既緊張又不安。

原則上，領導者不需要那麼極端也能判斷自己的情緒是屬於火箭、大師、陰沉或慌張。即使是這四種情緒的溫和版本，本質上仍是一樣的。最重要的，是讓自己留在正面的這一邊，同時盡量提高能量。二〇一三年，哈佛商學院的教授艾莉森．布魯克斯（Alison Wood Brooks）發現，當即將到來的重大挑戰激發情感時，例如：口頭報告或考試，若能將這種情緒詮釋為興奮而非焦慮會表現得更好；正面的火箭情緒正是如此。此外，她也發現採取「冷靜下來」這種古老策略的人表現很差，再次證明「保持冷靜」策略應該送進博物館。

實際上，米勒的分類法靈感來自早期的另一個分類法，也就是美國心理學家羅素（James Russell）的「情緒環狀模型」（Circumplex Model of Affect）。要打破與情感有關的許多誤解，使用這個模型特別有效。例如：

杏仁核在處理情感刺激中的作用已證實難以明確界定，儘管早期的神經成像研究發現，杏仁核變得活躍與恐懼反應以及其他負面情感之間有相關性，卻低估了杏仁核促進正面情感的作用。環狀模型指出，若杏仁核是情感激發系統的一部分，就可理解嫌惡和欲求刺激（趨近與逃避神經網路）為什麼會使杏仁核變得活躍……探索嗅覺與味覺刺激的神經成像範例也支持這個觀點，證明杏仁核會因為情感激發而變得活躍，無論與刺激感受有關的效價是正面還是負面的。

由此可見，這意味著杏仁核是負面情緒的專利。它的角色更加複雜有趣，因為情感無論是受到正面或負面激發，杏仁核都會變得活躍。老一輩的老師和經理人要求學生與下屬不要「過度情緒化」的時候，其實他們指的是「情感激發」。情感時時刻刻都存在，只是激發程度與效價（正面或負面性質）會隨著大腦的動力和意向性產生變化。

練習：找出你的情緒象限

回憶過去兩週上班的情形。你是否有一個情緒主軸？還是不同的時刻會出現不同的情緒？寫下這個或這些情緒，並試著用前面介紹過的模型，定義和分類這些情緒。使用情緒地圖的四個象限，用象限一到四描述你的經驗。為了確認你的結論是否正確，建議請你信任且經常互動的人提供意見，尤其是在過去兩週與你密切接觸的人。寫下原因和結果。每個月練習一次。幾個月之後，再用下面的問題判斷情緒模式：

- 特定的情緒是否因為特定的原因才出現，並且造成特定的結果？
- 你認為你為什麼會這樣？

事實上，科學已證實，正面情緒與更好的表現之間存在著關聯性，因此你的目標，是盡量維持正面情緒，例如：火箭與大師。想獲得正面情緒，就必須改變環境、意識或知識、人際關係與前段提到的情感類型。別讓情緒破壞了你的領導潛能。一旦習慣偵測情緒之後，便可以在重要的會議與口頭報告之前扭轉情緒，帶著最適當的情緒出場。

雖然情緒的固定程度，不像情感類型和人格那般固定，但如果情緒從未受到質疑，仍可能長期留在心中造成不良影響。因此，若發現自己長期處於負面情緒，這就是你必須改變的徵兆，而領導者應該經常確認自己的情緒，以確保自己能在適當的時間，處於適當的情緒狀態。

帶著適當的情緒工作非常重要，因為內在情緒會「溢出」，影響到身邊的人。情緒會向病毒一樣蔓延，一個人感染另一個人，甚至感染整支團隊；這種現象稱為「情緒傳染」（emotional contagion）。

二〇一六年，學者斯奈畢約森（Snaebjornsson）與維契歐基奈特（Vaiciukynaite）的研究發現，早期的心理學與組織研究已證實情感與情緒會在個人之間傳播，並對工作表現造成相當大的影響。領導者的情感確實會影響周圍的人，無論受影響的人是否意識或察覺到這件事。至於情緒傳染的作用，包括「模仿」與「潛意識情感回饋」。以下是情緒傳染與領導力之間幾項重要觀念：

- 情緒傳染會影響團隊表現。散發正面情緒的領導者能促使團隊用更快的速度完成任務，彼此配合得更好，發揮創意解決問題的能力也會更強。
- 擅長散播情感的領導者，尤其是正面的情緒，被視為更有領導魅力，領導成效也隨之提升。

- 情緒傳染取決於領導者傳遞情感的能力，以及他人對於接收情感的開放程度。
- 即使領導者能將情感有效地傳遞給團隊成員，相同的情感仍須在團隊成員之間互相傳播。
- 傳染是雙向的，也就是說，願意被團隊成員的情緒傳染的領導者，也比較能成功將情緒傳染給對方。
- 雖然情緒的相互傳遞是無意識的，但其實也可以刻意傳遞，尤其是真誠、毫無掩飾的情緒。人們可以直覺地感受到這種現象，也能感受到這是一種強大的現象，無須經由分析。

採用適當的情緒，或長時間穩定的情感狀態，對領導者來說非常重要，原因不僅是情緒會影響領導者的個人表現，更主要它還會藉由情緒傳染的過程對其他人的表現造成影響。

ＥＱ是領導力的先決條件

美國著名作家兼心理學家丹尼爾・高曼（Daniel Goleman）在一九九〇年代中期，開始宣揚ＥＱ（情商）的好處，還出版了一本全球暢銷書。在那之後，相關主題的書籍、白皮書、學術研究、顧問與培訓課程、服務和專家紛紛出現，多不勝數。跨國企業開始評估主管的ＥＱ，而這個觀念也幫助經理人發揮領導潛能，如同學者迪克（Dijk）與弗里曼（Freedman）於二〇〇七年所說，員工在組織裡的職位愈高，情緒素養也會隨之升高。

過去的社會與企業認為情感是不恰當的，甚至具有破壞性；然而，我們認為ＥＱ改變了這種過時的思維，居功厥偉。庫柏（Cooper）與薩夫（Sawaf）於一九九六年的著作《ＥＱ測驗書》（*Executive EQ*）說得極好，我們必須改變自己的情感觀念：

- 情感不會干擾判斷力，而是判斷力的必備條件。
- 情感不會令人分心，而是驅動的力量。
- 情感不代表脆弱，而是活力與參與。
- 情感不會阻礙推理，而是強化並加速邏輯思考。
- 情感不會阻礙掌控，而是信任與情感連結的基礎。
- 情感不會妨礙理解客觀數據，而是重要的資訊與回饋機制。
- 情感不是計畫中的障礙，而是創新與創意的主要火花。
- 情感不會削弱我們的態度，而是加深我們的道德感。
- 情感不會破壞我們的權威，而是讓我們無需權威也能發揮影響力。

ＥＱ運動推動了一股改變的潮流，讓世界各地的組織，逐漸接受情感是需要融入思維與行為的要素之一。學者波亞吉斯與心理學家高曼於一九九六年，藉由著作《情商評量》（直譯，*Emotional Competency Inventory*）提出專為領導者設計的ＥＱ模型；這是第一套全方位的情緒管理方法，不但為大眾帶來啟發，也對大小企業造成深遠的影響。學者紛紛透過研究延伸並發展這套方法。我們自己針對客戶的諮詢、輔導與培訓課程，也持續使用這個全方位ＥＱ模型。這個模型包含四大類別，兩個類別與內在有關，兩個與外在有關：

第一類：自我覺察（內在覺察）

辨識自身情感的能力，包含：

- 情感的自我覺察：辨識情感與情感的作用。
- 準確的自我評估：了解自己的強項與限制。
- 自信心：對自我的價值與能力懷抱強烈意識。

第二類：自我管理（內在管理）

改變自身情感的能力，包含：

- 適應力：靈活處理多變的情況或阻礙。
- 自制力：為了配合團隊或組織規範，抑制情感。
- 樂觀：正面的人生觀。
- 成就導向：盡力做得更好。
- 值得信賴：秉持一貫的價值觀、情感和行為。

第三類：社交能力（外在覺察）

辨識他人情感的能力，包含：

- 同理心：體諒他人，積極為對方著想。
- 服務導向：察覺並滿足顧客的需求。
- 組織意識：察覺得出組織內部的政治關係。

第四類：人際關係管理（外在管理）

改變他人情感的能力，包含：

- 富啟發性的領導力：啟發和引導團隊與他人。
- 培養人才：幫助他人強化表現。
- 催化改變：創造或管理改變。
- 衝突管理：解決歧見。
- 影響力：說服他人同意你。
- 團隊合作：在團隊中創造共同的願景與協同效應（synergy）。

二〇一八年，學者尤瑞克（Eurich）發現內在自我覺察，與更好的工作成就感、自制力、人際關係和幸福有關，與壓力和焦慮則是呈現負相關。至於外在自我覺察，則與更強烈的同理心和將心比心有關，而時至今日外在自我覺察似乎更加關鍵。然而，領導者若想與追隨者發展更好的人際關係（見第七章與第八章），這兩種自我覺察都很重要。

簡而言之，EQ幫助領導者察覺與管理自己和他人的情感。它從內在出發，由內而外感染身旁的人。同理心、積極聆聽與內在動機，只是EQ風潮帶進我們生活中的幾個關鍵字，而它們似乎也是領導力討論中的關鍵因素。二〇〇一年，學者安通納柯波魯（Antonacopoulou）與蓋布瑞爾（Gabriel）指出，這些因素都是謹慎領導者的必備要素，同時，他們也認為領導者要有領導的「膽量」，也就是必須重視以下三種情感層面：

一、情感是一種「應對機制」，能幫助我們適應環境變化。

二、情感作為「轉型特質」，保留了一個人在不同情境中的價值觀。

三、情感是一種「反應系統」，有助於詮釋不同情況。

換句話說，想要具備感動人心的領導力，情感是關鍵。以我們

提振腦力：辨識領導者的情感類型

回想一下你曾密切合作過的夥伴或上司，尤其是你非常樂意再次合作的對象。接著，回想一下你避之唯恐不及，或曾經給你造成一些打擊的領導者。比較一下這兩個人，寫下他們各自在職場中的日常行為。再想一想他們跟其他人的關係。從這樣的比較中，你有何發現？你能否辨識出情感的影響力？思考一下你的結論，有機會的話使用看看。

的經驗來說，ＥＱ確實是領導力的先決條件，因為少了ＥＱ，領導者就無法掌握和管理情感類型與情緒，內在與外在皆然。若沒有ＥＱ，啟發、影響與感動他人的能力都會被削弱，而且很快就會覺得自己工作表現不夠好，終將遭到淘汰。相反地，ＥＱ為帶有情感的工作方式提供理想的環境，且長遠來看，它也提高了成功的機率。正因如此，我們認為ＥＱ是一種值得培養的情感能力，而且必定能幫助領導者提升領導效能，以及改善他們與追隨者的整體關係。

ＥＱ大行其道，至今已發揮了二十年的影響力，但有些管理與組織系統仍未充分接納ＥＱ的觀念。雖然朝這個方向發展的培訓與計畫不少，但大致看來，我們覺得大部分的組織，仍是排斥情感的較多，注重情感的較少。大腦的情感運用豐富多元，也會用情感來加強思考和表現，因此我們希望將來會有新一波ＥＱ潮流影響企業。一言以蔽之，情感對領導力而言，真的很重要。

本章重點

沒有情感的大腦，是功能不良的大腦。組織、領導者與經理人都必須快速理解這一點才能調整方向，努力成為善用大腦的領導者。恆定狀態是ＢＡＬ的一個重點，也就是生活的平衡調節。此外，大腦耦合是合作與團體表現的關鍵；而恆定狀態與大腦耦合的共同點就是情感。情感幫助我們加速思考、提升道德意識、感動自己與他人，還可以藉由情緒傳染提升我們對進階表現的認知能力。

ＥＱ是至關重要的領導能力。認識自己的情感類型與情緒，運用全方位的ＥＱ模式將內在與外在世界都納入考量，這能幫助你擺脫情感與工作互不相容的過時觀念。領導力是一種情感技能，「首席執行長」的真正身分是「首席情感長」，對任何類型的企業或組織來說，皆是如此。

第五章　有對的情感，才有對的行動

恐懼等於努力？

在職場上，恐懼的威力不容小覷，我們在這個客戶的問題中獲得了驗證。她剛踏入職場時跟過一位鐵腕型的上司，總是不遺餘力散播恐懼。雖然她原則上反對這種方法，但直覺告訴她，上司認為恐懼能使人更加專注、更努力、在公司待得更久，反觀鼓勵做不到這些。為了知道恐懼的效用，她必須觀察自己對這種情感環境的反應。當然，有些人因為承受不了而崩潰或離開（或兩者都發生）。不過，這種作法似乎是必要手段，因為若管理風格過於溫和，就無法克服當時公司面臨「激烈競爭」、「政局動盪」、「成敗風險高」等挑戰。這是強悍的人才玩得起的遊戲，只有最強悍的人才能存活下來。而她，最終撐過了這段歲月。

幾年後，她成為這家公司的高階主管，但是沒有改變這些年來學到的管理風格。恐懼是她最強大的武器，她用恐懼推動自己，也推動下屬。她的部門採行恐懼文化，藉此讓下屬更加投入、更有生產力，也更方便管理。恐懼給她掌控力，而掌控力是她管理自己與他人所需要的唯一工具。她相信一個簡單的方程式：恐懼帶來掌控力，而掌控力帶來高效管理，最終高效管理能帶來優異的表現。

儘管如此，她對正面激勵的好處也並非全然不知。有需要時，她也會用非正式與正式的正面激勵法，完成特定目標，例如：吸引新進員工、防止團隊接連不斷的情緒崩潰、防止員工離職，以及偶爾多讓自己散發一點人情味。畢竟，她相信人性本善，而且大部分的親朋好友都認為她是個好人，只不過公司是要嚴肅工作的地方，需要「嚴肅」以對。所以棍子是為了維持團隊的秩序和不間斷的運作，胡蘿蔔則是為了吸引新成員以及防止流失優秀成員；「恩威並施」（或者該說是「威恩並施」）是她的領導力工具箱，簡單又有效。

然而，在一場高層會議中，新任的人資長指出公司不能再承受優秀人才持續流失之後，問題開始浮現了。因為根據最新的企業文化調查，許多部門的工作氣氛都不夠正面，急需改變，而這個內部調查裡分數最低的部門，就是她的部門，同時她的部門也是人才流動率最高的部門。看過這些數據後，執行長約她見面。她在那場高層會議中曾有機會說明自己的作法，以及這種作法一直很有用，她沒有理由改變「恩威並施」的管理方式。她說她知道如何利用情感來鼓勵員工跟自己，也知道她對新的情況感到沮喪。執行長與新的人資長合作，要求她接受密集的情感培訓課程，還為她指派了一位情感管理的專業教練。一段時間後，她表示她的生活有所改變，現在，她知道人類的情感雖複雜，但複雜得很美。她變成更好的主管，在團隊與同事眼中成了更棒的領導者。她現在清楚知道嚴肅的工作也需要嚴肅的看待情感，不能用她過去那種過度簡化的方法行事。

為什麼長久以來，管理階層與商業界都很忌諱嚴肅且深入地討論情感呢？為什麼就算承認情感或許有影響力，仍堅持要用「恩威並施」這樣羞辱性的概念呢？這種方法連驢子都不適用了，何況是人類？

就我們在全球各地工作經驗的觀察，不論是什麼樣的產業或規模，以恐懼做為核心管理工具的公司企業，相當常見。而之所以這種過度簡化情感的觀念，會成為企業管理的主軸，有一部分的原因是其基礎管理的教育培訓並未納入情感的神經生物學，甚至連進階的教育培訓也不一定有教。換句話說，世界各地大部分的管理教育課程，尤其是企管碩士課程，都是奠基於傳統管理科學的原則與作法，忽視了其他學科上的重大發現，也就是：情感與社會智商（social intelligence）已是管理和領導力不可或缺的技能。

那麼，我們究竟擁有什麼樣的情感，以及領導者如何承認這些情感，並將其運用在自己和組織內的其他成員身上？情感蘊含無比強大的驅動力，現代領導者不能再輕忽情感的實際作用，以及不去明白怎樣的情感組合有利於他們在組織內的工作。

大腦的基本情感

如前幾章所述，情感是人類動機與行為的必要條件，這一點已是廣泛共識。少了情感，就沒有採取行動的急迫感，不會想要從厭惡的痛苦、失去與防衛狀態，轉移到喜歡的快樂、收穫與安全狀態。**行動（movement）是大腦的主要功能，而情緒做為行動的燃料應當被放在當代領導力的核心位置**。行動與大腦關聯緊密，二〇一五年，英國神經科學研究者兼作家蘇珊・格林菲爾德（Baroness Susan Greenfield）表示：

> 對靜止的生物來說，它們不再需要大腦了。與此相對，動物必須四處行動，而且會跟不斷變化的環境產生互動。為此，你需要一個裝置能快速告訴你眼前發生了什麼事，你該逃離掠食者，還是追逐獵物。因此無論是什麼形狀、大小、精密程度的大腦，其都是以一種非常基本的方式與生存產生關聯：生存既是行動的結果，也是行動的原因。

與動物相比，樹木與植物雖然有不一樣的內在系統支持生存跟繁衍，卻沒有明確的「行政中心」負責收集內在與外在的感覺資訊，以便全面了解情況，盡快做出明確的回應。反觀動物以及任何多細胞生物，它們的內在都有一個執行長，他眼觀四面、耳聽八方、收集感覺資訊，以便快速決定後做出相應的行動。大腦就是執行長，主要的功能是採取有勝算的行動；思考、感受、理解和大腦的其他作用，只有在協助大腦讓身體往正確的方向移動時才算有用。從神經科學的角度來看，飢餓、動機、恆定狀態與情感等人類的基本動機不算是一樣的現象，但普遍的共識是這些動機（經常同時發揮作用）都會觸發行動，而這正是大腦的存在意義。

換言之，**情感是大腦採取行動的綜合指南針**。因此，改變的需求愈高（例如：當代產業的持續轉型），就愈迫切需要情感來推動人們改變、採取主動、為新的問題想出新的答案。大腦正是為此而生，但問題是我們有沒有善用這樣的大腦？

大腦的情感狀態經常被形容為一個光譜，一端是正面，一端是負面，中間是灰色地帶。兩個極端都會刺激我們移動，可能是靠近或遠離某個物品、人或情況。如同前一章所述，這兩種情況是大腦裡的「趨近與逃避」動機系統，經解讀後傳遞到大腦的資訊會啟動各種迴路，促使我們採取適當的行動。

而在此想介紹的重點是，存在於光譜上這些領導者用來讓自己和他人啟動趨近或逃避系統的各種情感，實際上，在心理學與神經科學方面已確立了它們的數量。在此我們將檢視其中幾種，並利用它們的相似與相異之處，來說明它們如何於領導力上發揮作用。

我們在前面區分了情感狀態（情感）、主觀感知（感受）、光譜中段的模式（情緒）與類似人格的長期模型（情感類型），並分析過情緒與情感類型。接下來，我們要討論的是關鍵因素：情感本身，科學界顯然很想找到驅動人類行為的核心情感是什麼。原因是，雖然我們用各式各樣的詞彙去描述我們每天的內在狀態，但科學家發現主掌大腦和身體的情感數量其實很少。為此，只要能了解這些情感以及它們彼此之間的關係，將能使我們更有效率地處理每天在生活與工作中面對的挑戰。

艾克曼與他的老師湯姆金斯（Tomkins）研究了臉部表情如何揭露基本人類情感。二〇〇七年，艾克曼的全球臉部表情模型發現，世界上有六種基本情感：憤怒、厭惡、恐懼、快樂、悲傷與驚訝。而湯姆金斯於二〇〇八年的模型（最初發表於一九六二與一九六三年）則包含九種基本情感，有些是低／高組合，亦即將同一表情的高／低強度放在一組。另外，一九九二年，學者納桑森（Nathanson）說這些表情是「每個人內在與生俱來、天生內建、可遺傳的機制」。

以下是湯姆金斯的九種基本情感模型：

一、**開心**（**低**）／**喜悅**（**高**）：對成功的正面反應，情感強度愈高，分享的意願也愈高。

二、**感興趣**（**低**）／**興奮**（**高**）：對新情境的正面反應，情感強度愈高，參與和投入的程度也愈高。

三、**驚訝**（**低**）／**震驚**（**高**）：對於突然改變的中性反應，可將衝動歸零。

四、**生氣**（**低**）／**憤怒**（**高**）：對威脅的負面反應，情感強度愈高，肢體與／或語言的攻擊強度也愈高。

五、**苦惱**（**低**）／**痛苦**（**高**）：對失去的負面反應，會導致悲傷。

六、**害怕**（**低**）／**恐懼**（**高**）：對危險的負面反應，情感強度愈高，逃走或躲藏的衝動也愈強。

七、羞愧（低）／恥辱（高）：對失敗的負面反應，使人覺得有必要審視自身行為。

八、厭惡：對他人提供的東西（不一定限於食物）的負面反應，會激發驅趕和拒絕的衝動。

九、嫌棄：對反感情況的負面反應，增強想要逃避以及對人或物敬而遠之的衝動。

艾克曼的六種基本情感與湯姆金斯的九種基本情感，對世界各地的科學界與非科學界專業人士造成影響，因為它們簡單明瞭，而且跟人類臉部表情直接相關。

基本情感組合涵蓋臉部的宏觀表情與微觀表情，其中，微觀表情無法刻意偵測或操控，所以會透露深層大腦結構和它們對刺激的衝動回應。艾克曼模型的最新研究，是把臉部表情的基本情感數量減少至四個：快樂、悲傷、恐懼／驚訝、憤怒／厭惡。這項研究利用最新的技術與方法，發現快樂與悲傷會隨著時間展現獨特的臉部信號，而恐懼與憤怒的臉部信號最初分別是和驚訝與厭惡相同。然而，隨著表情週期走到後段，情感組合會再次區分開來。為什麼會這樣呢？因為無論是生物面或社會面，都面臨了優化臉部表情的演化壓力，以求符合演化預測的期待，而臉部信號顯然就是在這種演化壓力下的產物。所以恐懼跟驚訝剛開始一模一樣，憤怒跟厭惡也是，這或許就突顯出在碰到對生存有立即威脅的負面刺激時，快速反應並發出信號極為重要。

此外，基本情感與它們之間的關係，與大腦化學物質有關。二〇一二年，學者雨果．勒罕姆（Hugo Lövheim）的模型，率先為大腦中三種單胺類神經傳導物質的相對濃度，找到全面性的關聯，這三種化學物質是：血清素、多巴胺與去甲腎上腺素（noradrenaline）。勒罕姆結合湯姆金斯的九種基本情感與三種神經傳導物質，找出每一種情感出現時，三種化學物質的濃度高低。例如：「血清素」與控制行為、清晰思考、調節情緒、避免攻擊的能力有關，在喜悅、興奮的正面情感以及驚訝、厭惡出現時，血清素濃度都很高。這或許是因為出現這樣的情感狀態時，最不需要立刻出擊，而是最需要展現開放與良好決策。另外，激發情感的荷爾蒙「多巴胺」，能使我們為預期的結果做好行動準備，在喜悅跟興奮出現時濃度很高，同時在害怕／恐懼與生氣／憤怒組合出現的時候，濃度也很高。**這表示多巴胺不是正面（獎勵相關）情況的專利，出現負面情況時，也需要立即預測可能的結果和適當的回應**。最後是壓力荷爾蒙「去甲腎上腺素」（又叫正腎上腺素），會在苦惱、生氣、興趣與驚訝時濃度升高，有趣地涵蓋負面、正面與中立情感。這是因為當情況與記憶、預期大相逕庭，也就是使我們經歷「意料之外的不確定性」，這時去甲腎上腺素就會飆升，所以驚訝、興趣、生氣和苦惱自然都跟高濃度的去甲腎上腺素有關。

勒罕姆的模型幫助我們深入了解情感的神經生物學機制，以及發生在我們身上的大腦化學物質變化。根據這個研究結果，我們除了必須重新檢視舊觀念，或許還得認識新的方法和行為。

我們的前提是，無論遵循哪一種模式，領導者與經理人都必須了解基本情感，知道基本情感不只是感受、情緒和情感類型，如此，才能有效運用基本情感，從而迎向各種挑戰。察覺到情感對行為產生的自動反應後，領導者便能調整自己與他人的行為。反之，過度簡化、有時甚至令人厭惡的「棍子與胡蘿蔔」模型是大腦趨近或逃避系統的嘲諷漫畫；這種觀念必須盡快淘汰，換上更加實際與複雜的情感觀念及其對動機的實質影響。

如何將湯姆金斯模型，應用於組織企業中？

我們教導客戶運用湯姆金斯的九種核心情感模型，已有一段時間。以下是每一種情感的運用重點，任何經理人與有抱負的領導者都能輕鬆使用。它們是我們依據商業和機構環境整理出來的心得。

■處理正面情感

一、**慶祝：**無論是大是小，任何成功，都可以為自己與團隊安排慶祝活動。雖然慶祝規模和類型應與成功的規模和類型直接相關，但無論是多麼小的成功都要慶祝一番。分享你的**喜悅**，你的團隊也會把喜悅分享到組織內外，進而帶來多重的正面效應。慶祝是一種社會活動，而非個人行為。

二、**探索：**如同前章討論過的成長心態，碰到新的數據、人、情況等都應懷抱真誠的**興趣**甚至**興奮**地檢視。二〇一四年，湯姆金斯研究中心（The Tomkins Institute）指出，這種作法會把有效思考跟正面情感連結在一起，因為學習成為一種獎勵。持續帶著興奮探索周遭環境有助於提升思考與記憶；這也是強化參與感最安全的方式。此外，全球情感神經科學權威賈克・潘克賽普（Jaak Panksepp）也指出，在他的七種原始情感模型之中（探索、憤怒、恐懼、性欲、關愛、驚慌／悲傷與玩樂），探索應該是最強烈的情感，因為我們為新的智力連結、新想法與先進技術感到興奮，以及我們積極尋找意義的時候，大腦的探索迴路會放電。也就是說，探索，賦予我們朝未知方向繼續前進的動力。

■處理中立情感

三、**停下來思考：**當碰到突發、短暫、出乎意料的變化而感到**震驚**時，最好不要根據直覺做出反應，行動前要先三思。尤其是當你僅能短暫內省（基於記憶和經驗），沒辦法快速想出有說服力的答案的時候。先停下來，給自己與團隊思考時間，把情況仔細想一想，才是最佳策略。重點是，我們向自己與團隊承認這個事實，並不是在示弱，反而會使我們成為更有智慧的領導者

■處理負面情感

四、**充電：**不論是哪種類型的企業與組織，都時時面臨著來自四面八方的變化和與日俱增的威脅。無論是從地理或產業上來看，新的競爭者隨時都會出現，即便是穩固的企業也面臨著生存威脅。此外，企業內部也無法倖免，人們會不惜犧牲他人往上爬。諸如此類的威脅或較大的威脅出現時，大腦的反應是**憤怒**，這是因為神經元過度放電，導致大腦無法有效解決眼前的挑戰。因此，當你氣到想要全力反擊時，先問問自己這是不是因為大腦負荷過重，攻擊真的是最好的方式嗎？多數的情況，會想要攻擊意味著你認為自己遭受攻擊，因此必須讓自己和團隊重新振作，以確保你的反應是最適當的反應；然而，會有這種想法也代表你的準備或態度並不足以應付眼前的情況。

五、**警戒：**與上述情況類似。當情況看似對你不利，大腦會陷入**苦惱**，產生悲傷的自然衝動。感覺到情況不對是個好機會，此時，領導者與經理人可以主動提醒同事（當然也要提醒自己）行動必須改變了。在苦惱的時候保持沉默或對問題視而不見，都是很糟糕的作法，因為如此一來，能獲得改善的空間微

乎其微。警戒和慶祝一樣，都應該是一種社會活動。

六、**鎮定：**在面對生死攸關的情況時，害怕和情感強度較高的**恐懼**，極有助益，因為它將我們所有的注意力集中在眼前的威脅上。雖然「戰鬥」或「逃跑」是面對恐懼的典型反應，但在湯姆金斯的模型中，「接受失敗」與「快速撤退」才是最常見的反應。恐懼是提高專注的好工具，可是只能維持短暫的時間。這是因為恐懼會快速消耗許多重要的大腦功能，將能量轉送給專注力與繃緊的肌肉，以便對潛在的致命威脅做出反應。許多經理人喜歡使用恐懼，就像本章開頭的案例一樣，或許是因為恐懼能迫使自己與旁人高度專注於手上的任務。不過，使用恐懼手段必須極度謹慎，否則會被嚴重的副作用反撲。恐懼，會釋放一種名叫皮質醇的類固醇荷爾蒙，若持續刺激皮質醇釋放，會產生毀滅性的效果：殺死腦細胞、關閉免疫系統、干擾睡眠週期等。《無畏的組織》（直譯，*The Fear-Free Organization: Vital insights from neuroscience to transform your business culture*）一書的作者認為這「就像開車的時候一腳踩著油門，一腳踩著煞車」。話雖如此，面對恐懼時只要我們保持鎮定、重新調整策略，並在親近之人的協助下，依照實際情況審視威脅，就能獲得很大的助益。

七、**重振信心：**在湯姆金斯的模型中，**羞愧**更像是隱藏感覺，而不是表達感覺；更像是有人大幅降低你的喜悅，而不是創造一種全新的情感。領導者面對失敗可能會變得封閉、拒絕溝通，覺得眼前的情況很無助。然而，他們也可以把羞愧當成審視行為與整體立場的重要信號，如此才能採取適當的改善措施。這需要意志力和強韌的成長心態才辦得到，而結果可能會令你大開眼界。告訴自己與團隊，你們有足夠的群體能力和豐富的機會再次爭取成功，這是面對羞愧的絕佳方法。

八、**再次確認：厭惡**是一種「嚥下太多」有違自身價值觀、態度和觀點的情緒；打個比方，這也是一種拒絕我們無法接受的事物、人、想法、情況的衝動反應。當你想要立刻驅趕某個人或某件事的時候，與其展現出輕蔑跟疏遠，不如再次確認這種反應的來源。這是合理的反應嗎？還是過勞產生的憤世嫉俗、刻板印象與其他偏見、誤解資訊等？**嫌棄**也一樣。嫌棄直接的意思是盡快逃離某樣東西，因為它可能危害身心健康。這種衝動的目的是用最快的速度，製造最遠的距離。當我們一瞬間認為眼前的情況「有毒」並自動想要退開時，這種情感就會接管大腦。同樣地，再次確認這股衝動的原因相當重要，這能使你稍有把握去判斷逃離是不是最好的作法（很有可能就是），或者我們只是被環境和偏見所蒙騙了。

現代領導者必須認識並善用每一種核心情感。沒有一種情感應該忽視、壓抑或摒棄，因為情感經歷千百萬年的演化，目的是確保我們的生理與社會生存。如湯姆金斯所言，領導者應該增加正面情感的影響、減低負面情感的干擾，並懂得運用所有的情感（包括負面情感）來提升個人與團隊的表現，這是啟發型領導者與挫敗型經理人之間最大的差別所在。

練習：辨識情感

根據前面介紹過的模型，回想一下最近碰過情感強烈的特定情況。寫下幾個可供大腦使用的基本關鍵字，試著依照前面介紹過的重點來管理情感。從現在開始，你可以用這幾個關鍵字來觸發和處理不同情境之下所出現的情感。

領導者的臉部表情

毫無疑問，最能影響行為的強烈情感之一是「恐懼」。演化使我們對特定事物感到恐懼，因為我們在生理上知道特定行動會造成哪些後果。舉例來說，若小時候曾被狗咬過，長大後很有可能對狗感到恐懼，進而影響對待這些（毫無疑問）可愛寵物的行為。但仔細想想有些人怕狗的原因：他們全都被狗咬過嗎？當然不是。那是為什麼？答案很簡單，因為我們會把恐懼的情感傳遞給其他人。**恐懼和其他情感一樣，都會透過社會學習的過程被傳播開來**，也就是說，就算我們沒有經歷過特定事物與情況造成的負面後果，也會因為受到他人影響而對這些事物和情況心生恐懼。如果身旁的典範（如：父母、朋友、老師、領導者等）對某些事物或經驗產生恐懼反應，我們便很可能會模仿他們的態度。由此可見，情緒主要是藉由溝通來互相傳遞。

人類是社會性動物，有各種不同的溝通方式，而其中非語言溝通的強度似乎超越了語言。臉部表情是傳遞恐懼和其他情感的強大工具。從演化的角度來看，這個工具非常有用，因為若能「判讀」他人臉上的恐懼，將有助於我們對危險做出回應，這是極為重要的生存能力。

這個事實，對領導力而言意義深遠。實驗認知心理學發現了演化行為機制的證據，其中一種機制正是領導力。已有研究證實，有些線索能讓人僅看臉部就能認出對方是領導者。例如，表情看起來很威嚴的領導者，就足以說服追隨者，尤其是在危機時刻，能讓大家願意聽從他的決定。此外，艱難時期人們似乎會對陽剛的領導者更加忠誠，平常時期則是比較喜歡陰柔的領導者。

追隨者就是如此重視領導者的「臉部表情」，甚至足以影響他們的判斷力，且無論成人與兒童皆然。

二〇一五年，普林斯頓大學心理學教授托多洛夫（Todorov）與同事做了一項研究，他們讓受試者看僅露出部分的臉，發現兒童和成人都能辨識領導者的具體特徵。類似的實驗，還有奧立沃拉（Olivola）等人於二〇一四年的研究，發現人類觀察臉部就能辨別商業、軍事和體育領導者。有趣的是，這項研究指出光靠觀察臉部沒那麼容易了解政治領導者，原因可能是政客比較擅長操控人類的觀感。除此之外，我們似乎還能輕鬆辨識行動中領導者的臉部，透露出怎樣的情感，進而影響我們對領導者的觀感。例如：二〇一七年學者崔卡斯（Trichas）等人分析了領導者協調與總結團隊會議的報告影片，發現領導者若表達出快樂的情感，追隨者對領導者的觀感也會有正面的影響。

在此，我們必須強調辨識領導者的臉部情感進而受到影響的能力，似乎不會因為情境而減弱，尤其是文化情境。事實上，在真實的情況下，我們鮮少有機會單獨觀察臉部表現，現場還有聲音、姿態、其他人的臉部表情與整體文化背景等其他因素。話雖如此，也有幾項研究證實了領導者的臉部表現不受文化影響，這意味著以臉部辨識為基礎的領導者典型，在各種文化中都很相似。領導者的臉孔似乎有全球共識，而且容易辨識。這表示，領導者應該明白他們的臉部表情可做為情感指標，亦可傳遞情感，進而引發值得信賴、舉足輕重等評斷。

然而，問題是領導者能否發展出用臉部表情傳遞正確情感的能力呢？二〇一一年，學者安托納金斯（Antonakis）與同事給予肯定的答案，證明了以特定觀眾為對象的說話訓練方式，並運用表情和肢體語言，領導者確實可以鍛鍊出這種能力。總之，了解臉部表情如何傳遞情感是現代領導者的必修課。

「核心情感組合」與「情感方程式」

認識並有效處理核心情感，是提升領導能力必要的第一步。至於下一步，則是學會搭配情感組合，創造出我們每天體驗到的豐富感受。一九八〇年代初期，美國心理學家羅伯特．普拉奇克博士（Robert Plutchik）超越了辨識基本情感，提出每一種情感在與其他情感結合之後，都會產生新的情感，以及每一種情感都有一個對立情感。深入認識普拉奇克博士的情感組合，能讓我們對情感在自己和他人身上的作用，有了更綜合性與代表性的看法。

先從他對基本情感的觀點說起。二〇〇一年，普拉奇克博士提出他的八種核心情感，都是兩兩對立的：喜悅與悲傷、信任與厭惡、恐懼與憤怒、驚訝與期待。了解互相對立的情感很重要，這樣在感受到一種基本情感時，便能根據對立的情感進而採取必要行動。舉例來說，如果你對一位同事不夠信任，想要改善這種情況就必須降低厭惡，因為導致拒絕跟排斥的是厭惡。當對方的提議似乎讓你感到身心不適，不妨再次確認現況、重複檢視你的感知詮釋、從自己身上找原因。我們建議以有建設性、正面的方式與同事分享你的發現，攜手提升彼此之間的信任。

此外，驚訝與期待也一樣。產業快速變化與工作的高度複雜化都使得期待成為一種難以維持的情感。持續期待能帶來確定性，確定性意味著安全與掌控。然而，這些感覺在現代商業環境已很難找到，如果我們不希望自己跟下屬時時處於驚訝狀態（這種情感很容易朝負面發展），就應該盡量避免建立僵化的期待，尤其是針對能帶來（團隊）個人與群體身心健康的特定結果。第三章討論過小型、有意義的投注，能有效避免高度確定性與僵化的期待。此外，第三章提到的強烈使命感也有助於培養健康、開放的期待，從而減輕持續驚訝所造成的不適。

但普拉奇克博士並未在此止步，他說兩種情感放在一起會產生「新」的情感。為此，了解情感「成分」能幫助我們用更好的方式處理情感。他提出的主要情感組合如下：

- 喜悅＋信任＝愛（A），對立的情感是懊悔（B），由悲傷和厭惡組成。
- 信任＋恐懼＝順從（C），對立的情感是輕蔑（D），由厭惡和憤怒組成。
- 恐懼＋驚訝＝敬畏（E），對立的情感是攻擊（F），由憤怒和期待組成。
- 驚訝＋悲傷＝否定（G），對立的情感是樂觀（H），由期待和喜悅組成。

成效卓著的可怕老闆，通常是以順從和恐懼做為領導手段，就像本章開頭的故事。遺憾的是以我們的經驗來看，許多組織都用順從做為主要領導力情感，全球皆然。嚴守規定帶來的服從與可預測性確實有很多好處，但順從的行為也可能極其危險；除了創意嚴重受到影響，也會滋長團體迷思，使得行為發生可能的黑暗轉變。一九七四年，美國社會心理學家史丹利．米爾格蘭

（Stanley Milgram）與史丹福大學心理學教授菲利普・金巴多（Philip Zimbardo）發表的實驗結果顯示，順從可能會導致不道德的行為，**因為人類服從權威時，會暫停自己的道德與理性判斷**。

米爾格蘭的實驗於一九六〇年代初期進行，他們請扮演老師的受試者對扮演學生的受試者施加痛苦：學生犯錯時，老師可以電擊學生；學生是從未受過電擊的演員，電擊器是假的，但是老師並不知情。實驗結果，許多老師（六十五％）遵照實驗者要求的實驗規定電擊學生，包括強度很高的電擊。金巴多則在一九七一年進行了著名的「史丹佛監獄實驗」，受試者在監獄環境裡過著與世隔絕的生活，有些人被指派扮演獄警，有些人扮演囚犯。短短六天實驗就必須終止，因為在獄警的要求下，有些囚犯遭受獄警和囚犯的嚴重凌虐。這兩個經典實驗突顯出，順從能輕易把正常人變成折磨他人的工具。這也顯示在默許的情況下使用權力或權威，會出現使人們改變對他人態度的情感。

為此，**對組織企業而言，這意味著使用恐懼和信任的情感組合來領導組織，可能會失控，從而創造出一個欺騙、撒謊、凌虐成為常態的不道德環境**。二〇一九年，有一項研究訪談了多家企業的經理人與員工，這些企業都在財務危機的商業環境下運作。結果顯示，經理人都願意使用上述的行為來管理員工面對關鍵情況改變時的反應。換句話說，情境的性質（例如：二〇二〇年的新冠肺炎爆發）可以強化追隨者對領導者的順從。我們在這本書的開頭就提過，組織需要高度投入、充滿熱情、有創意的人才，而順從的行為永遠無法激發成長。

有趣的是，信任與喜悅的組合結果是愛，因為伴隨興奮而來的信任感會產生強烈的情感連結。愛與順從的主要成分都是信任，只要用喜悅取代恐懼，我們就能創造愛。普拉奇克於二〇〇一年的情感分析之所以對領導者意義重大，關鍵就在於此。信任是吸引追隨者的重要因素，但是「信任搭配恐懼」或「信任搭配喜悅」會產生截然不同的追隨者！我們都需要剖析情感，找出最能激勵自己與他人的最佳情感組合。

練習：解碼普拉奇克的情感組合

定義和理解情感並不容易，普拉奇克也曾坦言，在相關文獻中的情感定義超過九十種。但只要花點時間思考和運用普拉奇克的情感組合，就能大幅提升情緒管理能力。你可以拿情感組合Ａ到Ｈ一一對照當前工作環境中的實例。試試看增加或減少基本成分會有什麼結果。最重要的是，找出對你個人來說可行的作法。比如說，攻擊的成分是憤怒與期待；如果你對某位同事、某個部門或某個程序總是心懷敵意，試著降低或改變你的憤怒、你的期待，或兩者一起降低，看看能否減輕它對你的負面影響？怎樣的情感策略是可行的？

實業家、演說家兼作家奇普・康利於二〇一二年，延伸了情感組合的觀念，提出幾個所謂的「情感方程式」，能幫助我們快速且有效地實現專業與生活中的各種目標。康利以普拉奇克的模型為基礎，亦即兩種情感加在一起會變成新的情感，建立了一套複雜的公式。其中有三個公式與善用大腦的現代領導力觀念，不謀而合。

一、好奇心＝驚奇＋敬畏

前面說過好奇心是創意的先決條件，以及好奇心對提問而言相當重要；好奇心能促使大腦處理新資訊、挑戰固有偏見。康利認為好奇心有兩種成分：驚奇與敬畏。

驚奇是發現新事物的純粹興奮，敬畏則是恐懼加上驚訝。與領導力有關的好奇心若要發揮得宜，就要把面對可能令人驚奇的事物（如：新產品／服務、同事、技術等）產生的愉悅感，加上謙遜和那種自己很渺小的感覺，因為我們僅是某種更宏大存在的一部分。敬畏使我們與周遭世界產生聯繫，以一種更現實的觀點看待一切，同時，也不會在面對嶄新體驗時失去驚訝的成分。少了驚奇的好奇心很枯燥、淺薄、短暫；而少了敬畏的好奇心則充滿傲慢、孤獨和誤解。

二、後悔＝失望＋責任

在多變的商業環境中，領導者每天都要做很多決定。雖然決定的分量有輕、有重，但每一個決定都涉及大量選擇，而每一個選擇都有可能出現情感上的反撲。這個公式意指失望愈大、責任愈重或兩者兼具，後悔的程度就會比較高。康利認為，後悔本身不一定是有害的情感，但若是後悔變成懊悔（極度後悔），負面後果就可能相當嚴重。

以我們的經驗來看，對一個決定感到後悔之後，若能帶來深刻的學習並改正未來的行為，就是一件好事。但我們也看過後悔變成一種常態，導致經理人懷疑自己的技能，破壞了他們的決策能力。領導者難免會感到後悔，而用長遠的眼光看待人生來減少失望，從失敗中汲取教訓，適當地分配責任，時時留意大局，這些作法都是處理這個方程式的有效策略。

三、成長＝正面頻率÷負面頻率

成長，或是康利口中的「正面性」（positivity），是正面事件與負面事件在生活中的比例，說得更清楚些，就是我們如何詮釋正面與負面事件。要算出這個方程式最有利的答案，正面事件的數量必須是負面事件的三倍。這是因為負面性對我們的吸引力比正面性更強，因此正面事件一定要多於負面事件才足以發揮作用、促進成長。

從演化的角度來看，確實我們對負面刺激的敏感度高於正面刺激；這一點，從各種模型中的核心情感都是負面多於正面就能輕易得知。對人類祖先而言，負面情感比正面情感更能確保生存，正因如此我們會對負面情感更加關注。但今天我們生活在比較安全的環境，正面情感才能讓我們活得健康，給我們源源不絕的動機，進而使我們的行為符合企業需求，激發出創意、參與感與成長。為此，改變視角，開始關注身旁更加正面的資訊，遵循正確的價值觀，體會每一個事件的啟示，與正面的人建立情感連結，以上這些都能幫助我們擴大分子、縮小分母。

這三個方程式加上普拉奇克的情感組合，就能對領導力產生正面影響，但也可能是負面的；至於是正是負，由你決定。現在你有足夠的材料發展屬於你的情感工具箱，創造有助於達成個人與組織目標的情感組合。此外，有一種正面情感長期遭到組織忽視。雖然我們都想在私人領域加強這種正面情感，但從過去到現在，似乎有許多人認為這種情感不適合用於管理，那就是「快樂」，然而它的好處會讓那些依然相信職場只能用恐懼等負面情感來強化表現的人，感到驚訝。

基本情感與人格測驗

近年來，有人嘗試將神經科學的情感觀念與主流的人格測驗結合在一起。情感神經科學之父潘克賽普的基本情感系統把情感分成正面與負面。正面情感包括欲望、尋求獎勵、關懷、玩耍；負面情感包括恐懼、憤怒、恐慌、悲傷。他也根據大腦結構將這些情感分類，恐懼、欲望、憤怒與尋求獎勵是比較古老的情感，位於大腦深處；關懷、驚慌、悲傷和玩耍出現得比較晚，位在中腦。他與學者克里斯提安・蒙塔格（Christian Montag）攜手回顧人格測驗的學術文獻之後，認為人格測驗必須納入來自情感神經科學的嚴謹科學觀念才能與時俱進，提高相關性與可信度。

著名的五大人格特質測驗包含經驗開放性、盡責性、外向性、親和性、神經質這幾種主要特質，與潘克賽普的基本情感有以下的關聯：

・經驗開放性與高度尋求有關。

- 外向性與高度玩耍有關。
- 親和性與高度關懷和低度憤怒有關。
- 神經質與高度恐懼、高度悲傷及高度憤怒有關。

至於盡責性，目前則與基本情感毫無關聯，有待未來進一步的研究。原則上，沒有將情感神經科學納入考量並放在關鍵位置的心理學模式，都是既過時又不完整的方法。情感，至少基本情感，都應該被視為最重要的領導力要素。

快樂領導學

英國作家克勞蒂亞·哈蒙（Claudia Hammond）於二〇〇五年的著作《情感雲霄飛車》（直譯，*Emotional Rollercoaster: A journey through the science of feelings*）中提到，當人們被要求舉出情感的例子時，第一名的答案正是快樂；幾乎每一種既有的核心情感模型裡都有快樂（科學家經常稱之為「喜悅」〔joy〕，較能清楚表達其短暫性）。基於這個調查結果，更令人好奇為什麼心理學與神經科學都是研究心理問題很長一段時間之後，才開始注意到正面情感。或許，這再次證明了大腦對負面性的偏執，原因如前所述。

直到一九九八年，當時即將擔任美國心理學會主席的馬汀・塞利格曼（Martin Seligman）公開表示：心理學必須更加專注於研究心智的積極一面，因此，他將於任內推廣「正向心理學」。科學家對負面性的執念確實應該改變，營造更加平衡的研究環境，除了導致心理疾病的因素之外，幫助心理成長的各種正向因素也值得研究。

我無法感到……快樂

滾石樂團所演唱的〈我無法感到滿足〉（*I can't get no satisfaction*）一曲，紅遍世界各地。這是他們最膾炙人口的一首歌，發表於一九六五年；他們唱出那個年代人們的心聲。

員工滿意度是管理學的核心衡量標準，顧客滿意度則是行銷學的核心衡量標準。心滿意足的員工和顧客，其行為也會符合預期：員工維持生產力，顧客願意消費。這套管理觀念在碰到「全面品質管理」（total quality management，簡稱TQM）時碰到瓶頸；這是興起於一九八〇年代、極受歡迎的管理策略之一。滿意度的觀念奠基於幾種差距理論，滿意度是以自身去對照自己相信的多種標準所產生的結果，例如：其他人、目標、理想的滿意程度、過往情況等。對照的結果對自己愈有利，滿意度就愈高（向下比較：標準低於目前的個人狀態）；對照的結果對自己愈不利，滿意度就愈低（向上比較：標準高於實際狀況）。然而這個方法的問題在於，光靠滿意度無法促使我們與員工改變行為，以符合我們的期待。在大部分的情況下，滿意度雖然是必要因素，但尚不足以加強參與感和忠誠度。

我們在客戶的組織裡做過無數研究，包括量化研究與探索性質的質化研究，幫助客戶找到提升表現的關鍵因素。以我們的研究結果看來，滿意度鮮少與任何重要因素有關。我們相信現在的滿意度已代表不同的意義，主要的原因是「未知」。新的全球金融危機、日趨激烈的全球競爭、日新月異的技術進展、企業外包與縮編，甚至包括氣候變遷在內，種種因素使未來充滿不確定性，自然讓許多人感到惴惴不安、缺乏安全感。面對這樣的環境，一份穩定的工作與收入就足以讓人心滿意足，這是許多人的心聲，而且全球皆然。「我現在很好，看看周圍其他的人情況就知道。」或「我現在很好，我沒有雄心壯志。」而不是「我們可以做一番大事！」除此之外，從美國人資管理專家赫茲伯格（Herzberg）著名的「激勵保健理論」（hygiene and motivation theory）看來，我們發現滿意度本身已成為一種「保健因素」（hygiene factor），而不是「激勵因素」（motivational factor）。這意味著滿意度作為一個可衡量的因素，只是一個與員工福利有關的商業詞彙，用來衡量基本的接受程度，僅此而已。

優秀的領導者不會因為建立一個令人滿意的工作環境而受到稱頌；光是滿意還不夠。優秀的領導者之所以優秀，是因為他們能傳遞既強烈又振奮人心的情感。二〇一三年美國歌手菲瑞．威廉斯（Pharrell Williams）的一首〈快樂〉（*Happy*）傳唱全球，這首歌才是現代領導力的主題曲，不是滾石樂團的〈滿足〉（*Satisfaction*）。

想要開始認真看待正面情感、了解正面情感的祕密，就必須採取更加正面的思考觀點。快樂

（也可說是喜悅，或是其他同義詞）快速成為主流的正面情感，在科學界與大眾文化皆是如此。可惜的是，這意味著「笑容」也成了主流；但同時幸運的是，這也意味著出現了更多以大腦和行為的快樂機制為主題的重要研究。對社會與組織來說，快樂的相關研究帶來了令人驚訝且影響深遠的觀念。快樂不僅是功成名就的結果，更是先決條件。這項發現有違直覺，也與現有價值觀相牴觸，因為世上有許多文化都認為成功是因，快樂是果。

二〇〇八年，波姆（Boehm）與盧伯米斯基（Lyubomirsky）發現了充足證據，證明這種假設應該反過來才成立，也就是：**快樂是某些員工為什麼比同儕成功的原因**。他們檢視大量橫斷研究、縱貫研究與實驗結果，達成以下共識：

> 綜觀而言，這些證據指出快樂不僅與職場上的成功有關，快樂往往出現得比成功更早。誘發正面情感能引領工作成果的提升。

這個研究結果，代表營造正面的工作氣氛不僅不會影響成功，反而會帶來成功，反之，等到成功出現之後才表達正面感受，必然會降低成功的機會；這種效應的證據無所不在。美國作家尚恩・艾科爾（Shawn Achor）在全球極力提倡快樂工作，他在二〇一〇年的暢銷著作《哈佛最受歡迎的快樂工作學》（*The Happiness Advantage: The seven principles of positive psychology that fuel success and performance at work*）中提出：

- 樂觀的業務員的業績，比悲觀業務員高出五十六％。

- 醫生處於正面情緒時會聰明三倍，診斷速度也比其他醫生快十九%。
- 學生考試前在心理上做好快樂的準備（在不知情的情況下安排的心理狀態），考試表現大幅超越中立情感準備的學生。

以上這些堅實的證據，加上艾科爾對哈佛大學一千六百多位成績優異的大學生進行的實證研究，以及他自己在專業上與全球頂尖企業的合作結果，他做出以下結論：

> 大腦天生會在正面狀態時表現得最好，而不是負面甚或中立狀態。但諷刺的是，如今我們為成功犧牲卻只是降低了大腦的成功機會。努力拚搏的生活給我們帶來壓力，不惜「代價」只求成功的巨大壓力將我們淹沒。

而這個代價似乎正是成功本身。有件事很有趣，卻也令人驚訝。面對艱難時期，我們自己或公司狀況不佳時，會允許負面情感掌控我們。我們會暫時壓抑個人或群體的快樂，想等到情況變好之後再說。正是這種逃避快樂的心態，使成功變得更加困難和遙遠。我們必須做的事恰恰相反。無論眼前是什麼情況，都要維持心情愉快，才能爭取最好的結果。這一點，若從數學的角度來看，會比負面或中立情感更容易帶來成功。我們以為負面或中立情感更適合艱難時期，其實不然。因此我們輔導客戶時，都會盡力營造最能提振心情的環境，我們自己也會盡量保持樂觀。

最近有一項研究檢視了遭受金融危機打擊的組織，其研究結果也支持這種觀點。值得一提的是，為了調查企業在危機環境中如何勉力求生，這項研究訪談了經理人，並觀察他們的行為以及經理人與員工的互動，發現把焦點放在正面結果與正面情感的經理人與領導者，能取得更好的結果，企業在動盪時期生存下來的機會也更高。

由此可見，**無論做什麼事，快樂都是成功的基礎，因為快樂能夠釋放智慧、創意、合作與決心**。我們清楚記得，有次輔導一支原本被認為零效用的團隊。我們跟團隊成員互動，而他們在我們建議下營造正面氣氛之後，這支團隊突飛猛進。到了年底，這支原本已被放棄的團隊從執行長手裡接到最高成就獎。我們認為，在全心全意、徹徹底底嘗試正面方法之前，沒有一個人、一支團隊、一家企業可以被貼上零效用的標籤。

但是，我們如何在職場裡為自己與他人創造更多快樂，讓大腦成為成功推手？二〇〇九年，英國心理學教授李察・韋斯曼（Richard Wiseman）回顧了增進快樂的相關文獻，他發現提升快樂最快速有效的方式，包括以下三種行為：

一、心懷感恩

快樂是發自內心的，因此它需要一個陽光明媚的起點。經常對生活裡的每一件好事表達感謝，就能創造這樣一個陽光明媚的地方。為此可以的話，把這些好事寫下來。經常回憶這些美好的經驗，以及當時它們帶給你的感受，試著在你的身心裡重現那種感覺。仔細想想目前的處境，把正面的事情挑出來。

認真挑選，你會很驚訝自己忽略了這麼多的正面時刻，因為強大的負面性很難擺脫。**揭開心理那層負面的紗，陽光就會照進來**。最後，不要吝於對身旁的人表達謝意，大力感謝他們的貢獻、付出與個人支持。表達感謝時，說得愈具體愈好，這對你和你想感謝的人都有好處。

二、經驗與分享

大腦天生就對生活經驗較有反應，超過對物質錢財的反應。因此若想快速增進快樂，建議儘快參與新鮮和充實的經驗。此外，也要為你的團隊創造並提供這樣的經驗，而不只是物質獎勵。從二〇一五年《財星》雜誌選出的百大最佳職場中可看出，免費福利與設計充滿未來感的辦公室並不是上榜的決定因素，而是「培養員工之間……強大、充實的人際關係能力」。也就是說，跟喜歡的人一起工作的美好經驗會讓人在職場感到快樂，這是一種無形的力量，而非有形的利益。

當然，科學早已證實分享能增進快樂。儘管多數人不以為然，但分享一樣東西或一段經歷帶來的快樂超越一人獨享。誠如韋斯曼教授所說，每天做五件與金錢無關的善意之舉可顯著提升快樂；難怪，隨機捐書的善舉觀念在世界各地的圖書館中，如此流行。

三、肢體語言與行為

我們上課時會做著名的「快樂誘發實驗」，其中包括了用牙齒咬住一枝筆，而每次做這個實驗都會出現驚人的結果。只要把一枝筆橫放在牙齒中間咬住，嘴唇不碰到筆，短短幾秒鐘大腦就會釋放快樂荷爾蒙，因為大腦認為你在笑。既然你在笑，肯定有好事發生！相反地，如果你嘟起嘴唇含住筆端，牙齒不碰到筆，大腦會以為你正在皺眉，進而釋放壓力荷爾蒙。

這個經典實驗的驚人發現是：實驗結束後快樂仍會持續，從而促進人與人之間的正面情感連結，加強他們對快樂事件的記憶，這顯示大腦與身體之間存在著雙向溝通。除了「身體展現大腦的感受」之外，反過來也一樣可行。因此，多展露笑容，身體多以正面、自信、抬頭挺胸的姿勢，說話時遣詞用字正面一點，行為舉止開心一些，你的大腦也會從善如流。

大家都聽過「成為你希望看到的改變」，我們的建議則是：「成為你希望感受到的快樂」。

快樂「3D」：增進快樂的三種作法

英國行為科學教授保羅．多蘭（Paul Dolan）在其著作《設計的幸福》（直譯，*Happiness by Design: Finding pleasure and purpose in everyday life*）中，描述三種增進快樂的關鍵作法：決定快樂、設計快樂與實踐快樂。

- **決定快樂（Deciding happiness）**：決定快樂指的是開始更有系統的，去思考與情感有關的決定和行為反饋。這種反饋來源可以是我們自己，也可以是別人。然而這一點難以執行的主要問題，在於日常生活步調快速，我們不一定有餘裕反思各種行為對內在自我的影響；這一點多數經理人都很清楚。因此，我們必須騰出時間，經常問自己和周圍的人，我們的決定對我們產生了什麼樣的影響。

- **設計快樂（Designing happiness）：**有些環境有助於觸發適當的行為，來增進快樂，而所謂的設計快樂，指的就是建立一個這樣的環境。舉例來說，如果我們的新年願望是多讀書，就必須在生活周遭多放一點書，讓大腦更容易看到書、拿起書；把書評網站設定為瀏覽器首頁，讓我們隨時都能接觸到跟這個願望有關的事物；堅持每個週末去一家書店，設置具體可行的指標；加入讀書會，借助社會規範的力量達成這個目標。
- **實踐快樂（Doing happiness）：**實踐快樂指的是把焦點多放在經驗，而非物質之上；花更多時間做愉快、有意義的活動；把更多時間放在對人生與情緒有正面影響的人身上；盡量減少分心的機會，例如：不斷查看 email 或社群媒體通知。

「快樂3D」對增進自身快樂甚有助益，也能為周遭的人帶來快樂。

情感的整體性

基於情感的角度看來，如果恐懼和負面的動機版本是一・〇、快樂與正面是二・〇，那麼三・〇就是在私人與專業領域全方位運用情感。無論是哪種模型，所有的核心情感都具有強大的演化原因；光是我們今天仍擁有這些情感，就足以證明它們是人類求生的一大助力。但我們必須有能力在必要時辨識情感，才能判斷它們帶來的是好處還是危險。正如普拉奇克所言：「情感適應並非萬無一失。」意思是說，**我們的感受不一定符合真實情況，在情感驅使下做的事也不一定對我們或身旁的人有利**。

樂觀、快樂與正向心理學的科學原理，改善了過度簡化的行為模型，例如「棍子與胡蘿蔔」；使我們於公於私都享有正面態度的益處；提升情感管理的進階方式也開始紛紛問世。二〇一五年，著名的美國負面情緒專家陶德・卡旭丹（Todd Kashdan）與知名正向心理學家羅伯特・迪納（Robert Biswas-Diener）提出「整體性」是情感成功的關鍵。他們認為：

> 現在我們必須重新評估，長期以來在心理學上對負面與正面的觀念。我們應該用一種全新的方式去理解何謂「心理健康」與「心理成功」，將正面與負面視為規模更大、更可行的整體的一部分。整體性，這是心理學遙不可及的終極目標……整體性之於心理學，就像開悟之於靈性。

在領導者談論全心投入與最佳表現時，他們在企業語言裡察覺到整體性的蛛絲馬跡。這樣的語言透露出組織偏好成熟的情感和情感的整體運用，而不是以往那種既簡化又過時的分類，把情感分成好（正面）與壞（負面）等類別。他們認為整體性才能帶來真正的靈活情感，而這不是避免負面情感，甚至是「將負面情感移除」。他們引用了二〇一二年，學者艾德勒（Adler）與赫許菲爾德（Hershfield）的研究，這項研究以四十七名成年人為受試者，發現在心理治療期間曾感受到快樂與悲傷這兩種情感的人，其身心健康狀態比那些只感受到其中一種情感的人更好。因此這項研究認為，不同情感交替或同時出現的情感變化，是整體情感改善的先決條件。

簡言之，無論是正面或負面情感都必須體驗和處理，而不是像動機版本一・〇和二・〇那樣，前者偏重負面情感，後者偏重正面情感。這些研究結果具有開創性，因為它們推翻了心理學長期相信的情感類型之間有界線。的確，我們的情感可大致分為正面與負面，甚至也有中立情感，但這不應該成為把情感貼上好或壞標籤的藉口。本章「如何將湯姆金斯模型，應用於組織企業中？」討論過，每一種基本情感都必須以適當的方式體驗和表達，才能更有效地運用並發揮其最大的益處。**每一種情感都提供了環境以及我們如何適應環境的重要信號，所以我們不該忽視也不該壓抑任何情感**。運用情感整體性的領導者懂得在每一種情感裡做取捨，最重要的是，他們明白情感對動機、靈活度與身心健康的價值所在。

陰暗面的力量

過去十年來，負面情感的名聲跌至谷底。幾乎每一種削弱正常社交能力的心理症狀，都把矛頭指向它們。或許它們確實發揮了影響，但實際上負面情感也能帶來正面影響，只是這個事實被多數人所忽略。

疼痛就是個好例子。全世界的行銷廣告都向我們保證，只要使用這樣產品或這個品牌，無論是生理或心理上的痛苦就會消失；生活中的任何不便，無論多麼微不足道，任何擔憂，即使是最輕微的恐懼和不滿，都可以購買某個產品或服務獲得有效解決。這種行銷手段本身或許沒錯，卻影響了我們對疼痛應該處理到什麼程度的認知。疼痛與痛苦不等於傷害，「吃得苦中苦，方為人上人」可說是最佳寫照。想要突破學習瓶頸和舒適圈，讓自己更上一層樓，痛苦幾乎是必經過程。一件事是否重要到值得經歷，痛苦也是很好的指標。當然長期或劇烈的痛苦會造成傷害或本身就代表傷害。但在許多情況下，我們不應該逃避痛苦（生理、情感、社會或存在），也不該對痛苦感到恐懼或僅只是理解。我們應該接受痛苦，更重要的是，感受痛苦。挫折感激發創意，悲傷促進學習，壓力提升專注，恐懼帶來力量。當然劑量要適當，而劑量多寡因人而異。此外，「沒有傷害」不等於「不會痛」；這句話的意思是要避免長期傷害。若是與努力、犧牲以及對現狀不滿有關的短期痛苦，反而極為有益；運動的人對這一點應該知之甚詳。

既然如此，我們為什麼要營造逃避痛苦的社會風氣呢？心理學家布羅克・巴斯蒂安（Brock Bastian）於二〇一八年的著作《快樂的另一面》（直譯，*The Other Side of Happiness: Embracing a more fearless approach to living*）中指出：

> 為了找到真正的快樂，我們必須使用更加無懼的生活方式，我們必須正視負面經驗……我們必須感受痛苦。我這裡說的「痛苦」指的是所有不愉快的事。我指的是面對重大挑戰的焦慮與失敗後的孤獨。我指的是關係破裂的悲傷，或是面對死亡的恐懼……這些痛苦是快樂的先決條件。沒有痛苦，就無法獲得真正的快樂。

除此之外，壓力亦然。壓力是影響企業員工身心健康的常見原因；壓力已是各種健康問題的禍首。不過，對大腦和身體而言，壓力是必要的動機信號，它驅使我們果斷行動、精益求精。長期病態的壓力當然不好，但是壓力本身是一種自然的正常狀態，是改變與個人成長的起點。二〇一五年，健康心理學家、史丹佛大學講師凱莉．麥岡尼克（Kelly McGonical）說：

最新的科學研究顯示，壓力能使你變得更聰明、更堅強、更成功。壓力有助於學習與成長，甚至能激發勇氣與同情心。新的科學研究也證實，改變對壓力的看法能使你活得更健康、更快樂。只要改變看待壓力的方式，就會帶來各式各樣的影響，包括心血管健康與尋找生命意義的能力。管理壓力最好的方式不是減輕或逃避，而是重新思考壓力，甚至欣然接受壓力。

為此，麥岡尼克提供了許多轉化壓力的方法，包括：

- 尋找更深層的生命意義。
- 奉行更人性化的價值觀。
- 幫助他人，再小的幫助都可以。
- 考慮逃避壓力的代價。
- 重新思考壓力反應，將其視為身心在處理重要情況的準備與期待。
- 區分挑戰與真正的威脅。
- 為行為尋找高於一己私利的意義。
- 主動與其他團體或社群聯繫，並建立關係。
- 培養在逆境中看見光明面的成長心態。
- 把你成功處理壓力的經驗，告訴自己和分享給他人。

最後還有一點很重要：若團隊裡散播了負面情感的負面情緒，亦即第四章介紹過的情緒傳染，雖然對創意、努力與協調有不好的影響，卻對分析思考有正面影響。這意味著負面性可以變成策略工具，幫助團隊在特定的時間內將注意力聚焦於某一個情況，進而產生正面結果，嘉惠每一個參與其中的人。不過，本章開頭的故事中那種有系統的長期壓力，是絕對不可行的。

對於想要運用ＢＡＬ模式的人來說，痛苦、壓力、負面情緒和其他類似情況是友非敵；這是一種以更細緻和更科學的方式，善用人類動機的方法。

領導者想要提升表現，就必須對情感有更深刻，也更科學的認識，而這對社會整體的進步而言，同樣必要。就此而言，連動畫電影也能有所助益。二〇一五年皮克斯製作、迪士尼發行的動畫電影《腦筋急轉彎》（Inside Out），就向孩子與家長介紹了基本情感的科學原理。

在這部電影中，喜悅、憤怒、悲傷、厭惡跟恐懼都在主要角色的腦袋裡擬人化呈現。擬人化是很好的手法，能說明情感為什麼是行為的主因，也能展現情感在人際關係中發揮至關重要，以及相互依存的作用。全球語言觀測機構（Global Language Monitor）曾宣布二〇一四年，網路最熱門的英文字是心形表情，這個充滿情感的表情符號。身處於這樣的世界，愈多人認識情感的科學原理，就愈能提升我們集體理解和接受情感大腦的複雜與美好。例如：備受矚目的聯合國年度《世界幸福報告》（World Happiness Report）將一百五十六個國家依據幸福程度評比排名，稱為《世界幸福指數》（World Happiness Index）；阿拉伯聯合大公國決定任命一位國家幸福部長，並推出「幸福與正面性國家計畫」；北歐與日本的身心健康觀念大行其道，前者稱為「hygge」，後者則是「生き甲斐」。這些現象都反映出情感教育和相關政策已出現重大轉變。從個人、企業、國家到其他領域，若情感少了長期快樂健康的成長，都不算是真正的成長。

最後，我們必須強調情感的重要性不是領導者的專利，對追隨者來說同樣重要。二〇〇七年，行為科學研究學者桑菲（Sanfey）以大腦成像為基礎，做了一項研究，發現若追隨者相信自己受到領導者的

提振腦力：辨識動機版本

請畫一個表格，直向的三行放入三種動機版本，橫向則分別填入你的上司、同事和員工。思考表格裡每一個人的動機，在三個動機版本的欄位裡分別填入「高」、「中」、「低」。主要動機屬於「高」，偶爾出現的動機屬於「中」，幾乎不出現或從不出現的動機屬於「低」。別忘了：

版本 1.0：恐懼與負面性。

版本 2.0：快樂與正面性。

版本 3.0：整體性與靈活情感。

在考慮每個人的動機時，試著回想具體的例子，依據這些例子累積而成的行為模式，決定動機版本。在表格的最後一列寫上自己的名字，並對自己進行同樣的分析。盡量敞開心胸，誠實面對自己。完成分析後，找兩位在公司裡信任的同事，先向他們說明三種動機版本的概念，再請他們幫忙分類，以及提供實例來支持自己的評斷。

你從這個練習中學習到什麼？你或是你周圍的人是否需要改變版本？為什麼？如何改變？

不公平待遇時，大腦中與情感相關的某些區域會變得活躍（前腦島）。這項研究指出，團隊成員與員工是否願意追隨某位領導者，這樣的決策過程會深受情感影響。由此可見，在詮釋領導者的好與壞時，情感同樣扮演重要角色。如果身為領導者的你認為，追隨者對你的評價與情感無關，務必請再三思考清楚。

本章重點

胡蘿蔔、棍子、滿意度與其他單一情感的領導方式早已過時，跟不上現代神經科學的腳步。大腦的化學作用、神經迴路和肢體表現的深入研究都顯示，人類演化出多種核心情感來進行重要的任務，目的是增加生存的機會。領導者與經理人若想要善盡職責，就必須了解這些情感的運作方式與原因。

首先，必須知道你的臉部表情是傳遞情感的重要工具。其次，熟悉基本情感的種類與性質、了解基本情感之間的驚人關聯、善用情感方程式、用整體性與靈活情感將情感整合起來，以上這些都是BAL的必備能力。最後，正面與負面情感都能幫助領導者判斷輕重緩急。最重要的是，別忘了大腦是情感的器官。

快速掌握「領導力腦科學」的關鍵重點

關於「情感」你必須知道……

■ 持續加強情感類型

加強你對情感類型的自我認知，作法有：

- 詳細描述情況。
- 詳細描述因感受而產生的行為反應。
- 寫下產生類似行為結果的情況。
- 以最小的干擾、帶著真誠的興趣審視內心。
- 仔細聆聽他人意見，試著了解他們的觀點。
- 持續審視內在與外在的情感信號。

將情感傳遞給他人，提升對方表現，可以改進你的領導風格。擅長傳遞情感與情緒的領導者，尤其是正面情緒，在他人心目中更具領導魅力，因此領導力的效果會更好。另外，培養你的內在與外在自我覺察，這能改善你與團隊成員的關係，也有助於提升工作上的成就感。

■ 留意自己的情緒

維持帶有高能量的正面情緒，並經常感受情緒，確定自己能在適當時刻，保持適當情感。

■ 留意基本情感的力量

領導者必須留意九種基本情感：開心、興趣、驚訝、生氣、苦惱、害怕、羞愧、厭惡、嫌棄，並且用以下的方式處理核心情感：

- 無論大小，慶祝自己與團隊的每一次成功。
- 探索新的數據、人、情況與其他可能性。
- 花點時間停下來思考，尤其是碰到出乎意料的改變時。
- 生氣時先停下來，思考一下這是不是最好的處理方式。
- 需要採取不同行動時，對自己與同事發出提醒。
- 仔細檢視威脅後，保持冷靜，重新擬定策略。
- 向自己與團隊確認彼此共同的能力與機會，
- 重複確認你對某種情況或某個人敬而遠之的原因。

■ 留意領導者臉部表情的影響力

領導者應該意識到他們的臉部表情會指明和傳遞情感，其他人（追隨者）會根據領導者的表情判斷信任度、掌控度等因素。而訓練溝通技巧，能幫助你掌握領導者的表情。

■ 培養情感靈活度與快樂

以下三種行為有助於培養情感靈活度：心懷感恩、經驗與分享、肢體語言與行為。快樂與正面性跟領導力直接相關。三種增進快樂的作法是：

- 決定快樂
- 設計快樂
- 實踐快樂

第三篇 大腦自主行爲

第六章 仰賴直覺，快速解決

我能控制自己，我可以做出改變

他是一位受人景仰、無畏無懼的協商高手；他一直以來都是這樣。他能在最艱難的情況下發揮高超協商技巧、完成交易，因此他成為一家中型投資基金的執行長，這是他第一次擔任最高位階的管理職。公司希望執行長能快速找到正確的成長之路，因為上一次的金融危機曾使公司陷入難以解決的困境。他決心達成任務，從上任第一天就使出渾身解數，與公司內、外部的人士打交道。他重新協商既有的交易條件，尋找新機會，並快速建立有利人脈。他在公司的內部事務上同樣進展迅速，扭轉過往的錯誤決定、削減成本、簡化運作流程。這些初期的成功獲得股東的一致讚賞，他們全然信任他。不過，這些勝利很快就變了調。

他的協商能力，建立在迅速發現對手的弱點並施以精準打擊之上，他善用這項能力處理高度專業的特定任務；現在，他也用這項能力為新工作奠定基礎。不過，這項能力開始製造更多麻煩。

漸漸地，他那種鯊魚式的問題解決方式，顯然對發展和維持人際關係造成反效果。公司內許多高層員工紛紛離職跳槽，而留下來的人也有此打算。雖然他在工作技術層面上，表現得既有效率又有成效，卻似乎無法有效整合人為因素。面對股東提出上述質疑時，他提出相反的觀點：正因為他對人性有深刻的認識，所以才會如此擅長協商、獲得他想要的結果；他深知如何找到對方的弱點，例如：恐懼和欲望，也知道如何利用對方的弱點取得對自己有利的結果；他知道情感在協商過程中發揮重要作用，對他自己和對方都是如此，因此，他才能每次都以他想要的數字成交。他既不冷血也不冷靜，他倚仗的是操控力。

某天早上，他在公司裡最親密的盟友辭職了，這是他一年前親自面試雇用的副執行長。這個消息使他大感震驚，他趕緊打給副手。他們激烈地討論了兩個小時，這位前副手說自己再也無法與他共事，因為他對副執行長與其他人的刻意操控使他無法忍受。「每個人都應該獲得尊重，你不應該為了達成自己的目的就隨時變臉」他發出怒吼，並說他為了成效隨時改變表情、情感和言詞，這不是領導者應有的作為。

執行長同意他的看法，並承諾做出改變。他會盡力改變待人接物的方式，用一致的方式對待他人，把價值觀放在短期成效之上。他很感激副執行長願意坦然相告，也決心變成一個更好的人、更好的執行長、更好的領導者。他認為自己意志堅定，能夠掌控自己的一切行為，他一定做得到。最終，他說服副手留下。

然而兩個月之後，副執行長還是辭職了。執行長承諾要改變，最初也確實努力改變，但最後仍是故態復萌。儘管他知道自己必須改變，卻抗拒不了根深蒂固的行為模式。副執行長離職一年後，他上任之初創下的佳績不再，公司連連虧損，股東認真考慮更換執行長了。

從這個案例故事中，突顯出人類思維中的「主觀意識」，其在人性中扮演的角色，對神經科學與心理學來說至關重要。我們是不是在充分察覺風險與利益的前提下，做出有意識的決定？我們的行為是否直接受到心智影響，而且只受到心智影響？只要想改變，就能隨時改變嗎？命運操之在己嗎？掌控力握在我們手裡嗎？

若答案是肯定的，我們僅需透過正式與非正式的學習過程就能訓練意識心智，正如人類千百年來的作法一樣。然而，若答案是否定的，領導者就必須深入探究，尋找理解和影響自身決定與行為的有效方法。因為現在我們已經知道，我們不是自己的主宰，或，至少主宰的程度不如我們所想，真正主宰我們的，是大腦。

無意識的力量

無意識是大腦功能的一部分，包含我們無所察覺的感受（更準確地說是情感）與思想（更準確地說是意圖），進而影響我們的行為。自從心理學先驅佛洛伊德探索我們最深刻，也最未知的欲望如何影響日常生活以來，心理學一直都很注重無意識的力量。不過，心理學最新的研究發現，無意識並非佛洛伊德想像的黑暗空間，相反地，無意識為我們帶來獨特的優勢。無意識的處理能力為我們建構一個健康、動態、互動的存在狀態。二〇一四年學者麥高文（McGowan）指出「當代實驗發現的無意識思考，在本質上與佛洛伊德的假設截然不同」，而且正視心智的無意識影響「就是正視人類個別的獨特經驗：這是目前心理醫療經常忽略的事」。由此可見，無意識似乎是人類最大的優勢，而不是最陰暗的弱點。

無意識對於行為與決策，都有更深遠影響，且比我們願意承認得還要更加深遠。二〇一七年，無意識心理的頂尖研究者約翰．巴吉提到，他向姊夫說明無意識的重大影響時，姊夫說：「這不可能，約翰。我不記得自己曾無意識地受到影響！」因為我們無法有意識偵測、完整感受並直接控制無意識的思考過程，所以我們很難相信無意識的存在。俗話說：「眼見為憑」，意味著看不見的東西很可能並不存在。

這種有意識心智的傲慢，英國著名心理學家布魯斯．胡德稱其為「自我幻覺」（self illusion），在它有限且強烈的感知裡，掌控力與現實僅存在於有意識心智之中。然而，這完全不是事實。在我們與主觀意識強烈的企業人士合作時，這是最令人期待卻也最具挑戰性的時刻。若一個人真心覺得自己是以完整意識和責任感做出重要決定，要如何接受自己的大半人生是由無意識所主導的呢？但事實不容否定，你的決策奠基於感受，而不是以科學為依據的見解。別被心智給騙了：它遮蔽了絕大部分使你之所成為你自己的那些美好和充滿智慧的過程。

無意識一直存在，忽視它只會削弱我們的領導潛能。美國人類意識領域的先驅科學家班哲明．利貝特（Benjamin Libet）及其團隊，於一九八三年曾做過一場著名實驗，確認無意識在決策過程中發揮主導作用。他們請受試者在一定的時間範圍內做簡單的決定，例如：隨心所欲地按下按鈕或移動手指；他們也請受試者記下自己做決定的時刻，再藉由腦電圖ＥＥＧ觀測受試者的大腦活動，和肌電圖ＥＭＧ觀測他們的自主動作。利貝特與團隊發現受試者的大腦為即將做出決定所蓄積電能的時間，會比受試者本人意識到決定成形的那一刻，早了大約四分之一秒。而從決定到採取行動，大腦蓄積電能的時間，也會比受試者本人實際採取行動，提早將近二分之一秒；這是所謂的大腦「準備電位」（readiness potential），它會在我們意識到自己的決定或行動之前出現。

如果這件事令你感到震驚，那麼德國認知神經科學家孫俊祥（Chun Siong Soon）等人於二〇〇八年的研究，可能會讓你更驚訝。他們發現若是簡單的決定，這樣的時間差可長達十秒，他們認為時間延遲「反映出高階控制區域網路在決定進入意識之前，早已開始為決定做準備」。接著，二〇一九年，學者柯尼格（Koenig-Robert）與皮爾森（Pearson）進一步發現無意識決定與有意識反應之間，相差十一秒。皮爾森指出：

我們相信在面對兩個或兩個以上的思考選擇時，思維的無意識軌跡早已存在，有點像是無意識的幻象。做出思考選擇時，大腦負責執行的區域會選擇比較強烈的思維軌跡。換句話說，如果其中有一個選項符合既存的大腦活動，大腦較有可能選擇這個選項，因為既存的大腦活動使其更顯活躍。

由此可見，**這意味著意識不是主要的決策力量，意識的作用是接收來自無意識的決定（強烈信號），以及執行決定**。實際上，這正是意識與無意識之間的主要差異：無意識提供根深蒂固、經過複雜計算、以情感為基礎、驅動行為的動機，又稱意圖；意識則提供成功執行決定的最佳作法。

然而，利貝特的研究引發諸多爭議，因為後來複製相同實驗的人都宣稱得到不一樣的結果，但無論如何，確實有愈來愈多的證據直接指出「無意識主導決定、意識負責執行」。這些證據提供大腦活動發生的詳盡時間，以及發生的位置。舉例來說，二〇一一年，學者弗里德（Fried）等人進行了一項著名的fMRI研究，具體且準確地指出哪些大腦區域會在人類意識到之前，就先參與決定和準備行動。他們的發現如下：

（僅需）二百五十六個SMA神經元，就足以在受試者意識到之前的七百毫秒預測即將發生的移動決定，準確度超過八十％。此外，我們僅需幾百毫秒就能精準預測這個自主移動的決定會在哪個時間點發生。

順帶一提，準確度超過八十%的預測所需的神經元數量，少得令人難以置信，但這也顯示神經科學探索大腦、揭露隱藏作用的能力，正在進步中，也能高度精準地理解無意識是如何引導有意識行為。如果你覺得你好像生活在英國科幻影集《黑鏡》（*Black Mirror*）裡，你並不孤單！

那麼，有意識的思考究竟是什麼？

為了執行無意識做的決定，意識心智負責兩個主要功能：規劃與抑制。先說說規劃。做出決定並有了動機之後，心智會掃描大腦、尋找「目標」與「行動者」，並將兩者放在它們與我們，以及它們彼此之間的相對位置，目的是找出執行決定的最佳路徑。這時，會用到兩條不同的神經通路：一條負責判斷我們周遭元素的性質，位置較低，包括視覺皮質、顳葉與前額葉皮質的下半部；另一條負責判斷這些元素的精確位置，位置較高，同樣位於視覺皮質，但是穿過位於大腦頂部的頂葉以及前額葉皮質的上半部。

心智在腦海中穿越古今和未來的想像力，有助於「是誰／什麼」與「他／它們在哪裡」的規劃過程，幫助我們做出最佳規劃。這是意識心智的導航功能，與無意識心智的決策、設定目標與創造動機不一樣。但是，如果身體產生立即的衝動反應，直接執行無意識的決定，便是沒有運用導航／規劃的演化好處，規劃就無法發揮作用。因此意識心智的第二個重要功能是抑制，也就是幫尚未成熟的行動踩煞車，讓我們有時間規劃出執行決定的最佳作法。

意識心智主要位於大腦的新皮質，除了發起行動，也會對較深層的行動決定採取「否決權」：它不提供動機，而是阻擋動機；它不做決定，而是阻擋決定。美國著名神經科學家約瑟夫．勒杜（Joseph

Ledoux）說，它不具備「我有隨心所欲的自由意志」中的那種「意志」，但是它有「我不願意做這件事」裡的「不願意」。

由此可見，伴隨規劃而來的抽象思考與伴隨抑制而來的覺察，都是意識心智的關鍵作用，兩者均能解釋現代企業面臨的缺乏動機與低參與度問題。根據二〇一八年的全球調查發現，參與度高的員工僅占寥寥十五％，參與度低的員工占六十七％，參與度極低的員工占十八％。雖然與兩年前相比，參與度高的員工比例略有成長，但以總勞動人口來說仍是鳳毛麟角。參與度低的員工會刻意對企業造成傷害，而這樣的員工人數超越參與度高的員工！這可以用大眾對思考和動機的誤解來說明。對大腦而言，「決定」與「動機」是同一件事，也都源自無意識。大腦快速分析情況，判斷是否啟動「趨近」或「逃避」動機網路，然後採取相應的行為。這才是真實的決策過程。

另一種發生在意識心智裡的決策過程與動機跟行為都沒有關係，也因此對鼓勵員工積極參與工作沒有幫助。它是抽象、概念性、理論性的決策過程，無關乎行為。為此，若企業對過度分析、累人的辯解與無窮盡的數字懷抱著執念，這樣的執念反而會傷害大腦積極參與的能力。

經理人錯誤使用意識思考的技巧來說服和激勵員工，例如：只基於事實的溝通、沒完沒了的爭論和永無止境的報告；顯然，他們找錯了決策中樞。如果領導者想要提升員工的動機與參與度，就必須與員工的無意識建立連結，並且說服對方的無意識，如此一來，對方的無意識才會做出你想要的決定，進而採取你想要的行為。讀到這裡，有發現嗎？這正是為什麼團隊似乎都同意也了解新的管理方案，卻幾乎沒有人願意盡最大努力執行的原因。就這種情況來說，被你說服的是意識心智，無意識心智並未被說服。

從以上的實驗可證，早在我們察覺之前，大腦就已經準備做出決定並促使我們採取特定行動，而它之所以這麼做是有原因的。無意識能幫我們節省能量（第一章和第二章討論過），讓我們在碰到威脅生命的情況時能快速反應，並依據過往經驗迅速知道該用怎樣的態度對待他人。由此可見，大腦的無意識作用是思考與規劃生活的基礎。知名加拿大作家麥爾坎・葛拉威爾（Malcolm Gladwell）於二〇〇五年的暢銷書《決斷兩秒間》（*Blink: The power of thinking without thinking*）中，將「適應性無意識」（adaptive unconscious）比擬為一台巨大的電腦，它能快速且安靜地處理我們需要的大量數據，維持日常生活的正常運作。反之，如果靠意識處理這些刺激，我們會幾乎沒有能力採取任何行動。葛拉威爾引述了著名美國心理學教授提摩西・威爾森（Timothy Wilson）的意見，威爾森教授正是「適應性無意識」一詞的發明人。他說：

> 心智最有效率的運作情況，是將大量的高階複雜思考過程轉移到無意識，就像現代噴射客機切入自動駕駛模式，人類（「有意識」的機長）幾乎或完全不需要花費心思。適應性無意識是衡量周遭環境的高手，能以複雜而有效率的方式提醒人類前方是否有危險、設定目標並採取行動。

無獨有偶，二〇〇七年德國心理學家兼行為專家捷爾德・蓋格瑞澤（Gerd Gigerenzer）也呼籲大眾接受「無意識的智慧」（intelligence of the unconsciousness）。這種智慧奠基於簡單的經驗法則，而經驗法則奠基於大腦長久演化出來的能力。這些能力將信號以直覺的形式傳送出來，幫助我們快速決定或判斷並採取相應的行動。高級的語言能力位在大腦頂部（大腦皮質），較深層的古老系統則是通過直覺、衝動、本能來跟我們溝通，因為它們不具備語言能力。而這種深層、適應性、有智慧的無意識已多次證實能在嚴苛的情況下，做出較好的決定，例如：選擇股票或購買房屋。

話雖如此，這並不意味著無意識思考絕對優於意識思考，所以必須徹底放棄理性分析。關於這一點科學界尚無定論，雙方都正在進行實驗以求證實無意識心智對複雜的決策過程到底更有利還是更有害，因為實際上影響決策過程的因素非常多。但不幸的是，大部分的因素都無法輕易理解，或甚至不可能被理解。

持正方態度的學者迪克斯塔胡斯（Ap Dijksterhuis）與勞倫・諾德葛蘭（Loran Nordgren）等人，支持無意識思考理論，他們認為面對極其複雜且多面向的問題時，無意識思考（又稱非專注思考〔deliberation-without-attention〕）比意識思考更加有用。碰到這樣的情況，過度思考會導致偏見產生、分析麻痺、更糟糕的決定，做出決定後的成就感也會大幅降低。與此相對，班・紐威爾（Ben Newell）等反方學者的看法正好相反，他們認為大量的理性思考能為複雜的問題找到答案，快速、無意識或非專注的思考則可能會造成嚴重錯誤。無論你支持正方或反方，只要明白一個重點：決定不會憑空出現。**為了幫意識做好準備，大腦會在形成決定之前耗費許多能量。因此準備的好壞會直接影響決定的好壞，無論是「有意識」或「無意識」的準備皆然。**

為了向觀眾證明無意識的力量比意識更加強大，我們經常會做一個實驗，就是請觀眾在接下來的五分鐘內，試著「不要」去想白色北極熊，但多數人都不可能做到，北極熊遲早會出現在腦海裡。事實上，就算我們用各式各樣的想法填滿意識來逃避那隻北極熊，無意識心智也會持續留意你不想留住的念頭，目的是幫助我們趕走這個念頭。

這個思考練習很有名，最早是由俄國作家杜斯妥也夫斯基於一八六三年提出，後來哈佛大學的丹尼爾・韋格納教授（Daniel Wegner）做了一個實驗，驗證了這個假設，幫助我們了解意識心智不如我們所想的那樣大權在握，無意識才是主宰。幸好，我們可以研究無意識心智的運作方式並加以調整，藉此增進管理與領導技巧。

練習：無意識思考與意識思考

選擇一個你們公司近期想要解決的組織問題（涉及許多已知與未知因素），而且必須是高度複雜的問題。將你的團隊分成三個小組，請A組思考這個問題後立即做出決定，不許花時間思考；請B組做完全相反的事，他們可以參考數據，也可以視需要加入新數據，至少花半小時深思熟慮之後再做決定；請C組簡短思考後，讓他們玩些小遊戲分散注意力（任何遊戲都行，例如：拆字遊戲、猜謎遊戲、憤怒鳥等），玩完遊戲之後，請他們不能思考，立刻做出決定。你甚至可以多分出一個D組，請他們隔天來上班時才提供答案，但是在提供答案前不能思考這個問題，也不能跟其他人討論。

觀察每一組所做的決定有何差異。你願意接受哪些決定？為什麼？花在理性思考上的時間是否會影響答案？或是有其他影響？

請各組交換任務，換一個低度複雜的問題重複實驗（涉及面向與因素較少的簡單問題）。兩個實驗之間有沒有差異？

在第一個實驗（複雜問題）中，理性思考與過度分析各項參數可能導致大腦麻痺，因為問題的性質（複雜）牽涉到許多意識無法輕易察覺的未知因素，需要仰賴更多直覺與無意識。在第二個實驗（簡單問題）中，意識心智可輕鬆取得掌控權，因為相關因素顯而易見，比較容易探索並做出相應決定。

善用促發效應

大腦自動回應現實情況是一種常態，而非例外；我們九十八%以上的大腦活動屬於無意識活動，九十五%的決定是無意識決定，因此視之為常態並不令人意外。真正令人意外的，是許多經理人和領導者在工作上徹底無視或反對「無意識對他們自身和同事的行為深具影響力」的觀點。他們必須正視「無意識主宰大腦」的事實，也必須了解這並非壞事。

前面提過，大腦在做決定時的準備電位現象，在我們有意識地做出決定並付諸行動之前，大腦的神經元早已在無意識的領域內部放電，為這個決定的產生奠定基礎。神經元的決策準備過程擺脫不了外在環境，甚至外在刺激對決策充滿影響力。影響大腦的準備電位，意味著影響決策與行為，因此我們可以將行為引導或推往我們想要的方向；這個過程稱之為「促發」。

促發是一種內在記憶效應，意指接觸一種刺激會影響你對另一種刺激的反應。促發為大腦做好特定想法與行為的準備。大腦會無意識的快速思考它在環境中偵測到的線索，讓心智準備好做出適當的決定，採取適當的行動。不同的外在線索，會造成不同的神經促發（準備），進而可能帶來不同的決定與行為。基本上，環境訊息能使大腦進入特定的思維並遵循特定的行動路徑。為了優化我們自身與團隊的表現，我們必須確定自己以正面且有效的方式運用促發。若非如此，促發將在我們不知情的情況下對我們產生不利的影響。

證實促發效應的相關實驗，多不勝數，如：

- 參加常識測驗的受試者分成三組，每一組參與不同的活動，目的是將大腦促發為三種不同的心理狀態，分別是：教授、秘書跟流氓。教授組的測驗表現明顯優於其他兩組，流氓組則是表現最差。
- 將受試者的大腦促發為老年人的心理狀態後（提醒他們老年人具有多愁善感、常玩賓果、頭髮灰白等特徵），受試者的看法變得更加保守；另一組受試者被促發為政客的心理狀態後（提醒他們政客的主要特徵），他們會用更冗長的方式表達自己。
- 促發老人對年老產生正面聯想後，他們的記憶測驗結果明顯優於產生負面聯想的老人。

不只如此，二〇〇七年美國聖地牙哥州立大學做了一項公開研究，邀請美國選民參與一場美國身分認同感與投票意願的促發實驗，受試者居然認為當時的美國總統候選人歐巴馬，比英國前首相布萊爾更不像美國人！為什麼呢？一開始他們接受促發思考歐巴馬的族裔，他在實驗中被貼上「黑人」標籤。像這樣的負面種族偏見會無意識地左右觀點，為此，必須抓出來處理才能消除它們對決策過程的無形力量。

除此之外，學者巴吉等人做過三場知名的大腦促發系列實驗，他們發現：

- 用讓人聯想到老年人的句子促發學生之後，他們在走廊上的行走速度會比對照組慢；對照組閱讀的句子與老年人無關。
- 用讓人聯想到彬彬有禮行為的句子促發學生之後，他們在忙碌的研究者（亦是實驗的一員）辦公室外等候時，耐心與等待的時間都超越接受「無禮」、「打擾」和「咄咄逼人」等詞語促發的受試者。八十二%的禮貌組受試者沒有打斷忙碌的研究者。
- 用提醒族裔的詞語促發學生之後，非裔美籍學生面對研究者提出令人沮喪的要求時，反應較激烈，跟前面提過的歐巴馬研究一樣。若人們察覺到與族裔有關的負面偏見（包括這場研究觀察到的「自我偏見」），就能大幅擺脫這種偏見的無意識影響。

以上這些結果都值得我們注意，因為它們顯示大腦會無意識採取特定的心理框架或狀態，對外在線索自動做出回應。換言之，**促發效應會喚醒長期記憶裡既有的態度與模型，為大腦奠定「正確」決定與「適當」行為的準備**。

促發效應在人們對它無所察覺的時候，效果最好。一旦我們察覺促發效應的存在，它就無法發揮效果。對領導者來說，這意味著兩件事。第一，當我們發現自己做出自己不喜歡的行為或直覺反應時，應該認真思考它們是不是來自對大腦不利的促發？是否有任何外在線索使我們自動處於無用又無效的心理狀態？第二，我們應該盡力參與和創造一個能促發大腦往正面發展的絕佳因素、使我們表現優異並提升成功機會的工作環境。服務的公司、同事，甚至包括辦公室，能不能幫助大腦發揮最佳表現？還是恰恰相反？記得，很重要的一點是：大腦與外在環境無法切割。

大腦的無意識會持續接收和處理超越意識心智能力負荷的資訊，它也會反射性地改變意識做決定的能力。神經的準備電位與藉由促發做決定的心理準備，都是大腦演化後十分擅長的功能。忽視或反對這些科學事實的領導者，將失去調整大腦、成就偉大的絕佳機會。反之，了解無意識心智對行為的影響力，可說是我們能為自己打磨的最重要武器。就這方面而言，知識確實就是力量。一九九四年，提倡無意識心智的重要學者巴吉（本書多次引述他的研究和意見）明確闡述了這個主題：

> 自動化的社會認知過程，將行為與其他社會資訊加以分類、評估和尋找原因，然後這些資訊就能用來進行有意識與受控制的判斷……（雖然）針對環境的自動分析是無意識且不受控制的，但這不代表當你察覺到這些分析時，你也無法控制或調整它們（若你想這麼做的話）。

無意識心智比意識心智強大，因為跟我們控制的思考過程相比，它消耗更多腦力，也分析更多資訊。為此，當我們在工作上面臨挑戰，不是設法阻擋它的力量，這麼做不僅非常危險，以神經學的角度來說也幾乎是不可能的。我們應該做的是把它變成一把有用的工具。

然而，誠如其他具有影響力的科學觀念，促發也有反對的聲音。有些研究未能複製前人的實驗結果，因此促發遭到凶猛的抨擊。特別是這些研究宣稱實驗並未證實促發效應，暗指被用來解釋社會行為的是「促發」與「實驗者的預期」。

針對實驗者的預期，二〇一二年以色列裔美國知名心理學家丹尼爾．康納曼（Daniel Kahneman）發表了一封寫給研究者的公開信，鼓勵大家多做促發效應的研究，他說他支持這個觀念。二〇一二年，英國劍橋大學學者鐸彥（Doyen）等人雖然沒有用一模一樣的方式複製某個知名實驗的結果，卻也明確地表示「無意識行為的促發確實存在」。然而在那之後，促發的概念持續引來更多學術界的批評聲浪，許多心理學家紛紛加以抨擊。不過，促發效應最早的支持者依然支持著這個觀念，包括商界人士與神經科學家。根據最新的證據顯示，促發效應會影響大腦跟行為，使其更符合社會團體的既有態度，或至少在它沒有唱反調的時候是如此。這意味著若要誘使行為產生革命性的徹底變化，促發或許不是最有用的工具，但促發能有效推動「小小的」行為調整，而長期累積即有聚沙成塔、滴水穿石之效。

對領導力而言，促發具有許多意義。卡爾克（Kark）與沙米爾（Shamir）於二〇〇二年的研究認為，改革型領導者若用特定的行為促發追隨者的「自我概念」（self-concept）與身分認同，就有機會影響追隨者在人際關係中的「關聯的我」（relational self）。他們主張領導者的行為，例如：心理支持與同理心，能促發追隨者的人際關係身分認同，加深彼此之間的情感連結。換句話說，領導者與追隨者之間的情感連結愈強烈，追隨者也會愈重視與他人的關係連結。

此外，促發似乎也有助於開發領導潛能。學者拉圖（Latu）等人於二〇一三年的實驗，請一百四十九位男女學生在虛擬實境中發表演說，受試者演說時會看見前德國總理梅克爾、前美國國務卿希拉蕊、前美國總統柯林頓的照片，或不看照片；女性受試者則會同時看到男性和女性領導者的照片。他們發現女性受試者看著柯林頓的照片與沒有看著照片演說時，話會變得比較少。但是有一組女性受試者看著女性領導者的照片（希拉蕊與梅克爾）演說時，演說的長度與品質都顯著增加。也就是說，女性典範促發了女性受試者，使她們呈現出受到更多啟發也更有意義的行為表現。簡言之，**領導者的行為會無意識地影響員工的行為**。事實上，這件事早就眾人皆知，我們常說的「以身作則」就是這個道理，只不過，現在我們有可靠的科學證據。

總而言之，自動認知過程、促發與準備電位都是不容忽視的觀念，因為無意識心智對思想與行為的控制似乎比我們所想的更加強大，也更加有利。話雖如此，我們不是殭屍，只能任由不受控制的大腦主宰我們。透過察覺與知識，我們可以減少促發的負面影響（例如：刻板印象）、增加促發的正面影響，藉此提升領導和管理績效。

至於那些依然否定無意識心智的存在、力量和智慧的人、那些讚頌理性具有絕對優越性的人，他們將活在對任何人都沒有幫助，只有危害的幻覺之中。正如本章開頭那個實際案例的教訓，我們不能對自己掌控行為能力的極限，視而不見。

如何在組織內部，有效運用促發效應？

我們經常發現，在企業與機構中工作的人，看不出大腦、環境與由此而生的決定和行為之間，存在著相互依存的關係。許多人相信表現與思考的敏捷度，應該與外在條件無關，完全來自大腦與情感。按照這個觀點，若企業能在無視個人因素的前提下表現優異，那就太棒了。但我們認為這種方法有害無益，因為這意味著組織與領導者沒有義務創造適合成功的工作環境。

在我們看來，「人」永遠是最重要的因素，因為每個人及其周遭的人都會察覺並有效利用個人與社會行為的關鍵要素。前一章提過的心理學家金巴多，做了「史丹佛監獄實驗」的那位研究者，經常說行為的好壞不能怪個人（「壞蘋果」理論），也不能怪環境（「蘋果桶」理論），而是要怪那些有能力為各種人類行為設計環境的人（「蘋果桶製造者」理論）。也就是說，真正的領導者是「蘋果桶製造者」，他們能創造正面、活力的環境，並藉由促發效應使自己與下屬的行為，獲得強大持久的優良表現。具體作法如下：

■ 文化

企業文化，或部門與團隊文化，是促發決策與行為的強大工具。文化結構是社會行為的關鍵動力，因為文化會誘使人們了解組織隱含的價值觀，使其自然而然處於特定的思維中，進而做出相應的行為。也就是說，企業文化必須能反映真正的組織價值觀與每日實際的群體經驗，而不只是虛有其表的口號或公司網站搜尋條目，因為這將無意識地影響員工大腦被促發的方式。

因此，你必須公開組織的工作信念，並理解它在各種情境中對於特定行為的促發有何影響，例如：會議、協商、口頭報告等。

■ 訊息情境

訊息無法與訊息出現時的情境或媒介切割。促發效應使得大腦在接受、拒絕、解讀以及賦予訊息意義時，會以媒介之內隱含的感知為依據進行判斷；這樣的媒介有可能是一個人、一份電子報或一則臉書發文。這種情境線索又稱為「媒介促發」，與記憶的「內隱啟動」（implicit activation）有關，都是基於一種刺激（訊息出現的情境或媒介）對另外一種刺激（訊息）的態度。這意味著會議、公告、辦公室的牆面、內部網站、非正式的討論與不同的對象，都會產生不同的促發效應。因此，你必須慎選訊息媒介，用適當的媒介傳達適當的訊息，以免大腦做出相反的回應。

■ 符號

誠如學者奧爾特（Alter）於二〇一三年的解釋，符號能為思想與行為賦予很強大的力量，因為我們能輕鬆且快速地辨識符號，而且符號在我們的記憶中根深蒂固。符號是「意義磁鐵」，能立即檢索過往經驗在腦海中留下的各種關聯性，促發我們的特定態度、決定與行為。此外，符號也傳遞文化。

有一個相關研究備受討論，研究者促發受試者的方式，是讓他們接觸各種蘋果電腦與ＩＢＭ的標誌，接著，請受試者發揮創意，幫日常用品如迴紋針，想出不一樣的用途（這叫做「非尋常用途」測驗）。蘋果電腦組提供的創意用法超越IBM組，這顯然是因為大腦早已被灌輸蘋果電腦代表創意思維。蘋果電腦的標誌誘發了無意識反應，對大腦促發的創意超越了IBM標誌。這些發現，明確顯示我們和同事在職場接觸到的刺激，可能會對行為造成強大的連鎖效應。

請觀察一下你的工作環境，看一看你與團隊每天使用的內部文件，有沒有什麼特定符號能提升大腦的表現？有沒有抑制大腦表現的符號？設法消除抑制表現的符號，增加提升表現的符號。此外，探索一下哪些符號有幫助以及如何採用，藉此增加符號對團隊成員大腦的正面影響。

■ 語言

促發效應最初是在語言聯想練習中被觀察到的，而在那之後，促發效應已證實會減少大腦皮質的神經作用。也就是說，受到掌控的大腦區域碰到促發效應時，神經作用比較不活躍，這是因為促發效應會啟動內隱記憶，幫助我們以近乎自動的方式、在沒有察覺或意識的情況下，根據過往經驗執行任務。促發效應為大腦節省能量，幫助我們有效率地完成任務，同時有效地管理時間。語言會增加促發效應的影響力，因此我們必須謹慎使用語言來啟動自己與他人的內隱動機。在這個前提下，企業用特別設計過的詞句來傳達價值觀、反映企業核心理念，是相當合理的作法。

以鞋子品牌TOMS為例，這家公司的價值觀與內部文件都有「給予」（give）一詞，目的是表明公司每售出一件商品，就會對有需要的社區「給予」幫助。市面上給予領導力建議的詞彙，多如繁星，而這些詞彙確實能誘發正面的改變、改善行為。不過，我們建議你創造適合自己的角色、期望、組織與團隊的詞彙。語言會把人（包括你自己）帶進特定的思維內，所以使用語言一定要特別謹慎小心。

■沉默

我們經常觀察到，組織裡的想法與作為之間相距甚遠。在許多情況下，辦公室員工與「現場」工作人員（例如：工廠或一線員工）經常非常脫節。這種脫節的現象及其衍生的風險，啟發了許多經理人展開所謂的「走動式管理」（management by wandering around，簡稱MBWA），目的是幫助白領階級與實際情況接軌，提出有效的改善措施，尤其，是需要積極解決問題的時候。話雖如此，辦公室裡的談話數量仍多得令我們震驚，包括：會議、口頭報告、下屬彙報等等，但可惜大多缺少果斷的行動。

二〇〇八年，學者弗萊格（Flegal）與安德森（Anderson）以「語言遮蔽效應」（verbal overshadowing effect）為題做的一項有趣研究，或許能解釋這種情況。他們請技巧高超的高爾夫球員先實際示範一次，接著進行口頭討論（有些人說明打球技巧，有些人則是談論其他話題），討論結束後再示範一次相同的球技。口頭描述球技明顯削弱了他們的表現，相反地，討論其他話題的球員表現未受影響。這證明了語言遮蔽效應確實會在你與團隊想要複製過往成就時，使你們的努力大打折扣。對專家的大腦效能來說，過度討論與過度思考似乎都會造成負面影響。因此，減少無止盡的解釋、增加有目標的行動才能讓大腦做好準備，複製過往的優異表現。

練習：建立促發條件表格

請畫一張表格，橫向六列，縱向兩行。第一行的第一格填入標題：促發條件的面向。往下的五格填入前面提過的五種促發條件：文化、訊息情境、符號、語言、沉默。第二行第一格填入標題：組織元素。第二行往下的五格填入你的組織、部門或團隊裡可能會影響促發條件、帶來正面或負面結果的特定面向。

最後，寫下結論，下次你必須為團隊做決定時，拿出這張表格與結論仔細思考一番。

習慣的除舊布新

不假思索的例行公事或習慣，在我們的日常行為中占據很大的比例，只是我們未必有所察覺。研究顯示，有高達四十五％的日常行為幾乎每天都會在相同的地點發生。這意味著我們有將近一半的行為會自動發生，以減少我們對認知造成干擾。這種機制為大腦節省珍貴的能量，讓大腦把能量輸送到有需要的區域與功能。如果我們必須有意識地考慮和分析每一分鐘採取的每一個行動，超量的資訊會把我們壓垮，進而限制我們完成任務的能力。

為此，對領導潛能有益的習慣應該維持並加強，反之，對領導潛能有害的習慣就必須改正成新習慣。不過這兩種作法的前提是，我們知道自己有哪些習慣以及如何處理它們，因為習慣對行為影響至深，不容忽視。

位於神經的習慣迴路，也就是大腦負責形成與保存習慣的區域與連結，學界直到近年來才逐漸有所了解。無意識心智的「強化後效」（reinforcement contingencies）決定了哪些行為會獎勵我們、哪些不會，並透過思考「獎勵預測錯誤信號」來評估我們選擇的行為帶來的結果，最後形成或不形成習慣。大腦無意識地把我們推向它認為獎勵更高的行為，若行為真的帶來獎勵，而且相同的行為一次又一次帶來獎勵，這種強化的效果就會形成習慣；這正是雖然我們有意識地認為某些行為有害，例如：吃太多垃圾食物，卻很難戒除的原因。因為強大的無意識心智從自己的角度去決定和評估獎勵後，把我們推向某種行為，受我們控制的思想對此無能為力。若無意識心智喜歡一種我們在意識上（理論上）認為負面的獎勵，猜猜看哪一方會獲勝？答案顯而易見。

大腦的新皮質、引導程序性學習的基底核（basal ganglia）與中腦，都與習慣的形成與維持有關。因此，行為無論是刻意的還是出於習慣，或多或少都有這幾個部位的參與。而關於習慣的形成與維持，有以下三步驟：

一、**探索**：新皮質在第一個步驟較為活躍，它在偵測到一種新的行為之後加以衡量。

二、**形成習慣**：當我們重複同一種行為時，基底核會變得非常活躍，行為帶來的獎勵也會強化反饋迴路。

三、**印記**：習慣藉由神經可塑性確立下來，令人驚訝的是，新皮質有一部分持續保持活躍，彷彿默默允許我們把習慣留下，而這個部分正是我們改變習慣的機會。

建立習慣需要時間。在實體環境中觀察人類（而不是像許多習慣實驗一樣使用小老鼠），發現一種習慣的養成（意即成為自然行為）平均需要六十六天，最少十八天，最多二百五十四天。這意味著習慣不是一夜之間養成的，若想藉由神經可塑性鞏固大腦裡的新通路，獎勵的重複出現與確認，非常重要。習慣一旦建立，受控制的思維（意識）所表達的新目標與舊目標，就都不太會干預習慣。不過對新的習慣來說，目標很重要，無論是建立習慣還是長時間維持直到習慣確立下來，都是如此。

與個人習慣一樣，群體也可以建立群體習慣。管理學理論有個相似的觀念叫「組織常規」（organizational routines），意指組織內部系統性的重複活動。有些人認為，組織常規是執行任務的必要手段。常規能為組織帶來穩定，而新的常規能帶來變化。領導者應將組織常規視為潛力無限的群體習慣，可以在維持或改變企業內部現況時發揮關鍵作用。

如果你希望自己與團隊都能建立並維持有生產力的好習慣，就必須對養成這種習慣的目標達成共識，並確保這個目標能不斷在情感上獲得強化。舉例來說，若想在每次開完重要會議後花點時間思考建議事項，卻發現自己並未真正做到，可為這件事設定一個動機強烈的目標，並在每次走進和走出會議室時都用這個目標提醒自己，它就會慢慢變成一個新習慣。具體作法，可以在電子行事曆上設置會議後的自動提醒通知，明確指出目標與你應該採取的行動；我們的客戶都說這個方法很有用。定期記錄這個新習慣帶來的改善，就能藉由獎勵進一步鞏固習慣。

曾獲普立茲獎肯定的美國記者查爾斯・杜希格（Charles Duhigg），於二〇一二年的著作《為什麼我們這樣生活，那樣工作？》（*The Power of Habit: Why we do what we do and how to change*）中，把習慣迴路描述得淋漓盡致。他在書中除了解釋習慣迴路有多重要，也告訴我們習慣迴路如下：

一、**信號**：信號觸發大腦進入自動模式，並擷取出特定的習慣。

二、**慣例**：信號觸發具體的（行為）、心理的（思想）與情感的（感受）過程。

三、**獎勵**：慣例帶來的結果，這是大腦渴望的結果，也是習慣的存在目的。

若想改掉某種習慣，杜希格建議保留原本的信號與獎勵，更換新的慣例；他稱之為「改變習慣的黃金法則」。本質上，這種方法是用特定的信號獲得相同的獎勵，但行為有所改變，因此習慣也會隨之改變。比如說，如果你在團隊裡習慣扛起比別人更多的工作，目的是獲得「有價值的團隊成員」的情感獎勵，或許可以改成透過團隊合作來幫助團隊提升工作效率，如此一來，也能獲得同樣的情感獎勵。

此外，用不一樣的慣例來獲得相同獎勵，也是處理習慣的方法之一。另一種方法是從信號下手。第一種策略是完全避開信號。如果你忍不住想查看新郵件或新來電，可以將電話關機或關掉 email 的通知功能；如果每次開會都因為某個團隊成員嘲諷同事而搞得氣氛惡劣，可以私下找這位成員談一談，請對方不要再使用這種導致群體衝突的信號，或許就能阻止這種令人不愉快的行為。若信號與環境有關，改變環境就能消除信號，如此，習慣自然就再也不會被觸發。例如：改變開會地點，在公司內外不同的地方舉行會議效果奇佳，能消除商務會議經常討論過於冗長的毛病；這是我們的經驗談。換辦公室、換工作地點、換職位、甚至換工作，都能有效達成戒除以上習慣的目標。

如果信號無法消除，例如：老闆評估業績時總是過度挑剔，導致下屬習慣以順從回應，或許可以先從留意信號與慣例開始。想要抑制信號觸發自動反應，你需要使用逃避策略，也就是對信號與信號的反應保持警戒，這樣才能改變後續的行為。然而這種方法很困難，因為意識心智必須「用力」改變行為。不過，若自己能保持高度警戒，加上他人從旁協助，這種方法就會很有用。因此，請身旁的人幫忙注意我們習慣性的自動反應，信號出現時趕緊告訴我們，這樣大腦才會開始慢慢轉向，這一點至關重要。最後，做為一種結構性的干預手段，訓練也可以重新制約大腦對環境信號的反應，就像懲罰可以消除完成習慣迴路帶來的愉悅感。

美國實業家詹姆斯・克利爾（James Clear）是《原子習慣》（*Atomic Habits: An easy and proven way to build good habits and break bad ones*）的作者，他在接受《哈佛商業評論》訪問時提到培養好習慣的兩大方法，一種是行為導向，另一種是認知導向。**他把行為導向的方法稱之為兩分鐘法則：用兩分鐘的行為朝你想要的習慣跨出一小步**。既高遠又不切實際的目標不但需要耗費大量腦力，還得大刀闊斧改掉眾多壞習慣。與其追求這樣的目標，不如把目標拆解成容易達成的、簡單的小小步驟，完成這些步驟只需要一點點時間，而且可以盡快開始。此外，快速成功的獎勵會使你想要趕快跨出下一步，久而久之，新習慣就會與你同在。至於認知導向的方法則與自我形象有關。與其把注意力放在劇烈的行為改變並因此焦慮不堪，不如先試著想一想行為改變之後，你想變成怎樣的人。他建議我們先在腦海裡深切地想像和感受自己想達成的嶄新形象，然後時不時拿現在的自己去對照新形象，這有助於正面的行為改變。他是這麼說的：

你的目標不是跑馬拉松，而是成為一個跑者。當你為自己賦予新的身分之後，就不會追求行為的改變了。你只是讓自己的行為符合心目中的形象而已。所以我的想法是：真正的行為改變其實是身分改變。

雖然，現在我們對習慣的建立與作用，已有不少認識，但仍有許多祕密尚待發掘。二〇一八年，學者阿瑪亞（Amaya）與史密斯（Smith）驚訝地發現：

像「習慣」如此直觀簡單的東西，在科學上居然呈現出如此高度的複雜性。近來的行為神經科學研究發現，習慣有強度分級，會與其他策略爭搶對行為的掌控；出現之後的每一刻都是部分受控，而且包含多種時段與大腦迴路的神經活動變化。

他們認為有許多問題尚待回答，包括一個非常重要的問題：「正面強化的習慣」與「負面強化的習慣」究竟有何不同？早期的研究結果發現，負面強化的習慣其形成的速度較快，但這兩種習慣之間神經化學作用的差異有待更多研究才能釐清。

無論如何，阿瑪亞與史密斯認為習慣可能是表現優化的徵兆，這是習慣的好處；但習慣也是一種不再關乎目的性、環境變化與特定目標的行為，而這可能是習慣的嚴重壞處（視情況而定）。遺憾的是，我們經常看見經理人、團隊、甚至企業內部的所有部門成為習慣的人質，這些習慣的存在原本極為有益，現在卻只能滿足私利。優秀的領導者會提供正確的信號、新的慣例、在適當的時間強化行為，啟發大家做出改變。

總之，**習慣是大腦主要的自動反應，如果想要成為成功的經理人與領導者，就必須了解和善用習慣**。我們必須擺脫對目標無益的習慣，建立對目標有益的習慣；好習慣能節省珍貴的腦力與時間，幫助我們輕鬆拿出優異表現。《時代》（Time）雜誌稱譽為「人類潛能的導師」的史蒂芬・柯維（Stephen Covey），其全球暢銷書《與成功有約》（*The 7 Habits of Highly Effective People*）於一九八九年首次出版，被視為有史以來最暢銷的商業書籍之一。他在書中建議組織人士培養能使他們自然而然、出於直覺和衝動就可獲勝的習慣。以下是他建議的「領導者習慣」：

- 積極主動。
- 心中常懷目的。
- 雙贏思考。
- 先求了解，再求被了解。
- 一加一大於二。
- 精益求精。

習慣形成與維持的神經科學原理能幫助我們做到上述六點，前提是我們能否深入了解習慣如何發揮作用，以及背後的原因。你想建立哪些領導者習慣？今天就開始，因為建立習慣需要時間。跟習慣一樣，你的努力將獲得相應的獎勵。

練習：利用SRHI建立習慣地圖

SRHI指的是「自我回報習慣指數」（self-repot habit index），這是由學者維普蘭坎（Verplanken）與歐貝爾（Orbell）依據習慣的重要特質，於二〇〇三年開發出來的工具；這些特質包括習慣的重複歷程、自主性與表達認同等等。SRHI透過十二個問題找出習慣的強度，這十二個問題分別是：

XXX行為是……

一、我經常做的事。

二、我自然而然會做的事。

三、我做完不會特別記住的事。

四、我如果不做會覺得很奇怪的事。

五、我不用思考就能做的事。

六、我得花點力氣才能忍住不做的事。

七、我（每天、每週、每個月）例行公事的一部分。

八、我不經意就開始做的事。

九、我很難不去做的事。

十、我不需要猶豫就能做的事。

十一、就像是「我」會做的事。

十二、我已做了很久的事。

接著，請用一到五分的「不同意－同意」量表，回覆上述十二個問題，就能算出習慣的整體強度。至於我們如何利用SRHI幫助組織裡的個人與團隊建立「習慣地圖」，有以下四個步驟：

步驟一：選擇三個想要保留的好習慣，三個想要改掉的壞習慣。我們會建議你請組織裡跟你合作最密切的人幫忙選擇。

步驟二：完成六個習慣的SRHI評分。請至少兩位工作上與你最親密的同事一起幫你的習慣評分（不是他們自己的習慣）。他們能為你的習慣提供更客觀的意見。將你們的評分總和之後，算出平均值。依照分數一一列出好習慣與壞習慣的強度，這將是建立習慣地圖的基礎。

步驟三：不分好壞，寫下有效處理每一個習慣（包括你想加入的新習慣）應該採取的行動。好習慣需要鞏固和進一步強化，壞習慣則必須慢慢削弱至戒除；請遵循本章的建議確實執行。

步驟四：堅持到底，盡可能留意正面與負面的強化作用並借助團隊討論，視需要增加或減少某些行為。習慣很難戒除，但也不能任其自然發展或改變。

別忘了這十二個SRHI問題不是鐵律，可以依照組織環境與工作性質進行修改。也別忘了若想改變習慣，有同儕的支持會比單打獨鬥更輕鬆。你可以跟團隊成員攜手重複這個練習，建立團隊的習慣地圖。算出團隊的SRHI分數，對照團隊成員的個人分數。無論是個人還是團隊的習慣地圖，都要至少等六個月後再重複一次以便確認進步程度。若真的有進步，請好好慶祝！

回歸實體世界

我們居住的世界愈來愈數位化；無論是為了工作還是私人原因，幾乎白天、晚上都在上網。我們與數位世界的互動如此密集，為此，大腦不可能沒有改變。我們的大腦努力地適應這種新情境，這很自然，因為大腦會適應外在環境的各種顯著改變。

有些人認為，大腦適應是正面的，有些人則認為是負面的。正面一方如《雲端大腦時代》（*Smarter Than You Think: How technology is changing our minds for the better*）的作者克萊夫・湯普森（Clive Thompson），他相信使用新科技會使大腦變得更加快速高效，原因是更先進的合作機會、更容易取得全球關鍵資訊，以及掌握生活各個面向的能力。負面一方則如《i混亂》（直譯，*iDisorder: Understanding our obsession with technology and overcoming its hold on us*）的作者拉里・羅森（Larry Rosen），他相信我們對行動裝置的迷戀已符合大腦病理的徵兆，例如：成癮、高度自戀、注意力缺失、強迫症行為等。基本上，以上這些看法顯然是同一件事的一體兩面，這些新科技對大腦的長期影響究竟是好是壞，還有待觀察。

然而，不可否認的，人類大腦透過與實體世界的密集互動演化了數萬年，這樣的互動在我們的無意識心智裡創造出無數基於「經驗法則」的思維與反應。我們的感官每天接觸到各種刺激，而這些刺激向大腦發出的信號強度超越我們所想，並以令人驚訝的方式影響著無意識心智的行為。察覺和了解這些影響我們強大無形思維的力量，能使我們在追求目標時享有操控它們的優勢。歡迎來到「物質凌駕心智」（matter over mind）的世界。

我們就是大腦，大腦住在我們的身體裡，而身體則住在我們身處的特定環境內。把大腦、身體和環境分開考慮非常不切實際。哲學與心理學的「體現認知」（embodied cognition）概念，提出令人信服的論點，那就是：大腦、身體與環境密不可分。大腦、身體與更廣泛的生物、心理及社會環境，對心智的運作方式至關重要，直接影響我們的思想、感受與行為。這個觀念認為，認知主要來自大腦感覺動作區域的交互作用，也就是幫助我們接收刺激並做出相應行動的感覺與動作系統，在神經活動上與身體，以及跟身體互動的環境整合起來。顯然，開發ＡＩ系統的科學家早已發現，ＡＩ與機器人的挑戰不是在於用較少的運算複製高等推理能力，真正的挑戰是複製低等的感覺動作能力，這些能力需要大量以無意識運算為主的運算，進而能讓我們快速有效地與實體世界互動，以達成維持生存和繁衍的目的。換言之，**無意識的力量使人類成為獨一無二的物種，我們不能繼續忽視無意識的重要性，或以為無意識會損壞我們至高無上的智慧**。我們應該知道這樣是不對的。領導者若想要改善團隊、組織與社會，就必須正視無意識的作用。

此外，心智對實體世界的仰賴，亦鮮明地反映在語言上。我們每天都運用具像的比喻來表達自己，如：本週行程「繁重」、昨天做的決定很「清晰」、我們經常「推動」改革、我們的對手終於「放下」對我們的仇視、這支團隊並未真正「掌握」新公告的重點、新的執行長比前任執行長「冷漠」。比喻用法多不勝數，證明大腦在演化過程中，已發展出深思周遭環境的強大能力，有時甚至不會把自己與環境徹底切割，目的是用更實際的視角判斷情況，做出最佳回應。

因此許多心理學家、神經科學家與哲學家都認為「人類能客觀超然地觀察眼前的事件」是現代思維的重要前提，然而，這不僅是錯誤的，而且還非常危險。如果我們沒有時刻積極地與周遭環境發生互動，運用所有的感覺與強大的腦部功能，只會淪為「在腦海裡空想」，進而與現實脫節。二〇〇六年，被譽為「世界教育部長」的肯・羅賓森爵士（Ken Robinson）在其TED演說「學校是否扼殺了創意？」（Do schools kill creativity?）中指出，許多學者與現代專業人士都有這個毛病；不幸的是，我們的確在許多企業和培訓課程中都曾看見這種情況。世界各地都有許多企業人士因為被誤導而相信心智不但獨立於大腦、身體和環境，而且心智是它們的主宰；這些人過度分析、過度嚴肅、過度抽離，他們堅信真正的領導者就應該是這副模樣。這與大腦的運作方式背道而馳，也無法像真正的領導者那樣激勵、發揮和成長。

那麼，實體環境對人類行為到底有多重要？以下幾個實驗結果或許值得深思一番：

- 手裡短暫握著一杯熱飲，而不是冰飲，會讓我們覺得別人的個性「比較溫暖、大方、親切」。
- 若手裡握著發熱的治療墊，而不是冷的治療墊，為朋友選擇禮物的機率會高於為自己選擇禮物。

- 若手裡拿著很重的文件夾板，而不是輕的文件夾板，我們會賦予外幣較高的價值、增加決策的公平性、思考過程更加一致，而且會比較堅持己見。
- 學者艾克曼（Ackerman）等人於二〇一〇年的系列實驗發現，坐較硬的椅子會使我們在協商時態度強硬；解開困難的謎題後會使我們變得較不願意與人合作；跟觸摸硬物相比，觸摸柔軟的毯子會使我們對別人的個性賦予正面評價。艾克曼等人認為，觸覺對整體存在感的影響甚鉅：「觸覺是身體發展的第一種感覺，也是獲取資訊和操控環境的重要工具。觸覺經驗可建立一種本體架構，幫助發展內在個人與外在人際的概念性和隱喻性資訊，也能做為運用這些資訊的跳板。」

每當我們向觀眾與客戶呈現這些科學證據時，他們的反應通常是驚嘆不已，也有些人抱持堅決懷疑的態度，畢竟我們很難相信握著一杯熱咖啡或坐在一把較硬的椅子上，就能改變企業與機構內部的群體行為。這顯示我們在心理上與實體環境切割得很徹底，總認為認知作用是獨立、不受影響、客觀的。然而，愈來愈多相關研究都發現事實正好相反，而這項研究結果，啟發了美國心理學家塞爾瑪・洛貝爾（Thalma Lobel）寫下《知覺》（直譯，*Sensation: The new science of physical intelligence*）這本書，英文書名中的「physical intelligence」（身體智能）指的是「體現認知」對我們發揮有益的作用，沒有造成困惑與誤解的行為。「身體智能」是一個很貼切的詞彙，反映出大腦有能力詮釋實體環境的信號，以便判斷該往哪個方向移動，而那些懂得善用這種能力的人將享有更好的競爭優勢。

洛貝爾在分析感覺如何影響無意識心智，並促發我們採取行動時，提出了觸感、重量、色彩、距離、亮度、潔淨度、高低，以及我們每天使用的比喻型詞彙等因素。她的結論是：

> 一旦你察覺到這些影響以及比喻的力量，就可以好好利用它們……留意身體的感覺，然後評估這些感覺。與身體的感覺保持一致，就能擁有身體智能。否則的話，你的感覺只會產出數據而已。有了這樣的新覺察，或許就不會再像過去那樣，讓無意識的比喻聯想，左右你對他人的判斷和評價。

這是體現認知帶給我們的珍貴啟示。忽視或否定體現認知的存在，會使我們更有可能依照偏見採取行動，對現實的看法也會變得扭曲。也就是說，我們可能會做出糟糕的決定和令人誤解的行為。接受和利用體現認知有助於提升表現，久而久之，或許它就能成為善用大腦的領導者手中的一把強大武器。

我們會建議合作夥伴先用一種具體明確的方式，感受周遭環境，例如：先從留意空間裡的細節開始，用心感受這些細節如何改變他們的想法與行為。此外，我們也會請他們特別注意實體環境對他們造成怎樣的影響，如：

- 每天的心情。

- 特定思緒的重複。
- 與同事和組織內其他人之間的親近和情感連結程度。
- 創意潛能和創新的直覺反射。

另外，就連身體的姿勢也會以驚人且強大的方式，促發情感狀態。我們可以刻意用某種姿勢製造我們想要的心理效果。換句話說，身體可以改變心理。還記得嘴裡咬一支筆就能用假笑製造快樂的練習嗎？無意識心智、身體和實體環境之間的互動，會對意識心智產生強烈的促發效應，若沒有受到正視與控管，我們的想法和行為可能會出現嚴重錯誤。話雖如此，演化已教會這套系統辨識哪些作法有用、哪些沒用，因此順從本能不等於自動放棄。事實上，在培養應付複雜與動態環境的專業領導力時，本能和直覺發揮的作用最為重要。

專業能力與自主性

當我們思考一項任務時，分析得愈精細，或許就代表我們愈沒有處理這項任務的專業能力。仔細想想，還在學習騎腳踏車時，我們必須思考這項任務的方方面面才能避免跌倒，但學會之後，騎腳踏車就不太需要思考了。我們可以用自動駕駛模式騎車，邊騎邊想別的事情。換言之，你愈用力思考一個問題、一項任務或一個新觀念，就愈表示你必須培養新的專業能力，而不是代表你已經具備這種能力了。

一九九六年，荷蘭心理學家兼西洋棋專家阿德里安・狄古特（Adriaan de Groot）以西洋棋頂尖高手為對象，做了一項重要研究。狄古特發現他們都具備一項卓越能力：「快速捕獲、保留和回憶一場未知的複雜棋局資訊：棋局的關鍵、結構和幾乎每一顆棋子的精確位置。」這項研究發現，專家處理新資訊的速度很快，而且產生直覺反應（透過大腦的直觀推斷或捷思）也比產生受控的、有意識的思想來得快。雖然專業能力在大腦裡有複雜的神經通路，但主要是位在皮質下一個稱為「小腦」的區域。

近年來小腦被發現與人類獨有的特質演化有關，例如：「技術智能」（technical intelligence），原因是人類祖先的小腦發展比新皮質快速許多。更令人驚訝的是，小腦甚至與創造力有關。最新的科學觀念指出在我們進行日常工作時，小腦對我們的思想與行動都有舉足輕重的影響。雖然過去的皮質中心理論認為專業能力與「天賦」等個人特質，在大腦內部是一個由上而下的過程，但最新研究則認為，小腦在專業能力的發展上扮演更重要的角色，因為行為的精細化主要發生於此。傳統科學界認為，這樣的精細化只發生在運動相關行為收尾的動作上，但近來的觀念是，與學習有關的其他大腦功能也會精細化。簡言之，**負責「熟能生巧」的是小腦，而不是意識心智**。想要發展真正的專業能力，就必須深入腦部。

不過，這也並不代表專業能力的培養，是全然自動化的過程；恰好相反，面對亟需新解方的危急情況，思考與行為需要意識心智與無意識心智攜手努力。專業能力的快速模式辨識用在日常任務上沒有問題，但當我們面對混亂和多元面向的情況時，自動模式辨識必須搭配在腦海中快速模擬幾種可能結果，才能取得最佳效果。我們在第二章討論過，在嚴峻時刻只仰賴模式辨識非常危險。這正是美國心理學家蓋瑞・克萊（Gary Klein）在一九九八年提出的「辨識促發決定模式」（recognition-primed decision，簡稱RPD），最初是以美國消防指揮官的訪談為基礎，做為自然決策（naturalistic decision-making）的一個分支，亦即主要仰賴直覺的自動決策；模式辨識面對火災等危機非常有用。雖然，瞬息萬變的情況容易造成決策錯誤，但深思熟慮的分析又太慢了，根本發揮不了作用。因此**仰賴直覺從可靠的長期記憶中擷取經驗模式，再搭配意識心智對現場條件進行快速的情境分析（多達三種情境），或許正是當代**

提振腦力：你的專業能力從何而來？

回想並寫下去年你在同事面前展現高度專業能力的時刻，至少三個，至多五個。例如：在困難的會議上提供重要的意見、口頭報告後回答了很難的問題、在難纏的協商過程中提出致勝觀點等。重點在於這些時刻你的專業能力，對立即解決問題發揮了價值，而且你的同事顯然覺得你的專業能力非常厲害。

請為這樣的時刻製作一張表格，觀察你的專業能力呈現出哪些特性。它從何而來？是經驗、直覺、快速模式辨識，還是有意識的分析？這些因素各自發揮了多少作用？如何發揮作用？像這樣揭露專業能力在動態情況下的隱藏作用，能使你更加了解這些作用，下次需要出手救援時也能更有效地加以運用。

之後，當遇到類似的時刻也要繼續做此練習，因為像這樣慢慢累積有助看清自身專業能力，並對如何提升專業能力有更長遠的認識與理解。

專業領導力的正確組合。

就我們的經驗而言，深具影響力與啟發力的領導者都擅長將過往經驗納入決策過程，並且會把經驗與直覺對照於眼前情況、他人提供的資訊和快速的情境分析。他們相信直覺，尤其是當直覺對某一個決定或行為發出強烈信號的時候，他們會在心中消化直覺，並對直覺與其他選項可能帶來的結果進行比較。就我們看來，這正是大腦的神奇之處：每件事都是環環相扣、密不可分。因此，啟動正確的區域才會有正確的行動，這也是BAL領導力的核心觀念。

本章重點

如果你認為心智與大腦是兩回事，選擇性地認為意識思考凌駕在直覺和本能之上，你可能會經常對自己感到失望，還會經常被身旁的人激怒。這是因為我們的思考與行動不可能時時刻刻仰賴意識；更重要的是，從神經學的角度來看，我們不可能讓思想與隨之而來的決定跟行動「擺脫」直覺與本能。事實上，這麼做是很危險的，因為直覺與本能不但提供了日常生活非常需要的深層智能，也為意識心智空出了處理其他事情的空間。

另外，大腦的自主性是成為優秀領導者的關鍵，接受這一點將大幅加深你對自己和他人的了解，亦可提升表現。利用促發效應讓你自己和團隊的大腦做好正面且適當的準備，確定哪些習慣必須改掉、哪些必須加強，建立一個能把你自己和他人推上正軌的實體環境，這些都是善用大腦自動反應的關鍵作法。想要在充滿挑戰的時代成為真正的專家，就必須在了解直觀推斷、直覺與習慣的同時，也要掌握快速、分析、明確、有目標的思考方式。無意識心智對思想和行為影響巨大，而這一切的起點是：你的領導力大腦準備電位是幾秒？

關於「大腦自主行為」你必須知道……

■ 促發效應

促發效應是我們針對特定想法與行為，幫大腦做的準備工作，我們對它無所察覺，因此它才能發揮效用。特定的領導者行為，可以促發追隨者的行為，所以，促發效應是培養領導力的良方。至於創造正確促發條件有以下五種方式：

一、強調文化價值觀。
二、留意訊息情境。
三、不要忽視符號。
四、注意遣詞用字。
五、切勿低估沉默。

■ 維持或改變習慣

習慣的形成與維持有以下三個步驟：

一、探索：偵測到一種新的行為之後加以衡量並接受。
二、形成習慣：不斷重複受到獎勵強化的行為。
三、印記：習慣獲得確立。

改變信號並用不一樣的慣例來獲得相同的獎勵，就能改掉對你不利的習慣，從而建立你想要的習慣。

■ 熟悉實體環境

大腦、身體與更廣泛的生理、心理，以及社會環境之間的交互關係，對心智的運作至關重要，會影響領導者的思想、感受與行為，因此，要持續留意實體環境中的各種影響：

- 心情。
- 特定思緒的重複。
- 與同事和組織內其他人之間的親近，以及情感連結程度。
- 創意潛能和創新的直覺反射。

第四篇 人際關係

第七章 連結愈多，愈成功

成功是一條寂寞的道路？

她不相信任何人。她並非無法與人共事，恰好相反，她在不同的組織裡參與過許多高效團隊，甚至在她現在的組長職位上，也建立過團隊；只是剛入行沒多久，她就學會對待同事要小心提防，不可輕信。她印象很深的一件事情，是自己仍是資淺經理時，曾被一位非常信任的經理背叛。她經常向他坦承自己對公司某些作法的疑慮和異議，豈知，他竟然盡數轉告她的上司。她發現之後覺得遭到背叛，同時，在親友的建議之下，她漸漸對共事的人不再信任。如果她要出人頭地，這注定是一條寂寞的路。

這種作法一直很有用。她經常對朋友說，職場上的人際關係，與其後悔不如安全至上；「嘴巴閉緊，就不會有麻煩」是她的座右銘，因此她似乎不太習慣和同事維持溫暖緊密的關係。雖然她用友善、親切、親力親為的態度對待向她求助的人，但只要對方想進一步跟她培養感情就會碰壁；大家都知道，她戒心很重。雖然，她知道有些同事或許值得更真心的對待，但她不願意冒這個險，她說：「事前謹慎，好過事後悔恨。」直到她跟手下的副組長進行了離職面談；那次的討論結束後，她開始調整作法，最後慢慢改變自己的職場人際關係。

副組長比她年輕許多，但晉升的速度比她快，一直被視為公司裡的明日之星。副組長決定離職對她而言，是一大打擊，因為她一直打算自己升職之後，要把組長的位置交給這位副手。副組長為什麼要離職呢？答案很簡單：「我覺得我們的關係很疏遠。雖然這幾年我們合作無間，但是我好像沒辦法完全信任你，也無法超越傳統的上下級關係。你比較像是我的教練或老師，可以討論重要的問題，但是，我想從密切合作的夥伴身上得到更多東西。」

此外，她深入探究副手離職的原因之後更發現，現在的職場生態正在改變。公司內外都面臨強烈競爭，全球出現各種經濟危機，我們生活在全新的社會結構裡，難以預測和動態變化已是職場常態，以上這些因素都需要用不同的人際關係來應對。若想用有創意的方式處理混亂複雜的新問題，團隊內部與團隊之間需要更緊密、更深刻、更強烈的人際關係。「我是獨行俠，我誰也不相信，我靠自己取得成功。」這套觀念在過去幾十年或許行得通，但現在已不適用了。我們在職場上的工作、創造、解決問題與生活的節奏都變得更快速，超越了以往。決定成敗的不再是工作的相關技能與知識，而是日常合作的速度與效能。這個簡單的當頭棒喝動搖了這位組長的「情感獨行俠」信念，於是，在經過大量討論、個人研究和相關的指導之後，現在她已成為人際關係高手，以及人際合作的專家。

人類最佳的成功策略，是合作？還是衝突？經濟學家與行為科學家都試著藉由各種理論，回答這個問題，其中最有名（也可說是惡名）的例子，就是「囚徒困境」（Prisoner's Dilemma）。囚徒困境的設計目的，起先是為了證明人類「不合作」會比「合作」來得更有利；不過最終實驗結果，卻正好相反。

獨行俠思維在各領域都能成功並戰勝挑戰，然而，這樣的思維非但過時，而且危險。雖然在某些情況下，單打獨鬥比攜手合作更適切有效，但這種情況已漸漸變成例外，而非常態。幸好我們的大腦天生擅長合作與建立社交情感；透過理解人際合作的神經學與行為學基礎，我們可以用比以往更快速有效的方式，獲得合作的好處。大腦是天生的合作高手，若想藉由合作創造奇蹟，就必須真心渴望合作。

人類的囚徒困境

我們認為，囚徒困境是「過度」分析思維與人類自然行為之間的最典型衝突；我們的學生形容得很貼切，這是理論與現實之間的衝突。雖然，過去和現在的經濟學家都會用囚徒困境進行思想練習，試圖證明人類偏好自私勝於合作，但結果卻恰恰相反！著名經濟學家阿馬蒂亞・森（Amartya Sen）是一九九八年的諾貝爾經濟學獎得主，他曾說：「若行為完全符合經濟學的人，其在社會上會近乎白癡。經濟學理論一直忙著研究這個理性的傻瓜。」而囚徒困境突顯的，正是這一點。

這個賽局很簡單。有兩個人被警方逮捕但分開偵訊，警方提供他們兩個選擇。他們可以保持沉默（「合作」策略）或坦承犯罪（「背叛」策略）。兩種選擇的後果如下：

- 若兩人都保持沉默（都選擇合作），只會被判輕罪，入獄一年。
- 若兩人都認罪（都選擇背叛），兩人都會入獄五年。
- 若一人認罪，一人沉默（一人合作，一人背叛），認罪會被釋放，沉默則是入獄十年。

「你會怎麼做？」我們依然清楚記得自己還是學生時，初次看見囚徒困境的情況。精心計算後的合理選擇是「背叛」，因為背叛的最佳後果優於合作（釋放 vs 入獄一年），而背叛的最糟後果，也優於合作（入獄五年 vs 十年）。當一位同學在課堂上說出這個答案時，經濟學教授大讚：「非常好！這是理性思考的典型範例。做得好！」經濟學思維獲得勝利。問題是，遵循這種思維永遠得不到對雙方最有利的結果：兩人都入獄一年。可是有誰在乎呢？主流經濟學希望人類自私自利，就像英國演化生物學家理查・道金斯（Richard Dawkins）說的那樣「自私的基因將代代相傳」。**主流經濟學思維認為，自私是理性，合作則是原始和感性。**

曾獲諾貝爾獎的知名美國經濟學家約翰・奈許（John Nash）的人生故事，曾改編成電影《美麗境界》（*A Beautiful Mind*），由羅素・克洛（Russel Crowe）主演。奈許以數學計算出「奈許均衡」（Nash Unique Equilibrium）來解決囚徒困境等社會賽局，證明了最好的理性策略並非合作，但是，在現實生活中並非如此。理查・塞勒（Richard Thaler）是美國行為經濟學之父，他曾於二〇〇八年與美國經濟學家凱斯・桑思坦（CR Sunstein）合著《推出你的影響力》（*Nudge: Improving decisions about health, wealth and happiness*）。而在二〇一五年，他用略帶嘲諷的語氣描述傳統經濟學思想家總是被真實的人類行為嚇到：

> （囚徒困境的）賽局預測是無論另一人怎麼選，兩人都會選擇背叛，這是符合私利的最佳選擇。但是在實際實驗中，有四十％至五十％的受試者會選擇合作，這意味著若不是（如傳統經濟學思想家所認為）有大約一半的受試者沒搞懂這場賽局的邏輯，就是（如願意接受人類自然行為的人所認為）他們覺得合作才是正確的選擇，或甚至兩種選擇都正確。

正如許多古典經濟學觀念一樣，囚徒困境的主要問題，在於沒有考慮到真實情況。它假設人類在決策過程中無法溝通、無法改變心意、不認識彼此，而且只參加賽局一次。然而，在現實世界，尤其是我們每天身處的商業與管理情境，都與前述的這幾種「假設」正好相反。在許多情況下，我們彼此認識，也會在特定的場合結束後持續互動；我們會在尋找最佳策略時互相溝通交涉；我們在合作之前已對彼此有所耳聞，合作之後也將留下印象，因此，合作經常是最佳策略。

事實上，就連發生在真實監獄裡的情況，合作似乎也是首選策略，而非經濟學理論中的例外。美國《連線》雜誌（*Wired*）曾刊登過一篇文章，描述兩個賭客非法駭入賭城電子遊戲機的演算法，據說當時警方為了讓他們認罪，以某個版本的囚徒困境進行偵訊，結果，即便他們在落網不久之前曾大吵一架，並因此行跡敗露，但兩人偵訊時都保持沉默，最終幾個月後皆獲得釋放。此外，就連在無菌實驗室裡進行賽局，許多受試者依然顛覆經濟學家的預測選擇合作，因為我們天生樂觀，認為對兩個人來說最好的結果一定會勝出。人類面對囚徒困境選擇合作，而「經濟人」選擇背叛。你和你的同事是哪一種人呢？

關於選擇合作做為永續領導策略的實際層面，有兩本書影響深遠。一本是羅伯特．艾瑟羅德（Robert Axelrod）的經典著作《合作的競化》（*The Evolution of Cooperation*），另一本則是麥特．瑞德里（Matt Ridley）的《德性起源》（*The Origins of Virtue: Human instincts and the evolution of cooperation*），後者這本較受歡迎，也更平易近人。

艾瑟羅德的主要貢獻，是他籌辦了一場囚徒困境比賽，請參賽的軟體工程師提供特殊設計的程式。這些程式模擬出囚徒困境中的囚犯，而且必須包含以其他程式的行動與反應為依據的規則。參賽者每一次都必須在多場賽局中與彼此交手，而他發現，勝場最多次的程式不是偏好背叛的程式，也不是在任何情況下都盲目選擇合作的程式。

以下是我們以他的觀察與建議為基礎，彙整出適用於現代領導者提升合作正面效用的策略：

一、保持善意

不要先選背叛，一定要先選合作。若先選擇背叛，大家會認為這是你的預設策略，與你接觸時便會極度小心。尤其，進行艱難協商、與不認識的人開會，或是與公司外部的人互動時，一定要先展現善意才能建立夥伴關係。如此一來，也才能增加對方願意配合的可能性。

二、以牙還牙或禮尚往來

若對方先背叛，你便能以背叛回敬。碰到有敵意的對待時，不可視而不見。用背叛回敬對方，等於堅定地告訴對方：「我不是笨蛋，別小看我。」反之，若對方拿出合作態度，則可以毫不猶豫地同意合作。

三、寬容大量

即便要用背叛回敬對方，但在那之後仍要展現善意，這是跳脫「冤冤相報」惡性循環的唯一方法，因為這種惡性循環，對任何一方而言都沒有好處。寬恕與改善未來關係的意願是致勝的策略選擇之一。

四、積極溝通

現實版的囚徒困境，在職場天天都在上演，所以，不需要把人各自關在拘留室裡：積極交換可靠資訊，是實現共同利益的不二法門。多與人交談，觀察對方的語言和非語言反應，同時，避免刻意誤導和欺騙對方。

五、不要嫉妒

把注意力放在如何為自己加分，不一定要在一回合內就達到最高總分。為什麼呢？因為令人意外的發現是，在艾瑟羅德的比賽中每一回合都想得第一的人，最後總是失去領先地位。為此，專注於個人的進步而不是絕對的成績，這能幫助你達成皆大歡喜的結果。

至於麥特．瑞德里對合作、利他主義和道德現象，則是做了非常完整的闡述，也提供了絕妙的說明。他將自私的基因理論與常見的合作現象結合起來，指出「自私的基因有時會利用無私的個人來達成目的」。他在書中強調「雖然我們的心智是由自私的基因打造，卻被打造成具備社會性、可靠、合作的特性。這正是這本書試圖解釋的矛盾現象」。他用「如果你幫我，我也會幫你」的互惠策略，來分析我們為什麼與外人合作以及這樣的合作會成功。互惠不一定來自分析思維，因為「互惠是一種本能，我們不需要理性思考也能推論出『善有善報』」。艾瑟羅德說得很好：

單純的互惠就能成功，你的表現不需要超越與你互動的對象，這件事本身就有值得學習的地方。互惠的成功，來自吸引他人攜手合作，而不是打敗對方。我們總認為競爭只有一個贏家，例如：足球賽或西洋棋賽，然而，真實的情況很少如此。在大部分的情況下，對雙方而言，互助合作比互相背叛更有利。出類拔萃的關鍵不在於戰勝別人，而是吸引他人與自己合作。

練習：團隊中的囚徒困境

將你的團隊分成兩組，每一組至少四人。請第一組每人各自進入不同的房間，每個房間裡只能有一人。不要將夥伴的身分告訴他們。說明完囚徒困境的規則之後，告訴他們只有一次機會，請他們做出決定：合作或背叛？

第二組作法相同，但這次把全體組員放在同一個房間裡，彼此面對面，而且有三次機會。觀察兩組人馬的決定。接著，討論兩組採用的策略有何差異。為什麼會有這樣的差異？擴大討論範圍，問他們在真實的情況中哪一種策略最好。請他們依據自身經驗提供實例。或許你會發現偏好理性的組員會堅稱背叛最有利，而擅長自然發展人際關係的組員會偏好合作。試著用前文中艾瑟羅德的策略步驟，達成共識。

天生的社交動物

生活中的社會連結，對於我們是誰、我們的言行舉止和成就，有多重要？大腦這台機器只會為個人拚命加分，還是會幫群體維持平衡？我們應該獨善其身，還是應該分點珍貴的腦力在別人身上？領導力是自己的事，還是眾人之事？這些問題都是ＢＡＬ領導力模型的核心，因為神經科學、心理學與社會學等領域，都有愈來愈多令人驚訝的證據，甚至違反直覺的方式證明「我們」比「我」更重要。為此，領導者若是無法理解別人的大腦，並以有意義的方式與他人的大腦產生共鳴，這樣的領導者注定會失敗。

大腦是社會型的器官；社交關係對絕大部分的大腦作用和連結影響甚鉅，忽視或瞧不起社交關係只會對領導力的整體表現造成損害。我們的意識會觀察和思考我們的行為與周遭環境，這正是基於我們的社會性。許多知名心理學家與神經科學家，都將意識的存在歸功於社交關係，例如：英國心理學教授彼得．哈利根（Peter Halligan）與大衛．歐克利（David Oakley）對意識的看法是：

> 意識發揮作用時，已來不及影響顯然與意識有關的心智作用結果……我們認為意識是無意識心智的產物，意識提供的演化優勢是以社群的利益為目的發展出來的，而不是個人利益。

這個看法令人驚訝。看似讓我們在行為上與眾不同，甚至自私自利的特質、意識思考的獨特性，居然是無意識為了幫助我們以社群形態存活而發展出來的大腦功能，而不是為了讓我們單打獨鬥：是「我們」創造了「我」！然而，我們在公私生活中都觀察到個人主義當道的情況，因此這句話聽起來十分矛盾。

不過，根據二〇一五年哈利根與歐克利的研究明確指出，無意識心智會向意識心智播放資訊和決定，再由意識心智創造在實體世界中，發展適應策略所需要的個人化結構，例如：預測他人行為、散播特定資訊、根據外在刺激調整感知能力等。實際上，抱持這種想法的人不只他們兩人。

同年，美國神經科學家麥克・葛拉奇安諾（Michael Graziano）提出「注意力基模理論」（attention schema theory），主張意識存在的目的是偵測他人的意識，如此才能推測對方的行為。他在一場訪談中說了以下這段話：

> 我們感知得到他人的意識。對人類這樣的社會型動物來說，這個能力至關重要。觀察對方的外貌，把對方當成機器人去預測他們接下來的行為，光是這樣是不夠的。我們對他人的意識、想法、內在經驗有一種直覺的或本能的印象；我們用這種印象來了解別人、預測別人的行為、改善跟別人的互動。我們時時刻刻都在這麼做，事實上，察覺他人的意識是人類與生俱來的本能。

由此可見，我們天生就會利用注意力去無意識地「偵測他人藉由語言和肢體動作傳達的信號」，目的是了解對方的心理狀態並做出相應的行為。正因如此，這個理論才叫做「注意力基模理論」：我們用部分的注意力來捕捉別人的思想、感受和行為模式。

此外，另一位美國心理學教授路易斯・科佐里諾（Louis Cozolino）在他所著的《人際關係的神經科學》（直譯，*The Neuroscience of Human Relationships: Attachment and the development of social brain*）一書中強調「大腦與身體是生物有機體。它們也是社會有機體，就像神經元一樣。神經元必須跟其他神經元建立連結」。**如果人類無法在社會中建立連結，可能會被孤立甚或被踢出社會系統，就像如果神經元無法在大腦中建立連結，就可能會被孤立，甚至被踢出神經系統，後果不堪設想**。神經元必須為大腦建立新通路，才能保持健康、欣欣向榮；而人類也必須建立新的人際關係，才能保持健康、欣欣向榮。若想讓神經可塑性（前面的章節已介紹過）發揮作用並建立新的神經通路，大腦就必須獲得充分刺激，如若不然，我們成長的機會將會變少。在此，引述科佐里諾的說法再適當不過：

> 我們才正要開始了解人類不是獨立的個體，就像住在同一個蜂窩裡的蜜蜂；說不定，我們得花好幾個世紀的時間才會明白，我們彼此相連的程度超乎現在所想。

這段話是否說中了專業人士與組織的情況？經理人、企業、產業、甚至一個國家與所處的整體環境，若愈脫節，效能就會變得愈低落，進而最終邁向衰退。大腦是一個以連結、互動、信任與合作為主要活動的器官，人類的演化就是最好的證明。毫無血緣關係的個體能形成多層次的社交關係，還能在高度複雜和協調的團體活動中互相合作，這種獨特能力對人類的影響最為巨大。

亞利桑那州立大學的人類起源研究所所長寇蒂斯・馬林（Curtis Marean）相信，智人互相合作的非凡能力（他稱之為「超利社會主義」〔hyper-prosociality〕）並非後天學習，而是與生俱來的特質，而這項特質幫助智人擊敗其他相關物種，例如：尼安德塔人。雖然其他靈長類也會合作，但只有人類能根據聲譽和處罰，建構複雜的道德認知，從而進行大規模、有組織的合作，而這種能力賦予了人類優勢。

換言之，這麼說或許令人驚訝，但人類與其他物種真正的差別不是卓越的推理能力，而是社交技巧。根據研究顯示，黑猩猩和人類幼童在典型智力測驗中表現相當，但是人類孩童在社會認知技巧測驗的表現高出許多，例如：互相學習。因此，碰到有人大讚競爭推動個人、經濟與社會成長時，請提醒他們要不是大腦有合作、互相學習與社會公平性的傾向，人類將依然生活在洞穴裡，說不定早已滅絕！馬汀・諾瓦克（Martin Nowak）是哈佛大學的生物學兼數學教授，也是演化動力學計畫的主任，他說：「我們以為演化是狗咬狗的生存競爭，其實合作才是演化的動力。」

同理可證，**領導力應該被視為一種人際關係現象，這才是它的本質**。我們在最近的其他著作中指出，真正的領導者應該關心追隨者，也要彼此關心，將意識當成一種培養組內合作、相互依存與信任的工具，因為這些都是鞏固領導力的關鍵。事實上，二〇一五年，有一項研究使用超掃描技術（hyper-scanning），證實了領導者與追隨者之間的大腦連結能帶來許多優勢；這項研究發現，領導者與追隨者的神經活動會彼此同步，而且同步程度超過非領導關係。

神經元同步活動有各種正面影響。我們最近的研究發現，組織成員（包括員工與經理人）之間的連結程度超越他們與組織之間的連結程度，顯示組織公民行為（organizational citizenship behaviour）主要針對個人，而非組織。這對組織來說極為有益，因為組織成員對彼此的高度忠誠會帶來高度團結，而這樣的行為已證實是一種正面的組織結果。換言之，現代組織的領導者不能抱持著激烈競爭心態，也不能再感到自己與周遭環境格格不入。相反地，在面對必然的競爭與衝突的同時，全心全意擁抱合作將使他們進階為真正的ＢＡＬ領導者。

大腦中的人際關係地圖

神經科學已證實，大腦有能力在腦海中繪製實體世界的空間地圖（或示意圖），其目的是有效地辨識方向。不過，最新的研究顯示內在空間地圖（或示意圖）不僅只能用來辨識實體環境，也能用來辨識社交環境。

海馬迴負責情境學習與情節記憶，海馬迴裡的空間、網格與邊緣細胞會用一種特定的分類法追蹤我們身邊的人，幫助大腦判斷如何與對方互動。這種大腦使用的社交地圖分類法，依據兩項變因「評比」一個人：「權力」與「親疏」。權力，指的是對方和我們在社會群體中的相對地位；我們是上級還是下級……以及對象是哪些人？這項變因衡量的，是相對社會權力的多寡。至於親疏，則是指社交關係的遠近，其衡量基礎包括多種因素，例如：生物相關性、共同的理念與目標、過往的互動經驗等；對方是朋友還是敵人……以及在哪些時候？

基本上，大腦繪製社交關係地圖的機制，建立在權力與親疏上，並依此採取相應行動。不過，這個機制實際上沒這麼簡單。已有更多證據顯示，大腦在辨識實體與社交環境的過程中，會產生抽象的意識思考，這是此過程的產品或副產品。換言之，我們的心裡之所以會出現逼真、主觀、個人和轉瞬即逝的體驗，或許只是大腦在進行更複雜且重要的地圖繪製與方向規劃時所產生的副作用。二〇二〇年，學者薛佛（Shaffer）與施勒（Schiller）根據研究指出：

地圖無法精準呈現世界的複雜程度，只能呈現相對關係：地點之間的距離與方向，以及什麼地方有什麼東西。地圖把令人頭暈眼花的大量資訊，簡化成單純、容易閱讀的格式，方便我們有效、靈活地辨識方向。（海馬迴細胞）……將這些相關元素拼湊成一張心理地圖，其他大腦區域可以用這張地圖「導航」，慢慢走向適應性的決策過程。這張地圖幫助我們推測人際關係，包括從未經歷過的人際關係。這張地圖也使心理捷徑得以跳脫時空範圍。事實上，運用抽象概念的推理，說不定正是建立在像這樣的神經作用上。

大腦具備「停下來思考」的能力，科學上稱之為「抑制與規劃」，位在負責執行的大腦區域，可防止立即行動，讓你在做出相應的行為之前先對情況進行抽象模擬；這種由心智驅動的思考，幫助我們妥善規劃並成功執行無意識心智作用所做的更深層決定。用大草原的地圖尋找獵物以及獵捕食物的時候，這種心理以及深層大腦作用的價值顯而易見。人類不需要盲目攻擊碰巧遇見的獵物，再根據獵物的逃跑路線緊追其後；我們可以把更多腦力用來抽象模擬最佳路線與獵物的行動，以更快、更有效的方式狩獵。部落在叢林、平原與山區遷徙也是如此。此外，心智化與抽象模擬也可以應用在社交關係上。人類大腦不是根據對方的行為與內在衝動做出反應，而是重新創造一個抽象或不完整的社交地形模型，然後想出可能的社交策略以便在團體內部與團體之間成功暢遊。這正是思考存在的意義：不是做決定，而是繪製實體世界與社交世界的地圖，為深層的決定與需求想像成功的應用方式。

總的來說，無意識動機是決定，意識思考是執行。抑制與規劃曾幫助人類度過漁獵生活、遷徙和避開大自然中的危險，現在，抑制與規劃也幫助人類遊刃有餘地處理各種社交機會與威脅。

我知道你在想什麼

現在，我們知道大腦能理解他人的心理狀態，並利用這些資訊預測對方的行為；這個能力著實令人驚訝。對全球各種組織的經理人與領導者而言，這也是極為有用的工具。神經科學與心理學稱這種能力為「心智理論」（theory of mind，簡稱ＴｏＭ），代表社會型大腦的核心技能。ＴｏＭ的基礎奠定於一九七〇年代末，美國心理學教授大衛・普雷馬（David Premack）和蓋・武卓夫（Guy Woodruff）寫了一篇意義重大的論文叫〈黑猩猩是否擁有心智理論？〉（*Does the chimpanzee have a theory of mind?*）。他們在論文中寫道：

一個人將心理狀態歸因於自己和他人，就代表他擁有心智理論。因為心理狀態無法直接觀察，所以這樣的推論系統可視為一種理論，用來預測他人的行為。至於黑猩猩會推測出哪些心理狀態，不妨參考人類推測他人的心理狀態有哪些，例如：目標或意圖，以及知識、信念、思維、懷疑、猜測、假裝、喜好等。

簡而言之，ToM是人類具備的高等能力，能用來理解我們的大腦擁有認知、情感與行為功能，而且別人的大腦雖然擁有類似的功能，但是跟我們仍有區別。本質上這是一種「理論」，因為對於我們自己和他人的大腦裡發生了什麼事，我們只能用推測的，無法直接觀察。因此我們只好用「理論」或「可能的解釋」來推測別人的想法、感受或行動。誠如前面解釋過的，跟其他物種相比，人類的優勢在於大腦有能力意識到自己與他人的行動。因此，ToM可以說是擁有意識的主要意義。

ToM是一套複雜的系統，結合了負責記憶、注意力、語言、執行、情緒處理、同理心與模仿等大腦區域，高度依賴大腦發展與社會環境之間的多層次互動。

大腦與人類環境之間的互動至關重要，離群索居足以致命。認知與發展障礙的孩子，例如：自閉症與思覺失調症，都有使用ToM的困難。這是可以理解的，ToM動用到大腦皮質的多個區域，例如：與情感感知有關的前額葉、與臉部辨識有關的顳葉，以及更深層的杏仁核等結構。杏仁核的參與，意味著ToM能保護身心健康，然而若運用ToM啟動時杏仁核變得過度活躍，就表示杏仁核可能在別人的潛在行動裡偵測到危險，進而觸發逃避反應。若無危險，神經系統會允許趨近反應出現，使我們展開合作（本章稍後會進一步介紹杏仁核與信任之間的關係）。

與ToM健康作用有關的實驗，通常是給予受試者特定任務，用來揭露孩童或成人能否正確判斷對方可能對某件事抱持錯誤信念（成年人尤其顯著）。也就是說，看出對方的想法與現實有所落差，進而可能會導致錯誤行動。最有名的相關實驗是兩個孩童實驗：莎莉（Sally）與安妮（Anne），這項研究最早發表於一九八〇年代早期，研究者是奧地利認知神經科學教授溫姆（Wimmer）與佩納（Perner）。

想像莎莉和安妮這兩個孩子並肩坐在一起，手裡各自拿著一個盒子。莎莉手裡除了盒子還有一顆石頭，她把石頭放進盒子裡，然後放下盒子，走出房間。莎莉離開後，安妮打開莎莉的盒子，取出石頭放進自己的盒子裡。莎莉回來之後，參與實驗的其他孩童（每次實驗都是不同年齡層）被要求預測莎莉會打開哪個盒子找石頭。

若答案是莎莉的盒子，表示其他孩童正確判斷莎莉會有錯誤的信念；若答案是安妮的盒子，則表示他們沒有通過ToM測驗，因為他們沒有辦法看出莎莉的心智個體性，亦即莎莉的心智跟他們自己的心智無關，換言之，這些孩童的看法與真實情況不符。真實情況是：雖然大家都看到安妮換了石頭的位置，但莎莉不知道，所以莎莉當然只會打開自己的盒子去找石頭。

這個實驗與其他ToM實驗都顯示，解讀他人心智對人類的理解、學習與合作有多重要。

解讀心智不是超自然的讀心術，而是一種非常人性、以大腦為基礎的能力，可用來推測另一個

人心中所想：美國知名心理學家邁克・托馬塞羅（Michael Tomasello）稱之為「共同意向性」（shared intentionality）。尤其在團體中，想要團體成員凝聚共識不能少了它，它能幫助他們建立共同關注，最終攜手合作達成群體目標。解讀心智也稱做「理解意圖」，在健康人類身上是一種高度發展的功能，在人類的演化與物種優勢上扮演關鍵角色。

對領導力大腦而言，ToM更是意義深遠。從規劃、監督戰術執行，到與組織內外的許多人進行對話、辯論、協商，領導者都是核心人物。領導者必須能夠理解桌子另一頭的人（甚至未出席的人）處於怎樣的心理狀態，並解讀他們的意圖，這項能力，是成功決策的關鍵。若缺少這項能力，領導者只能盲目決定與行動。那麼，該如何提升解讀心智的技巧？怎麼做才能讓這種「第六感」發揮最大功效？

首先，讓我們先放下預設的成見：成年人一定比孩童擅長解讀心智，可隨時視需要輕鬆運用這個能力。成年人確實在自我中心與相對觀點的測驗上表現優於孩童，但雙方的差距並沒有如預期中來得大。有一項相關研究發現，孩童在執行實驗要求的任務時，有八十%的任務他們無法站在他人的角度思考，成年人則是四十五%；實際上，這樣的差異不算顯著。二〇一三年，加州大學洛杉磯分校的心理學、精神病學與生物行為科學系教授馬修・李柏曼（Matthew D Lieberman）曾對這項研究發表看法：

> 沒錯，成年人有很好的「心智化」能力，但這項研究顯示成年人沒有好好運用這項能力。或許是因為協助準確心智化的大腦區域必須非常費力才能發揮作用，而我們

的心智生性懶惰，不放過每個可以偷懶的機會。心智化時時都在發生，但這不代表我們都是心智化高手，也不代表我們沒有能力鍛鍊心智化。

所謂的「心智化」是理解「對方的行為來自心理狀態」的能力。李柏曼認為，問題在於我們太常依據自己的偏好與意圖，允許心理捷徑對他人的偏好與意圖，驟下定論；亦即，我們太常用自己的心理狀態去解讀他人心智，進而嚴重誤判，只因為我們沒有花時間去認真思考實況。此外，他也發現在運用ToM之前，若將腦力花費在非社會性的心理任務上，解讀的準確度會降低。相反地，在運用ToM之前的思考愈「社會」，或是盡量使大腦處於預設模式（放鬆或白日夢模式），解讀心智的表現就愈好。

我們可以（相信你也可以）在職場的日常中，發現許多落入削弱ToM陷阱的例子，包括我們自己。有多少次我們以為自己對他人發揮了同理心或「設身處地」為對方著想，其實只是把自己的心理狀態投射到對方身上？這正是最近一項組織的研究發現。

二〇一五年，學者哈圖拉（Hattula）等人以四百八十位經驗豐富的經理人為對象，進行了一系列實驗。他們請受試者先對顧客發揮同理心，再預測顧客想要的是什麼，結果發現預測的正確率極低。受試者嘗試發揮同理心卻反而加速「自我參照」（self-reference），因為他們在採取顧客視角的同時，啟動了自己的顧客身分：他們個人的消費偏好反映在他們要預測的對象身上。除此之外，自我參照的偏好預測會阻礙他們參考市場調查的結果，這突顯出錯誤的心智化會因為誤以為自己是箇中高手而雪上加霜。最後，也是最重要的，是他們發現被明確指示不要發揮同理心的經理人反而表現得比較好。

二〇一四年，芝加哥大學布斯商學院（Booth School of Business）的行為科學教授尼可拉斯・艾普利（Nicholas Epley）在其著作《為什麼我們經常誤解人心？》（*Mindwise: Why we misunderstand what others think, believe, feel and want*）中強調，我們不該用隨意想像對方需求的方式去發揮同理心。他建議，透過直接互動來了解對方的真實觀點，並稱之為「觀點取得」。他舉出許多實例，說明組織與個人都能藉由互動或直接探詢意圖，來了解對方的真實想法。這種作法的效果超越坐在辦公室裡用過往的知識、個人經驗與自己的偏好去猜測別人的需求。不過，他也承認直接開口詢問對方的觀點可能會造成問題。因此他建議在跟你想要「讀心」的人直接互動時，首先試著跟對方搏感情，讓對方感到自在。其次，討論時要盡量清楚明確。第三，認真聆聽並且換個方式複述，確認自己正確理解對方說的話。

最後，一群人一起運用ＴｏＭ會比單打獨鬥更容易成功。也就是說，如果你和同事想要理解別人在想什麼（顧客、供應商、其他部門的人等），你們一起做會比你自己單獨做更加成功。最近有一項研究讓受試者觀看影片聲明，請他們先獨自判斷聲明內容的真偽，再以群體的方式判斷一次。結果顯示個人和群體判斷實話的表現一樣好，但是群體比個人更擅長判斷謊話，包括善意無害的謊話與關係重大的刻意說謊。這項研究的學者指出：

> 這種群體優勢並非個人意見的統計匯總而成（「群眾智慧」效應），而是群體討

論發揮的作用。群體不是單純將個別成員的少量準確性最大化，而是創造了一種獨特的準確性類型。

以上這段話精準描述了團隊內部健康的大腦協同效應。眾志成城勝過一盤散沙，集思廣益的結果勝過一意孤行。這不正是團隊合作的終極目標嗎？

至於，解讀心智帶給ＢＡＬ領導者的主要啟發，則包括：

- 隨意推測別人的想法、感受與可能採取的行動，只不過是在投射自己的心理狀態，注定會失敗。
- 不要將自己的情況投射在別人身上，這對我們取得正確視角幫助很大。
- 解讀心智無法完全取代事前功課。市場、組織、產業與個人所做的調查不容忽視。
- 使用ＴｏＭ之前，盡量不要從事費力的機械性、技術性與分析性思考，這有助於提升解讀心智的結果。
- 放輕鬆、冥想、思考跟人有關的事情，都對ＴｏＭ的結果有幫助。
- 直接詢問對方的觀點（而不是瞎猜），方法是：創造舒適的情境，盡量保持清楚明確，認真聆聽，並且確認你已正確理解對方。
- 跟團隊一起使用ＴｏＭ。這會比你單打獨鬥更容易成功，尤其是揪出謊言；謊言若沒有被揪出，可能會使組織付出昂貴代價。

大腦內的鏡子

過去二十年，解讀心智、同理心、模仿與社會連結的觀念，在神經科學與心理學界引起熱烈討論，也就是所謂的「鏡像神經元」觀念。鏡像神經元會在人類執行某個行為以及看到另一個人類做出相同行為時啟動。

一九九二年，義大利研究者發表了一篇論文指出，獼猴的神經元不但會在自己做出某個行為時放電，也會在觀察到另一隻獼猴做出相同行為時放電。在那之後，無數的研究、意見與討論紛紛問世，有些支持並發展鏡像神經元理論，有些則是質疑鏡像神經元的作用，而不是質疑它們的存在。

認為鏡像神經元在個人生活、團體活動甚至文化中發揮更多作用的著名支持者，包括美籍印度裔神經科學家拉瑪錢德蘭（Ramachandran），他相信發現鏡像神經元跟發現ＤＮＡ同樣重要；另一位支持者是義大利神經科學家馬可·亞科波尼（Marco Iacoboni），他主張鏡像神經元是特殊的腦細胞，能幫助我們回答千百年來關於人類如何成功組建社會和文化的哲學與科學問題。然而，反對者的聲音也不小，例如：二〇〇九年，認知神經科學家希考克（Hickok）在鏡像神經元的相關研究裡找到多個實證問題；二〇一一年學者奇爾納（Kilner）則指出鏡像神經元的主要功能（理解行為）亦可藉由其他神經通路來實現。

無論如何，鏡像神經元確實存在，領導者應該知道它們的存在與潛在衝擊，包括與動作技巧相關的作用，或是更深層的情感作用，例如：同理心與社會連結。

至於在領導力的研究文獻方面，二〇〇八年學者丹尼爾・高曼與理查・波亞吉斯（Richard Boyatzis）在《哈佛商業評論》發表了一篇名為〈社交智慧與領導力生物學〉（*Social intelligence and the biology of leadership*）的文章，內容包含一個完整討論鏡像神經元的段落。**他們認為，鏡像神經元對領導力的發揮扮演重要角色，因為追隨者會根據領導者的行為，模仿領導者的心理狀態。**他們提到一項研究：把以負面情感信號收到正面評價的員工，跟以正面情感信號收到負面評價的員工相比，後者的整體感受較佳。這表示領導者展現情感與情緒時（主要藉由肢體動作）應謹慎小心，因為身旁的人會無意識地鏡像模仿他們的行為。

除了上述的證據之外，還有其他類似的研究，也支持鏡像模仿對領導力的人際關係來說是重要元素。首先，領導力被認為與「社會鏡像」（social mirroring）模仿現象直接相關，因為追隨者藉由模仿與領導者建立感情。此外，鏡像神經元的諸多作用之一，是讓領導者得以傳遞安全感。為此，若缺乏領導力，則能藉由潛意識缺乏社會鏡像模仿看出，這也跟壓力荷爾蒙皮質醇的增加有關。不僅如此，鏡像神經元似乎也和另一個重要的領導能力有關，那就是同理心。二〇〇七年，學者舒爾特－魯德（Schulte-Rüther）等人以ｆＭＲＩ進行實驗，發現鏡像神經元不只涉及動作認知，也和同理心等人際情感認知有關。換言之，鏡像模仿能幫助領導者和追隨者更快速地產生共鳴，進而建立情感連結或融入某個情境。

同樣地，鏡像模仿似乎也會介入領導者向追隨者傳達想法的方式。二〇一七年，學者莫倫柏

（Molenberghs）等人發現，追隨者認為想像領導者說話句句鼓舞人心，要比想像領導者說話了無新意來得容易。這項研究證實了我們在課程中與學生分享的一個例子。

當我們提到有人曾說過「我有一個夢想」時，大家都知道這個人是誰，對吧？但重點是，我們之所以很容易想起這位領導者，是因為他用鼓舞人心的方式向追隨者宣講。如果他當初說的是：「各位，我們面臨一個問題，現在請大家分組集思廣益，每組五人，一起想出解決方法」，能否同樣令人印象深刻實在很難說。鼓舞人心的溝通方式肯定會因為鏡像神經元的助攻而如虎添翼。另一方面，鏡像神經元系統似乎也會增強正面的領導經驗。也就是說，人類極有可能會鏡像模仿強大領導者的姿態、動作、肢體語言，以及他的整體思維。最後還有一件事：如果你發現上司或同事的思維與公司的目標不在同一條軌道上，請盡量不要鏡像模仿他們。因為，唯有被模仿對象對個人與團隊有利時，模仿才能發揮最佳效用。

實際上，模仿是一種強大的大腦機制，直接影響我們生活中各階段的發展、學習、群體同化與文化同質性、合作，甚至是創新。模仿是大腦與生俱來的基本功能。二〇一二年，根據學者麥基爾克萊斯特（McGilchrist）的研究發現，出生僅四十五分鐘的寶寶就已擁有模仿表情的能力，為此他認為模仿（科學上稱為擬態）：

> 讓我們跳脫經驗的限制，直接進入另一個人的經驗裡：這是藉由人類意識建立連結、分享他人感受與行為的方式，對另一個人的經驗感同身受……以同理心為基礎，以身體為依據。事實上，模仿是同理心的指標：同理心愈強的人，愈會模仿旁人的臉

部表情。

因此，領導者與經理人不應該假裝模仿並不存在，從而忽視自己塑造他人情緒、態度與行為的責任。現在「以身作則」的意義超越以往，因為神經元會自動且自然地複製、貼上眼前所見，這種特質令人驚訝。模仿的力量形塑了組織、部門、團隊的文化，而不懂BAL管理的人無法注意到這一點。基於我們在世界各地的工作經驗，我們堅信，模仿是打造企業或單位工作氣氛以及群體吸收理想價值觀最簡單的方式。我們只需要時時刻刻「言出必行」就行了。只要我們願意認可鏡像神經元與擬態的存在，並且在每日的工作上都以正確的方式加以應用，鏡像神經元與擬態就能創造奇蹟。

有助提升領導力的「弱連結」

領導者不是，也不應該是一座孤島，他們應該積極和組織內外的人建立連結，包括親近的人與私交圈子以外的人。不論是什麼樣的產業或組織，強大的人際網路從建立、維護到持續發展，都是現代領導力不可或缺的一部分。這是因為大腦做為主要的資訊處理器官，需要正確的資訊來源與輸入，才能透過想法、情感和行動等方式妥善輸出資訊。簡言之，與你的大腦互動的大腦品質高低和數量多寡，都會嚴重影響你的大腦在品質和數量上的表現。人類是真正的社會動物，

BAL領導者理解人類連結與網路的重要性，並且孜孜矻矻建立重要的連結。然而，面對以大腦為基礎的領導力和複雜的商業與組織環境，哪些連結是最重要的呢？

美國社會學家馬克・格蘭諾維特（Mark Granovetter）在一九七〇年代提出的經典社會網路理論「弱連結的強度」（the strength of weak ties），至今仍大受推崇。這個理論是理解和運用人際關係的絕佳心理工具。格蘭諾維特同時運用社會學分析的微觀與宏觀元素，嘗試為人際網路提供一個全方位的解釋。他認為，我們亟需觀察跟親近的人際關係（家族近親、朋友和同事）比起來，連結沒那麼強的人際關係。換句話說，我們必須把注意力（至少在工作方面）放在弱連結上，也就是比較疏遠或間接的人際關係，例如：點頭之交、不熟的朋友、同事和遠房親戚；過去，社會學不太關注弱連結，直到一九七三年才有所改變。

社會學認為，**雖然強連結提供的日常支持無可替代，但弱連結才能為群體注入必要且創新的思想、經驗與作法**。因此，群體必須跟擁有不同特質的人建立連結。所謂不同特質，指的是在不同的社經地位生活與工作。這個觀念適用於個人、城鎮、企業和組織，甚至也適用於各個工業區；工業區裡有數以千計的中小企業彼此競爭合作，以求在競爭激烈的全球市場生存。嶄新的想法、戰略資訊、跳脫窠臼的創新、變革倡議、另類觀點與顛覆性的技術，幾乎都不會來自共事太久、關係太緊密、疲憊不堪、壓力太大、彼此過度熟悉的群體。它們會來自不一樣的人類活動社經領域，而且需要受到群體的關注、考慮和最終的接受，才有可能推動進步。說得更直白一點，把你的組織想像成一顆群體大腦：如果接觸不到新刺激與新資訊帶來的挑戰，它會慢慢退化以致喪失功能。反之，如果它能多方建立並妥善利用與外在世界之間的「弱」連結，這顆大腦就能保持健康，神經可塑性能持續創造新的通路、機會與能力。

除此之外，如果想要讓弱連結發揮最大效果，它們在性質上必須不同於單純的「朋友的朋友」。只要積極使用這些新連結來為個人和群體創造新資訊，它們就不僅是疏遠的連結，還會是非常有用的連結；它們會成為橋梁。

我們以格蘭諾維特創新的方法為基礎，加上自身相關個案經驗，設計出一個簡單明瞭的矩陣來幫助領導者與經理人了解建立和維護正確橋梁的重要性，我們稱之為「領導力人際連結矩陣」（見下表）。

有生產力的活躍弱連結，可為領導者和團隊提供重要的戰略資訊，進而帶來改變、創新和進步。為此，不管處於哪個組織層級，領導者都應積極建立這樣的弱連結，因為這是領導者的核心責任，舉例來說第一步，領導者去參加研討會、會議和展覽時，必須抱持開放心胸與積極態度，才能拓展人脈。至於第二步，則是投入個人時間和這些人脈培養感情，保持人脈活絡以便獲得有用的資訊。記得，雖然無法利用的弱連結是潛在橋梁，不需要花太多時間維繫，但仍應將他們納入領導者的心理

領導力人際連結矩陣

	連結強度	
連結類型	動態（生產力）	靜態（無生產力）
強（親密）	積極的營運支援	潛在的死巷
弱（疏遠）	積極的策略橋梁	潛在的有利連結

雷達範圍，保持聯繫。至於強連結，如果能對領導者和團隊的運作有正面貢獻，就應該好好維護與培養，因為強連結提供的支援很重要，屬於日常人際網路。如果強連結是被動且負面的，領導者應設法提出挑戰，促使他們重新考慮自己在群體或團隊裡的角色。

我們在提供諮詢時經常建議一種叫做「小型且可控地震」的方法，亦即，領導者必須挑戰那些消極和負面的人，使他們重新思考自己的態度。挑戰的方式必須尖銳到足以引起對方注意，但是規模要小，以便維持控制。有時候領導者必須親身參與，以確保挑戰成功。不過親身參與本來就是領導者的分內之事，對吧？

總的來說，ＢＡＬ領導者不能受困於有害無益的親密關係，也不能沒有（社經上）疏遠但強大的「弱」橋梁。這些微觀與宏觀的人際關係，建構出我們實際生活與工作的人際網路。這些人際關係影響著我們的成敗與情感和心理狀態，而現在我們知道這樣的影響非常深遠，連研究人際網路長達數十年的學者都驚訝地發現，沒想到人際網路對各種人類境況的影響竟如此巨大。

朋友的重要性

根據美國市調公司蓋洛普調查發現，有好朋友是工作表現卓越的關鍵預測因子，其敬業程度會高出七倍之多，著實驚人。若能使團隊成員的敬業程度提升四十％或五十％，多數的經理人都會願意竭盡所能，而且全球皆然。相差七倍，也就是七〇〇％，簡直難以置信！

雖然提升敬業程度與生產力的常見管理手段不少，包括培訓、溝通、引入新系統等，但與培養職場友誼這樣簡單樸實的人為干預所帶來的影響相比，以上這些方法相形見絀。

話雖如此，培訓跟系統都很容易控制，但友誼不受控制；這是管理上經常碰到的窘境。就像我們可以輕鬆編列預算、監控和轉移的工具令人心安，進而產生一種管理效果很好的幻覺。然而，真正重要的、對表現影響重大的作法，卻一直無人知曉……，甚至令人畏懼。有些經理人抗拒這種觀念，認為「我們來上班不是為了交朋友，而是為了創造利益」。這樣的經理人必須立刻修正思維，方法是走進神經科學的世界，解鎖能提高生產力與利益的大腦作用，這些作用比傳統管理工具更加強大。

事實上，友誼在演化上有諸多好處。它能使我們有效應付痛苦、未知與威脅，幫助我們維持身心健康。友誼建立了「你懂我，我也懂你」的社會支援系統，意即我們相互了解得更多、更快，並以情感更深刻的方式建立連結。有了親近的（而非疏遠的）人際關係後，友誼的情感與健康益處就會浮現。但是友誼的主要挑戰，就是親近的友誼很難建立，也很難維持。為了確保一開始像朋友的人後來不會變成敵人，演化創造了一個複雜的友情培養過程。總的來說，結交好友對心理健康與職場生產力都很重要。

以下提供學者帕蒂（Pattee）於二〇一九年提出的幾個交友建議：

一、**培養安全感：**親近的關係需要安全感，我們必須防止敵人進入內部的小圈圈，若沒有及早發現並加以驅除，可能會造成重大情感損傷。安全感的前提包括「前後一致」、「平易近人」、「誠實可靠」、「樂於回應」、「可預測」等行為特質。

二、**積極關注：**相處時應專注於當下，注視對方並仔細聆聽，這對拉近彼此的距離來說很重要。

三、**放下戒備：**分享讓對方覺得你是普通人的資訊，包括你的優點與缺點，如此一來能鞏固友誼。

四、驗證：培養信任需要靠小小的禮尚往來持續驗證友誼，再慢慢走向規模更大、更有意義的下一步。請對方幫一些小忙，並做好回報對方的心理準備，這是驗證友誼的關鍵要素。

五、個人化：培養友情的方法沒有標準答案。每個人的情感需求都不一樣，所以複雜、動態且差異化的人際關係，總是因人而異。

另外，二〇一八年學者帕金森（Parkinson）等人的創新實驗，證明了好朋友之間的大腦會對外在刺激產生類似的反應。他們請受試者一邊觀看自然主義電影，一邊接受ｆＭＲＩ大腦掃描觀察大腦的反應，發現好朋友對這些電影產生了相似的大腦反應，反之，人際關係愈疏遠，大腦反應的相似度就愈低。研究者認為：「這樣的結果顯示我們對周遭環境的感知與反應跟朋友極為相似，反映出人際之間的影響力與吸引力。」

總的來說，擁有職場好友不但能提升恢復力和意志力，還能營造共同的世界觀與和諧行為，從而使敬業程度與生產力自然隨之上升。

美國社會學家尼古拉斯·克里斯塔基斯（Nicholas Christakis）與詹姆斯·富勒（James H. Fowler）在備受盛讚的合著《連接》（直譯，*Connected: The surprising power of our social networks and how they shape our lives*）一書中，揭露了人際網路如何對人類行為發揮出乎意料的影響，引發全球關注。我們將他們的主要結論彙整成三類，並以ＢＡＬ的架構進行討論如下：

一、我們創造人際網路

我們的意識與無意識，隨時都在定義自己在人際網路裡的參與情況和地位：我們要和多少人建立連結？連結的強度有多高？我們在人際關係裡扮演怎樣的角色？無論是刻意決定還是出於直覺，這些行為都會決定我們在人際網路裡的經驗。

我們不一定能選擇同事，但我們可以選擇與哪些人建立情誼。因此，領導者不可以置身事外，他們應該在組織內外的多層次人際網路裡，主動爭取活躍的核心位置。請參考前述的領導力人際連結矩陣與眾人建立連結；領導者不只是人際網路的參與者，更是創造者。

二、人際網路創造我們

人際連結的數量和品質，會決定我們的心理狀態、身心健康、習慣養成與幸福程度。這不限於我們認識的人，也包括與我們認識的人有連結、但我們從沒見過的人。分隔程度互異的人與人之間相互感染特質的作用，稱為「遞移性」（transitivity），而遞移性在三度分隔的人際關係作用中，最為顯著。三度分隔，指的是朋友的朋友的朋友：你從未見過對方，但是他們對你的幸福與健康習慣的影響程度超乎你的想像。也就是說，這些跟你間接相關的人（你並不認識）所做的決定，可能會影響你認識的人的決定，進而影響你自己的決定。在此，混沌理論再次發威，因為遞移性在龐雜的人際網路最能發揮作用，而不是簡單的線性連結。對常規與行為改變而言，多重人際連結對「社會強化」（social reinforcement）來說很重要。

因此，領導者在分配影響人際網路遞移性的行為比例時，必須小心謹慎，一定要觀察和監控團隊的行為模式，並且探究行為的起源。若是正面行為，可進一步鞏固；若是負面行為，則可藉由提高意識加以擺脫，意思是，只要注意到這種行為，應該就能使你做出相應的改變。若沒有注意到，此類行為將持續下去。另一方面，如果想要建立有益的常規，領導者應該運用有助於推動這些常規的遞移性與互動。這是有可能做到的，方法是讓組織裡各層級都有更多人做出相應行為，甚至可延伸到組織以外的人。領導者會意識到人際網路的影響力，並且善加利用，而不是盲目地隨波逐流。

三、人際網路有生命（通常獨立於我們）

在綿密的人際網路裡，複雜、直接與間接的人際關係擁有的共同特性，比個別特性更加顯著。人際網路的存在與變化獨立於每一個人的個人付出，而且在個人參與的之前和之後都會保持活躍。不過，人際之間的多層次互動與交互連結也會產生偶發特性。因此，個別因素對文化的影響比較小，眾多因素互動對文化的影響較大，而且後者會有意識或無意識地與自身互動，也會與彼此的規範互動。

與小型組織的領導者相比，大型組織的領導者能用更多戰術、以較緩慢的方式影響組織文化。不過這兩種領導者都應該知道文化是複雜、有生命的實體，不會因為僅僅改變一條規則或一個人而隨之改變。各項因素同步改變才有機會。而在這樣的前提下，如果人們沒有時間先好好適應新的情況，想要推動改變、左右意見和發揮影響力的人，通常都會徒勞無功。換句話說，改變（尤其是劇烈改變）絕非一蹴可幾，必須等到眾人更加熟悉和了解改變之後，改變自然就能水到渠成。正因如此，一個文化若要在意見、態度和行為上催生巨變，必須先確定群體已走到接受改變的臨界點。由此可證，領導者若想運籌帷幄、推動改變，不一定只能單靠自己的力量。

面對社群媒體和網路建構的超連結環境，克里斯塔基斯與富勒相信雖然數位世界裡的社會網路會變，但人際關係的基本概念是一樣的。臉書、Linkedin、推特、IG和其他社群媒體，確實讓我們以更快速簡單的方式建立連結，但我們永遠無法利用網路分身隱藏真實自我。另外，這些連結是積極的支援網路與真實的橋梁嗎？我們不知道，因為答案因連結而異。**社群媒體加速人際連結，而且通常可為遞移性提供真正的價值，但這並不代表它們就是積極的支援或橋梁**。二〇一四年，社會智力專家吉莉安．奈伊博士（Jillian Ney）在TEDx演說「連接感與數位自我」（Connectedness and the digital self）中指出，連接感是更深層的心理聯繫，網路人際連結的討論不能不討論連接感。我們也認為，透過社群媒體與他人或組織建立的連結，不一定等於心理和情感連結，也因此不能直接視其為積極的人際網路連結。領導者與經理人當然都需要加入社群媒體（下一章會討論實際作法）建立潛在的積極連結，但他們也需要培養與精心管理線上和線下的人際連結，才能擁有正面、有活力的人際關係。

如同克里斯塔基斯與富勒所言，我們終將視自己為超級有機體的一部分，那是我們所屬的有生命、會呼吸的人際網路。因此，我們應當為這些網路果斷付出、形塑它們，同時也要留意它們如何形塑我們，而我們創造的ＢＡＬ潛能，取決於此。

領導者的人脈藝術

那麼，現代領導者如何精進在組織內外建立人脈的能力呢？美國企業組織顧問歐利（Brafman）與心理學家朗姆（Brafman）認為，若想提升快速建立深層連結的能力（他們稱之為「一拍即合」），首先必須先懂得如何「示弱」。聽起來或許違反直覺，但我們確實可以立刻進入他人的深層情感及心理狀態，但前提是，願意表現出包容與脆弱的一面。

脆弱能立即觸發對方的信任感和照顧本能，但示弱也要拿捏好分寸，因為過度脆弱反而會釋放出軟弱的信號。他們兩位認為人類互動有一個脆弱光譜，其中一端是不脆弱，另一端是極脆弱。依照日常對話顯示，這個光譜分為五段如下：

一、**交際階段**（**Phatic stage**）：說話帶著客套，言語不帶真實情感，例如「你好嗎？」、「很高興認識你」等。這個階段的目的不是獲取特定回應，而是減少互動時可能出現的問題。

二、**資訊階段**（**Factual stage**）：我們提供不會引發主觀意見的真實資訊與數據，例如「我是工程師」或「我住在歐洲」。這些直接觀察透露出一些個人資訊，不牽涉深層情感。

三、評估階段（Evaluative stage）：我們提供自己對人、地方和情況的個人觀點，例如「我喜歡這個計畫」或「這個產品很厲害」。我們盡量不冒社交風險，因為對方不一定會同意。這個階段依然風平浪靜。

四、直覺階段（Gut-level stage）：我們會說流露情感的話，例如「馬克要離職了，我很難過」或「我很慶幸我聘用了你」。這樣的話風險較高，有可能使我們遭受批評或情感上的異議，不過這是我們會對信任圈內親近的人所說的話。

五、高峰階段（Peak stage）：這是最展現自我的階段，我們敞開心胸，說出內在感受、深層恐懼和最瘋狂的希望。「這個月業績這麼差，不知道該怎麼撐過去。我怕自己會失業，但我難以想像自己有可能失業，我在這家公司做了一輩子。他們都不念舊情的嗎？除了業績，我對他們來說那麼不重要嗎？太可怕了……」

前三個階段是溝通交流階段，後兩個階段是情感連結階段。我們有責任評估情況，然後決定要採取怎樣的作法，以便用更快速、深刻的方式，與交談對象建立連結。此外最重要的，我們不建議你用階段五去跟初識的人打交道。請務必循序漸進，先走完前三個階段再進入後兩個階段，就算只是單次的交談也一樣，這能幫助我們展現某種程度的脆弱，快速與對方建立情感連結。

另外，以長遠角度來看，領導者也能藉由塑造行為使自己更容易與他人建立連結。美國公共演說家奧麗薇亞．福克斯．卡本尼（Olivia Fox Cabane）的暢銷著作《魅力學》（直譯，*The Charisma Myth: Master the art of personal magnetism*）以神經科學與心理學的發現為依據，提出了實際作法。她將有魅力的領導者特質歸納為三類，而我們認為，這三類特質正好呼應本書前面提過的「三腦」理論：

A類：專注（presence）

讓對方感覺到你百分之百專注於眼前的事和人身上。我們在工作中都遇過這種情況：面前的人沒有專心聆聽我們正在說的話。不專心會讓對方感到疏遠，甚至覺得遭受背叛。

無論地位高低，優秀的領導者都會讓對方感覺受到注意與重視；若想在企業內外建立有意義的連結，這是不可或缺的作法。這類特質屬於較古老、較原始的腦，因為對方之所以能有意識或無意識地理解我們的支持，是藉由我們的肢體語言、姿勢、眼神和語調。自主大腦會捕捉信號來判斷對方是否專注，甚至連講電話也可判斷。

B類：溫暖（warmth）

第二類特質是同理心，表達你真心在乎對方。善意、同情心與包容是此類特質的核心作用，藉由溫暖，我們能讓對方感到舒服、受到照顧與保護。這與情感腦有關，尤其是前幾章討論過的趨近與逃避的中腦系統；我們的立場可以給對方安全感，使對方願意靠近我們，也可以讓對方感到受威脅，選擇遠離我們。

優秀的領導者會散發既強烈又明確的同情心信號，進而建立可長可久的有意義連結。

C類：力量（strength）

此類特質與力量和權威的感知有關，牽涉到原始腦與中腦的部分元素，主要位於新皮質，它指的是我們為了與他人建立連結去做某些事情的能力。仔細想想，專注很棒，發揮同情心更棒，但若要成為真正的領導者，則必須有能力藉由決定與行動來提升團隊表現。

你要有能力也有意願透過行動讓對方知道你能提供幫助，這需要高級的分析與技術程度。領導者若是沒有意願或沒有能力展現（證明）自己能在最需要的時候發揮專業，是沒有人會跟他建立連結的。

由此可見，無論是個人生活或品牌管理，都有許多最新研究證實，溫暖與力量的重要性，因為這兩項變因代表的是親疏與權力，而關於這兩點，前面討論「大腦中的人際關係地圖」時已有說明。此外，「脫穎而出」（executive presence）也吸引了不少支持者，漸漸開枝散葉。雖然我們不可能將這三類特質都發揮到盡善盡美，但我們相信，積極關注自己在這三方面的表現對建立與維持人際關係都很有幫助。

請相信杏仁核與大腦化學物質

「信賴」與「杏仁核」通常不會同時出現。這是因為杏仁核活躍時，我們的信賴感會降低；杏仁核安安靜靜時，信賴感才會上升。不過，我們確實需要「相信」杏仁核，或者該說認真聆聽杏仁核的聲音。

一般認為，我們會因恐懼和憤怒而反應過度，進而無法有效管理情感、與他人建立深度連結，罪魁禍首正是杏仁核（詳見第三章和第四章）。但實際上，在調節他人的可信賴程度時，杏仁核扮演了核心角色。簡言之，少了杏仁核，我們會毫無限度地信賴他人，從而對自己和組織帶來災難性的結果。

杏仁核（加上島葉與其他大腦中樞）是我們看見不可信賴的臉孔時，啟動警報系統的關鍵神經區域。這是杏仁核提供的內建警示系統，能在碰到危險時保護我們，因此若杏仁核功能不良就會失效。杏仁核不活躍會使人毫無戒心，面對任何事都對人充滿信賴。杏仁核啟動才能偵測他人的恐懼與憤怒，甚至區分這兩種情感。傳達這兩種情感的臉部表情，通常被認為不可信賴，因此杏仁核不健康會導致我們在與這樣的人互動時，無法採取防範措施，甚至會在陌生人要求他們提供信用卡資訊時欣然照辦，這是因為評估刺激的情感效價是杏仁核的重要功能。例如：杏仁核受傷的人無法理解環境刺激與情感狀態之間的關聯，因此他們可能不知道某個刺激到底預示著獎勵還是危險，導致他們的社會地位可能會下降，親和行為（affiliative behaviour）也可能會減少。

由此可見，我們應該對功能完整的杏仁核心懷感恩，它能幫助我們辨別哪些人可以信賴，哪些人不行。若你與人初相識的時候總是想要逃避，先釐清自己的感受再決定是否接受或拒絕對方。說不定是你那健康的杏仁核傳送信號要你提高警覺，但也可能是「逃避」系統過於敏感，使你變得難以親近。關於這一點，也是學習ＢＡＬ領導者的核心技能。

在本章開頭故事中的主角，就是把自己的杏仁核鍛鍊得超級活躍，使她無法與工作上最重要的人建立連結。面對多變複雜的現代全球環境，愈來愈多人選擇在能建立個人情感連結的企業上班，如第五章曾提到二〇一五年《財星》雜誌選出的百大最佳職場，就是證明。

然而，除了杏仁核，想在人際網路裡發展信賴感還需要兩種重要的大腦化學物質，一個是「催產素」（oxytocin），一個是「升壓素」（vasopressin）。根據最新研究顯示，催產素在規劃社會行為上扮演核心角色，因為催產素會使我們更容易信賴他人、接近他人，並與他人建立連結，創造有意義的人際關係。跟別人一起演奏和欣賞音樂或甚至一天擁抱對方八次，都會使催產素濃度大幅上升。

第二種神經化學物質叫升壓素，用來調節人類與其他哺乳動物之間的情感連結、社交能力與壓力反應。這種化學物質會減少「缺陷選項」（defect option），對維持人際關係貢獻巨大。升壓素可為人際關係賦予興奮感，促進人際之間的情感連結，但是這種興奮感也可能會逐漸消退。因此我們的挑戰是在發現對方釋放情感疏離的信號時，設法重振彼此的關係。

領導者的角色是維持人際關係的活躍、活力與生產力，這意味著要在人際關係中注入興奮與驚喜，如此才能將這些神經化學物質維持在有效的濃度範圍內。

機器取代許多傳統工作的從業人員，導致許多人被逐出職場失業，這種情況早有許多人預言過，其中最著名的是美國經濟學家傑若米·雷夫金（Jeremy Rifkin）的經典著作《工作終結者》（*The End of Work: The decline of the global labor force and the dawn of the post-market era*）。較晚近的例子則是二〇一五年六月份的《哈佛商業評論》，封面有個機器人，標題是〈認識你的新員工：如何管理人機合作〉。雖然機器在許多商業領域和組織活動中扮演的角色愈來愈吃重，但人類依然是舞台上的主角。資深財經編輯傑夫·科爾文（Geoff Colvin）有一篇文章刊登在

《財星》雜誌，名為〈人類被低估了〉（直譯，*Humans are underrated*）的文章，摘錄自同名著作。他在文中說明人類在可預見的未來仍將擔當大任，因為只有人類能滿足深層人際需求，這些需求對組織內外的人際交往來說，都非常重要。

另外，根據七十二項以美國一萬四千名學生所做的研究顯示，過去三十年來同理心下滑超過十%，這表示雖然我們對同理心的需求很高（甲骨文集團副總裁梅格．貝爾〔Meg Bear〕認為：「同理心是二十一世紀的關鍵技能」），但同理心的供給正在減少，因此我們培養勞工、經理人與領導者的方式需要戲劇性的新轉變。我們對科爾文的看法深有同感，他說：

> 過去十個世代，在已開發國家，多數人的成功來自學會做機器就能做的事情、但做得比機器更好。新興國家也是如此，雖然時間不如已開發國家那麼長，但也不算短。這樣的時代已步入尾聲。機器的工作表現漸漸超越我們……別害怕……其實接下來你需要的東西一直都在。它永

提振腦力：機器 VS 人類

請團隊寫下達成目標需要的所有技能。用一到五為每個技能評分，判斷哪些技能機器做得最好（一分），哪些技能人類做得最好（五分）。接著，計算每個技能的總分與平均分，以這些分數為基礎進行團隊討論，想想人類在工作上有哪些無可替代的特質。

也可以討論機器如何發揮輔助作用，但主要目標是確定人類為什麼能創造一個吸引人的環境，並發展出有意義的人際關係。團隊如何變得更好？利用本章與前幾章的內容進行討論，進而達成共識。

遠都在。以最深層的意義來說，你早已具備成功的條件。請隨心所欲利用這些條件。

本章重點

領導者不是孤島；與此相對，他們在組織與商業網路中占據中心地位，以便促進人際關係，幫助他們達成目標。但是他們必須重新調整大腦，深入了解自己與他人的社會行為，並持續加深組織內外的人際關係。領導者需要繪製人際關係地圖，藉以充分了解以人際關係為基礎的意識源頭；在商業互動中採取「合作第一，互惠第二」的態度，藉由模仿來創造和維護文化，建立與管理寬廣的人際網路，以及掌握與他人產生共鳴和表達專注的技巧。

此外，領導者必須使用友誼的觀念，並以溫暖和力量為基礎，確保杏仁核與大腦化學物質處於謹慎的合作模式。這些都是幫助大腦適應人際網路領導力的必要條件。最後，雖然看似矛盾，但機器的時代亦造就人類的時代。在大腦裡鍛鍊人類獨一無二的特質，就能率先取得成功！

第八章　用大腦溝通，更具說服力

「他們的價值觀為什麼跟我們不一樣？」

新的企業價值觀終於擬定；修改企業願景與價值觀一直是新任執行長的首要之務。因此，她一上任就立刻召集團隊，要求他們採用比舊價值觀更能激勵人心、更具啟發性的新價值觀。她認為把既有的「產品和公司導向價值觀」改成以「顧客與社會為中心的價值觀」，企業文化也將隨之改變。

這是董事會聘用她的關鍵任務之一，她必須把這家步調緩慢的傳統企業，轉變成思維敏捷的現代企業，而她深信價值觀是絕佳起點！

因此，公司的宣傳部門與人資，甚至連行銷部門也一起密切合作，以便研擬和確立能反映出新任執行長願景的價值觀。他們花了幾個月的時間進行內部與外部調查、分析和思考，並尋求諮詢機構與顧問等外部夥伴的協助，最後，完成聽起來很現代、看起來很先進、動力滿滿的價值觀，例如：以人為本、顧客優先、自主作業、合作與綜效、尊重他人的工作等。執行長很滿意。新的企業價值觀反映出她所期待的公司新樣貌。她為新價值觀感到自豪，每次在社交場合遇到其他公司的人，她總是不厭其煩地介紹這套價值觀。不少人為她送上祝賀，更加深了她對這項計畫的成就感與自豪。

她立刻下令公司的網路與實體文宣，都要使用這套新的價值觀，並在辦公室和公司的其他場所張貼從這套價值觀所衍生而出的標語和關鍵字。此外，各部門必須把握每一個宣傳價值觀的機會，向員工說明價值觀的內容，強調價值觀對公司未來發展的重要性。每個人都必須簽署一份文件，承諾自己會信守這套價值觀。公司為此特別舉辦團建活動，建立新價值觀大獲成功，獲得各級員工的充分認同與支持。

結果一年之後，公司裡多數人都沒有遵循這套大力宣傳的價值觀。員工之間競爭激烈，不再那麼尊重別人的工作，權責也沒有適當分配，因此自主作業並未受到重視。總而言之，公司的改變微乎其微。

這是怎麼回事？為什麼他們在發展階段積極參與、對最終結果也熱烈贊同，最後的行為卻不如預期？怎麼做才能說服員工集體接受新的價值觀或類似主張？這是執行長請團隊和外部夥伴回答的幾個主要問題。他們公司為了建立與宣傳這套價值觀花費大量金錢和時間，無奈成效甚微。她想知道原因，而答案讓她吃了一驚，也徹底改變她對溝通的態度。

想藉由溝通在公司內部誘發行為改變，顯然必須觸發負責決策與行為的許多大腦功能，僅以理性與分析的大腦中樞為目標是沒有用的。想要有效發揮影響力，需要一套針對大腦的全方位方法，BAL領導者都必須掌握這套方法，這是BAL的核心技能。

如何說服大腦確實行動？

我們在這本書中，廣泛討論了大腦區域和神經通路如何影響我們的思考、感受、行為與人際連結。在討論過程中，我們曾提到以特定的方式溝通，來加深對我們自己和他人大腦的影響力，是一件很重要的事。例如：我們在第六章提過若想創造你要的促發環境，善用符號和文字很重要；第一章則是提到意見回饋是節省腦力和處理自我耗損的關鍵策略。而以上這些想法的共同點，在於大腦是以「處理資訊」為主的器官。

大腦藉由感官與神經網路，接收來自人體內在和外在以刺激為形式的資訊，並對這些刺激做出相應的反應。如前所述，大腦的反應取決於刺激本身以及大腦調整（或適應）的方式。我們認為，身為資訊處理中心的大腦時時刻刻都在進行內部溝通，目的是為刺激找到適當的反應。溝通是大腦的核心活動，甚至可說是唯一的核心活動；而就我們的觀點，所謂**大腦的溝通就是把正確的訊息傳送到正確的部位，藉以說服大腦用我們想要的方式做出反應**。二〇一三年的《哈佛商業評論》特刊適切地指出，影響力是領導力的核心理念，現代領導者非常需要學習和練習適合大腦的溝通方式，如此，才能有效地說服他人採取或不採取某種行為。沒有強大說服力的領導者，就像沒有輪子的汽車：沒有辦法有長足的進展。

在尋找和實踐最有效的大腦溝通模式時，我們行之有年的作法是前幾章介紹過的「三腦理論」。這種作法將腦部結構分成三區：古老／爬蟲腦，情感／情緒／邊緣系統腦，以及理性／思考／新皮質腦。每一區都要用不同的資訊（刺激）加以驅動，我們需要一套整體的方法將三腦全部納入考量，才能達到促成特定行為的重要溝通目標；這是我們應用三腦理論的方式，以我們的經驗來說其成效卓著。

不過近年來三腦在演化上的獨特性遭受批評；批評者認為，這三個腦部區域的發展與演化不一定如此明確且獨特。無論如何，三腦理論仍被譽為二戰以降最具影響力的神經科學觀念，而我們完全同意美國知名思想家傑拉德．柯瑞（Gerald A Cory）的看法：

> 儘管目前神經生物學的某些領域尚未接受三腦觀念，但我認為這個觀念將繼續發揮影響力，只要持續研究並且適當修正，就能為跨學科的交流與銜接提供重要基礎。

三腦理論簡潔有力，能有效地使更多人了解大腦功能，以及它與人類的認知、情感和行為等特質的直接相關，因此，三腦理論非常適合用來討論神經科學對領導力與組織的影響和益處。此外，根據二〇一七年，情感神經科學之父潘克賽普與學者蒙塔格的研究，亦同意這個觀點，他們認為三腦理論雖然簡化卻適合教學。也就是說，做為了解大腦結構與功能的敲門磚，三腦理論顯然具備教育意義。

思考即說服

我們在第七章說明了近代人類史上最驚人的轉折，或許正是意識與「我們」有關，而不是「我」。有意識的反思為「抑制與規劃」功能建構基礎，這項功能幫助我們在實體環境與社交環境中找到方向。關於社交環境，意識能幫助我們解讀他人的想法、感受與意圖，而解讀的結果是我們與他人快速有效交涉的關鍵資訊；但這並非故事的全貌。

二〇一七年，學者雨果・梅西耶（Hugo Mercier）與丹・斯珀伯（Dan Sperber）對理智提出了影響深遠的假設，他們認為理智是邏輯分析、意識思考和對話互動的基礎，亦即認為理智是一種直覺性的大腦功能，目的是在贏得論證、影響他人和促進共同行動。這意味著我們具備建構意識思考、再從意識思考衍生論證的複雜能力，藉以說服自己和他人做出我們想要的行為。這種能力根植於演化而來的無意識作用，目的是促進合作與共同意向。部分的無意識作用以直覺論證的方式進入意識，幫助我們打造擁有共同目標、完成複雜任務的團隊。以下直接引述這兩位學者的話：

> 理智經常被視為獨立思考的高級工具，但我們認為理智在人際互動中的應用很拙劣。我們為了說服他人在想法與行為上順從自己，而運用理智……邏輯論證的主要角色，在我們看來，可能只是一種話術：邏輯可將直覺論證簡化和系統化，強調或甚至誇大這些論證的力度。

人類與其他合作型動物的主要差別，是人類除了與親朋好友合作之外，也可以跟陌生人攜手合作，以及，人類可以一起執行長期計畫，而不只是短期的生存任務。此外，人類彼此交換的資訊量也遠遠超過其他動物，我們比其他動物更加仰賴這些資訊來學習、成長以及在社會中取得成功。以理性與邏輯為基礎、以說服自己與他人為目標的論證，這正是意識思考在「抑制與規劃」的大框架內的內建功能。簡言之，我們針對無意識決定的執行進行內在思考時，必須同時思考如何贏得他人的支持，因為人類的成就不可能單靠一人之力：理性思考等同於說服。

領導者若想說服和改變行為，就必須三腦並重。史丹佛商學院教授奇普・希思（Chip Heath）和杜克大學社會企業精神推廣中心資深研究員丹・希思（Dan Heath）兩兄弟，在其暢銷著作《學會改變》（*Switch: How to change things when change is heard*）中提出的模型，將人際關係與組織情境下如何三腦並重，描述得相當精彩。他們沒有明白提及「三腦」，而是將美國社會心理學家強納森・海德（Jonathan Haidt）於二〇〇六年提出的「象與騎象人」概念發揚光大。

海德把理性思考的大腦作用比喻為騎象人：聰明、反應迅速，但無法單獨前行；情感的大腦作用則是大象：有行動力、充滿力量，但欠缺理性。這兩個系統彼此需要，相輔相成就能產生有意義的結果。另外，諾貝爾經濟學獎得主丹尼爾・康納曼也在二〇一一年的著作《快思慢想》（*Thinking Fast and Slow*）中，詳細描述過這兩個系統。希思兄弟多加了「形塑路徑」元素，強調除了思考與感受之外，環境本身也會塑造行為，這與我們在第六章討論過的大腦自主性非常相似。

希思兄弟以大量的行為實驗，以及其他作者與學者提出的類似觀點、案例為基礎，證明了改變行為需要以下三個要素，而剛好與本書提出的ＢＡＬ概念相互呼應：

一、提供合理說明（希思兄弟稱之為「指揮騎象人」）

無意義的分析和永無止境、自我滿足的爭辯經常卡死理智腦。理智腦無法靠自己輕鬆做出決定。為了避免這種分析麻痺的情況，我們必須為系統指引明確又簡單的方向。和理智腦溝通時，重點在於說明盲點、以「亮點」或成功故事舉例，遣詞用字要簡單、直接；避免資訊超載和指明最終目的地，是讓騎象人維持專注的關鍵作法。本質上，我們要做的，是說服理性的意識心智不要抑制我們想要的行為（或抑制我們想消除的行為），而是發揮它的規劃特性去適當地調整行為。

二、情感激勵（希思兄弟稱之為「激勵大象」）

情感腦才是系統的驅動力，不是騎象人。不過，一頭不知道終點與目標的大象，無異於迷途的大象，牠需要騎象人提供指令才能執行任務。但光有指令不足以驅策大象，指令不是決定。我們在驅動他人之前，必須先幫助對方接受成長心態、把大改變切割成比較不嚇人的小改變，尤其，是找到適合特定團隊與個人的情感組合的時候。別忘了，情感比想法、數字、命令與流程更容易驅動人類；想採用BAL模式的領導者與經理人都必須理解這一點。

三、塑造環境（希思兄弟稱之為「行塑路徑」）

環境指的是能影響行為或感知的各種因素。也就是說，有時一個人的行為既非理性思考的結果，也不是源自情感，行為根植於有可能影響人類行為的外在因素。舉例來說，員工進入經理人的辦公室後，辦公室的布置可能會影響員工的感知，進而影響他們的行為。因此，大腦自主行為必須接收到正確的環境信號，大象和騎象人才能往正確的目的地前進。在這條道路上，大腦自主行為可以是阻礙，也可以是助力。換言之，組織裡的習慣、實體環境與社會環境，都有可能阻撓或協助團隊達成預設的行為目標。

然而可惜的是，我們在全球各地看過的企業行動，大多過度關注第一個要素：騎象人，也就是理智腦。他們忽視第二與第三個要素。即便是想要單獨影響騎象人，多數時候他們的作為，都違背了現代神經科學、心理學與行為經濟學的觀念：用過量的（往往也是沒必要的）資訊轟炸騎象人，並且（或是）沒有提供確立終點所需的關鍵資訊。比如，經理人在開會時重複強調細節，或是提供與專案或任務有關的大量資訊，想用這種方式幫助下屬分析情況、取得成果。問題是，這些作法經常漏掉完成任務需要的關鍵因素，這些誤導員工的騎象人，不僅使他們負荷過重，而且極有可能增加他們的壓力。

若我們沒有認真使用另外兩個腦，也沒有引導騎象人走上正途，就會像是本章開頭的案例故事一樣：我們可以盡力說服員工接受新的企業價值觀，但他們不一定會照辦。騎象人、大象與道路，三個要素都要納入考量。想要成功影響行為，這三個因素缺一不可，而愈快接受這種全方位思維的領導者，其說服的能力就愈高。

如何衡量與改變群體的企業腦？

任何組織的群體腦（員工集體的三腦狀態），都與組織的文化直接相關。員工在企業內特定環境的思考、感受和行為，直接影響了企業文化的成敗，我們稱之為「企業腦」。為此，如果有辦法對企業腦進行衡量，以便了解員工群體腦的現況並視需要加以改變，是不是很棒呢？我們從二〇一一年開始，在東南歐地區做這樣的嘗試。

我（狄米崔亞迪斯博士，本書作者之一），與皮斯荷約斯博士（本書另外一位作者）密切討論之後，開發出一套診斷工具，能藉由內部溝通與人資計畫來衡量和改變群體的企業腦。這套工具已在許多產業的跨國和地區企業成功應用，包括東南歐地區的零售、批發、銀行、食品業，也在該地區獲得卓越企業獎。這套工具能有效掌握：

一、**資訊**：這部分與企業的認知腦有關，衡量的是員工對自己接收到的資訊是否滿意，這些資訊包括企業的定位與未來、員工本身在企業裡的角色，以及員工對企業的貢獻（也就是企業大局與個人境況）。

二、**感受：**這部分與企業的情感腦有關，衡量的是組織內部的感受程度。除了核心情感，我們也衡量主觀感受，例如：欣賞、支持與疲勞。

三、**行為：**這部分與企業的習慣（自動腦）有關，衡量的是員工的日常行為中有多少比例屬於習慣，包括衝突解決、部門內外溝通、內部與外部品牌宣傳等。

這套工具的開發基礎，是員工問卷和訪談管理層，用以回應我們看見的市場現況，而我們發現問題與答案之間的落差：有情感問題的企業，想用資訊解決問題；員工缺乏充分資訊的企業，反而用情感宣言和充滿願景的演講來回應。然而，我們不能用資訊解決情感問題，也不能用情感填補資訊空缺。因此，若不能明確指出企業腦的問題發生在哪裡，便只能盲目摸索，如此一來，注定會浪費金錢與時間。相反地，仔細檢視企業三腦才能確定問題出在哪個腦，進而對症下藥。

這套工具已被用來調整內部溝通方向，並聯合各種功能找出真正的解決方法，同時為企業領導者提供建立致勝企業文化的明確方向。分開檢視三腦、業務單位和部門，能使我們鎖定組織內部的哪些問題需要關注、哪些能力特別傑出，然後善加利用。或許這個部門需要提振信心（處理情感），那個部門需要改變提出問題的習慣（處理行為與流程）。對個別的大腦來說，一體適用的方法並不存在，對企業的群體腦來說亦是如此。

練習：創造屬於你的群體腦診斷工具

你可以為你的公司、部門或團隊創造一套群體腦診斷工具，方法如下：

步驟一：先建立三個項目：思考、感受與行為。第一，我的下屬如何思考、他們知道什麼，他們在想什麼。第二，我的下屬有什麼感受，或是哪些情感是他們的主要情感，哪些是最少出現的。第三，我們有哪些習慣，我們彼此用什麼樣的態度互動，或是哪些行為在組織內部和外部都是可接受的常態？

步驟二：在每個項目底下填入本章與其他章節提供的資訊，以你的產業、公司、情況為基準製作一張包含各種變因（或問題）的表單。一開始不用填入太多。每個項目十個變因（問題）就夠了。可以使用的變因包括：

一、「思考」：我們對組織的策略意圖有多高的意識？我們是否知道影響公司的主要問題是什麼？我們是否清楚自己的工作對公司的目標做出多少貢獻？我們知不知道工作的要求與職責？我們對溝通管道有沒有充分了解？

二、「感受」：公司對員工有多支持？公司主要的氣氛是樂觀或悲觀？你覺得自己活力充沛或疲憊、受到重視或被忽視、充滿好奇或枯燥無趣、有歸屬感或獨來獨往？

三、「行為」：我們面對問題的態度是主動解決還是被動解決？自己負責的工作碰到操作上的問題時，會不會求助他人？與其他部門能否有效合作？會不會覺得在這家公司上班很棒，推薦別人也來這裡工作？

步驟三：第一次使用這種工具時，建議使用面談（或有目標性的對話）的方式。以清單上的變因為基礎，和至少十位部門同事進行討論。記下他們針對每個變因提供的基本資訊，並且以「高」、「中」、「低」為同事的表現打分數。若是涵蓋整個組織的量化調查，我們建議請專家參與研究。

步驟四：調查結果可用來進行第一次的三腦整體評估（比如說「思考腦」：高，「情感腦」：低，「習慣腦」：中），也有助於深入了解每個項目中的哪些變因（因素）屬於高、中或低。問題最多的領域需要立即關注。利用騎象人、大象與道路來改變同事表現為「中」與「低」的部分。得分「高」的變因則要努力維持，也可用來做為範例。

最後，將這套工具用於不同團隊和部門，然後比較和對照評估結果。是否有任何差異？對企業的三腦來說，有沒有哪些隨部門而異的模式對某些變因特別有利或造成限制？根據結果，採取相應的行動。

影響力的七大原理

只要找一下提升影響力的技巧，肯定會出現羅伯特・席爾迪尼（Robert B Cialdini）這個名字。他是享譽全球的說服大師。席爾迪尼是亞利桑那州立大學的心理學與行銷學校級榮譽退休教授，一九八四年出版了重量級著作《影響力：讓人乖乖聽話的說服術》（*Influence: The psychology of persuasion*）之後，其影響力七大原理就成了業界標準。雖然他提出這些原理的初衷是用於行銷，但實際上也相當適合組織領導者使用。我們使用這些原理很多年了，主要是用於領導力與管理的情境下。關於這七大原理究竟是什麼呢？詳見以下說明。

一、互惠原理（Reciprocity）

我們在前一章解釋過，回報善意是一種社交本能。根深蒂固的公平感與道德行為，要求我們以善行回報善待自己的人。遵循第七章艾瑟羅德的建議，領導者必須以善意建立人際關係，這有助於開啟正面且永續的合作循環，同時根據席爾迪尼的說法，也能增加我們的說服力。

善行的吸引力很強大，足以吸引他人模仿我們的行為；同理，惡行也會影響他人的行為，不過是以負面的方式。換言之，如果你覺得別人針對你，對方也會這麼覺得；如果你面帶笑容，對方也會笑；如果你創新，對方也會跟著創新。

二、承諾和一致原理（Commitment and consistency）

人類的許多行為，都能用我們想努力減少、心理學家所說的「認知失調」來解釋。這個重要觀念最早由美國社會心理學家利昂・費斯汀格（Leon Festinger）於一九五〇年代提出，他認為人類終其一生都在努力達成內在一致性。這意味著我們不斷嘗試讓信念符合行動，或是把許多信念融合在一起。在某些情況下，信念與行為不一致（失調）可能會造成不得不設法解決的嚴重內在衝突，具體作法包括：改變信念、直接無視問題，或盡早做出符合信念的行為。比如說，要求團隊堅持某種作法將會影響他們採取相應的行為。

也就是說，如果希望團隊對某個專案展現決心，自己就必須率先展現決心。但是要注意：他們必須認為決心極為重要，否則的話，沒有採取相應行為造成的內在衝突會不夠劇烈。讓他們對行為產生信念（例如：這種行為對達成目標不可或缺），他們就會盡力保持行為一致。此外，你可以請團隊寫下他們為什麼願意對某個專案展現決心，再把這些原因分享給其他團隊成員。對團隊成員與專案目標客戶的責任感、團隊與企業聲譽、實現對價值觀的承諾等，以上這些原因都十分有幫助，皆能成為團隊的共同原因。

三、社會認同原理（Social proof）

我們都知道一群人仰望天空時，會對路人產生什麼影響：路人也會出於直覺仰望天空。這就是社會認同，也就是人類無意識地自動追隨社會群體的原則。著名且經典的「阿希從眾實驗」（Asch conformity experiments）證明了人類會追隨別人的意見和行為，即使這些意見和行為顯然有錯。在原本的實驗中，五十位受試者分別接受一系列的測驗，他們必須從多個選項中選出正確答案。問題是在大部分的測驗過程中，在場的其他人會當眾選擇明顯錯誤的答案（例如：這張紙上有三條垂直線。哪一條最短？）令人驚訝的是，只有二十五%的受試者不會被旁人的錯誤答案左右，七十五%的受試者至少選擇錯誤答案一次（旁人都認同的答案）。

過去幾年，我們曾多次讓學生進行一個相似的實驗。在課堂上，我們給學生閱讀一篇政治或經濟相關的困難文章。看完之後，再請他們說出文章的主旨。不過，頭兩個回答的學生是暗樁，他們會說出顯然大錯特錯的評論，目的是誤導他人。接著我們再請其他學生（真正的受試者）表達觀點。猜猜發生什麼事？大部分的受試者雖然稍微面露驚訝，卻依然受到頭兩個誤導的學生影響，認同他們的答案，只有極少數人不同意，而關鍵似乎是第一個正確答案出現的時機。如果前兩個錯誤答案出現後，正確答案隨即出現，那麼其他人正確回答的機率會比較高；如果正確答案出現得比較晚，影響力會比較弱，因為在正確答案出現之前，有更多人同意了那兩個錯誤答案。非常耐人尋味，卻又忠實呈現出人類的社會行為，對吧？**大腦具有社會性，所以我們有從眾傾向，就算群眾顯然是錯誤的**。

此外，還有一個實驗我們也很喜歡：亞利桑那州石化林公園裡的竊盜率，在一項反竊盜的宣導活動之後不降反升，因為這項活動呼籲：「許多遊客偷走公園裡的石化樹，改變了石化林的狀態。」宣導反竊盜的活動反而鼓勵了竊盜行為！這就是用常識溝通的下場。大腦傾向於從眾，因此，宣布重要會議時，一定要提到哪些人已確認參加，尤其是人數很多的話。如果出席率很低，那就盡量低調，因為負面的社會認同影響力強大，也就是說，有些人可能會因為過往的會議出席率很低而自動選擇不參加。組織內的文化常規通常只是複製人們已接受的行為，不分正面與負面。話雖如此，仍應該特別注意是正面還是負面，並視需要加以改變。

四、權威原理（Authority）

只要是權威性很高的人制定的規則，人類通常都會自動遵循。第五章提過米爾根與金巴多影響深遠的「順從實驗」，正好完美證實了這一點。也就是說，企業必須明白要規定哪些人為哪些決定負責，混淆的權威會破壞你的潛在說服力。此外，還有一些經典研究也發現，專業能力能加強權威效應，進而增強說服力。被認為專業能力很強的人，溝通時不僅會影響對方的態度，也會影響對方的記憶。

大腦的尾核（caudate nucleus）位於基底核，與處理回饋、學習、期待獎勵、社會合作和信任有關；內側顳葉則是與長期記憶的形成及高度專業能力有關。根據二〇〇八年的學者研究，只要刺激尾核與內側顳葉，對方接受訊息的正面程度（態度）就會上升十二%，對訊息的辨識度（記憶）會上升十%。跟早期的研究比起來，這是相當高的數字。因此，無論你在哪個領域服務，請成為該領域的專家，努力讓自己出類拔萃，而不只是擅長而已。視需要展現專業能力，尤其是在高壓的情境下，這會使你的影響力大幅提升。

五、喜好原理（Liking）

我們比較有可能被自己喜歡和欽佩的人影響，而喜歡的三原理與它們對說服力的影響早已為人熟知：第一，我們喜歡外貌好看的人；第二，我們喜歡跟自己有共同點的人；第三，我們喜歡那些喜歡我們的人，這意味著領導者與經理人必須好好打理外貌。此外，他們也必須讓追隨者認為，他們跟追隨者之間存在著相似性，可以使用「我剛入行時跟你一樣」、「我們擁有相同願景」之類的句子。最後，領導者應該盡量給予適當的讚美。

喜好原理之所以與說服力有關，是因為我們會為喜歡自己的人付出較多努力，反之，為不喜歡自己的人付出較少努力。根據我們的經驗這個原理一再證實：我們觀察到人類在受到賞識時，會展現出最多的熱情、積極與創造力。

六、稀有性原理（Scarcity）

演化使得大腦能注意到稀有性，並自動保護即將短缺的重要資源。獲取感知所認定的稀有資源被列為優先行為，是一種必要的演化策略，因為沒有取得這些資源可能危及生存。席爾迪尼把這個原理的重點放在行銷（這是他構思六大原理的初衷），他建議行銷業者一定要提醒潛在客戶這個超棒方案馬上就要到期，或是這個熱銷商品以後會停產。

換成現代組織環境，領導者應該提醒團隊他們現在的資源、市場定位、甚至於整家公司的存在，都不是理所當然的。曾經叱吒風雲的企業短短數年後為了生存苦苦掙扎，這樣的案例在商業雜誌中屢見不鮮（例如：諾基亞、柯達等）。這不是為了引發恐懼，重點是突破舒適圈，經常檢視現況，為團隊打造動態、積極、創新的氣氛。除此之外，提供豐厚獎勵的短期創意競賽可在短時間內提振熱情、激發思考。「黑客松」（Hackthon）就是一個很好的例子，這是由網路、軟體、數位與創意企業發起的短期專案開發競賽，競爭相當激烈，而且因為鮮少舉辦所以效果絕佳。如果天天舉辦，效果不會這麼好，還會把員工搞得人仰馬翻。我們強烈建議各位舉辦符合你們公司情況的黑客松比賽，但是這種方法只能偶一為之，不能天天使用。

二〇一六年，席爾迪尼更新了他的經典模型，多加了一個原理，稱之為「團結原理」。

七、團結原理（Unity）

這個原理描述的是「社會親近性」與「共同身分」，其主張一個人和社會群體或實體之間的關係愈親近，含有這層親近性的訊息，就能對此人發揮愈強大的影響力。席爾迪尼認為，共同身分的形成奠基於「共同存在」與「共同行動」。「共同存在」指的是具備足以將我們歸類於同一社群的明顯共同特徵。一旦我們對群體產生強烈的認同感，就會更容易也更快速地被說服以群體的利益和方向採取行動。至於「共同行動」指的是一種人類學現象：人類進行協調一致的行動時心中產生的情感連結。歷史證明，一起跳舞或演奏音樂能創造「同步性」（synchronicity）並強化共同身分。此外，參與高度結構化的互惠型社交互動（例如：快速約會）也能快速強化情感連結，出人意料，就算是陌生人也一樣。

在工作的環境之中，領導者必須掌握「共同存在」與「共同行動」來增加團隊內部與部門之間的團結感，甚至在外部夥伴身上也適用。共同存在的方法包括擁有共同的價值觀、目標，以及聚攏人心的故事；共同行動的方法，則包括讓整支團隊在有限的時間內進行需要高度協調的工作，並產出優異的結果。此外，團建活動應納入加強共同存在與共同行動（團結原理）的內容。

儘管影響力的七大原理在不同的情況，和不同的人身上效用不同，但我們發現透過練習與一點點反思，熟能生巧後，就可以為各種挑戰選擇適合的原理；有些原理甚至能成為發揮BAL領導力的新習慣。請務必善用七大原理提升自己的影響力和說服力！

與大腦對話

我們每次與學生和企業客戶討論領導者的說服力與大腦時，經常遇到這個問題：「你們說得真對！但有沒有我們『馬上』就能使用的快速撇步或特定詞彙？」雖然我們不支持那種吸引盲目追隨者的「開示」密語，但確實有科學研究發現，某些詞彙和語句可對他人立即產生影響。此外，有一些說話風格，也能幫助我們增加長期的說服力與合作機會。

以下介紹幾個效果快速的詞彙跟語句，我們在上課和提供諮詢時，幾乎天天都用。我們是根據英國心理學家、作家兼媒體評論員羅布・楊（Rob Yeung）在二〇一一年的著作《I代表影響力》（直譯，*I is for Influence: The new science of persuasion*）的書末內容，總結如下：

「好處不只這些」

這句話會使一個好提議變得更加吸引人。楊博士認為，無論是提出新建議、說明組織重整計畫，還是想要說服團隊為了提升業績，這個月工作時數要加倍，總之，把好處說明清楚會更有效果。然而，不要一開始就丟出所有的好牌，把最驚喜的好處留到最後。在正確的時機說出「好處不只這些」，會讓對方覺得自己的收穫超出預期、超出合理範圍，或是超出原本自己爭取的程度。

「因為……」

有個實驗非常有意思，也經常被提及，那就是如果你想要插隊使用影印機，只要明確說出原因，通常都能獲得同意。「不好意思，我只有五頁要印。能不能讓我先用，因為我真的很趕。」這句話的成功率高達九十四%；「不好意思，我只有五頁要印。能不能讓我先用？」這句話的成功率是六十%。加上「因為」能大幅提升說服力，而情況愈危急，「因為」的分量也愈重。可惜的是，經理人和領導者經常只丟下一句「這是不可能的」、「現在不行」或「我再想一想」，諸如此類的詞彙只會使同事跟下屬感到失望。實際上，只要加個「因為」並說出真誠的原因，大家都會比較滿意。想請團隊幫忙或多加把勁時，一定要清楚而直接地說明原因。務必使用這個溝通技巧，因為它將大幅提升你的影響效力。

「我需要你『進行非常明確與（或）可量化的任務』」

提出具體明確的要求，就能大幅提升正面影響力。因此，與其說：「我們必須更加努力」，不如說：「今年的生產力必須比去年增加七%，這樣才能追上其他部門。」具體、明確才能有效指引大腦中的騎象人，同時，排除任何誤解、困惑與不必要的悲觀。順帶一提，若目標清晰並且切分成小塊，管理起來會更加方便。

「你有權選擇」

一定要提醒同事、員工和商業夥伴，他們在面對重要的急迫決定時擁有選擇權，這將使對方更有可能接受你的選擇。對方會因此覺得自己握有掌控，而不是身不由己。身不由己或面臨險境的感受可能會過度刺激杏仁核，造成前面提過的各種負面後果（例如：壓力、恐懼、焦慮、攻擊性等）。無論是任何決定，就算是最困難的決定，我們永遠都握有選擇權；請明白表示這一點，並搭配合適的語調，就能說服對方他們的選擇由他們自己決定，如此一來，可以提升自信、參與感和滿足感。所以，與其說：「我們別無選擇，非重整不可」，不如說：「我們面前有個選擇：維持原狀，然後半年內失去客戶的青睞；或是立刻改變，打敗所有競爭對手！」你看得出兩者之間的差別嗎？

這些說服力小撇步在我們的日常會議、討論、公告和口頭報告中，都非常管用。不過，我們不建議你經常偷吃步。真正的實力、意圖與領導潛能幾乎無法隱藏。因此，使用一種更包容、更有意義和影響力的說話風格，才能徹底改善大腦的核心說服力。這是領導者特別需要的說話風格，誠如美國神經科學家安德魯．紐伯格（Andrew Newberg）與馬克．沃德曼（Mark R Waldman）於二〇一二年的共同著作《語言可以改變大腦》（直譯，*Words Can Change Your Brain: 12 conversational strategies to build trust, resolve conflict and increase intimacy*）中說明的：

> 雖然語言是人類的天賦，但研究顯示我們的人際溝通能力出奇糟糕。我們的遣詞用字經常不假思索，忘記語言對他人在情感上的影響。言多必失。

為此，紐伯格與沃德曼提出一個解決方法，稱之為「同理心溝通」（compassionate communication）。若用這種方法溝通，長此以往，左右腦會趨於同步並增加對話雙方的神經共鳴。神經共鳴指的是「資訊從一人的大腦準確傳遞到另一人的大腦」，提高了信號被正確送出與接收的可能性，進而提高合作的可能性。兩位作者提出十二種同理心溝通的方法，其中有好幾種已在本書前面的章節討論過，包括：態度放輕鬆、與人交談時全神貫注、多用正面思維，反思深層價值觀（或意義）、想想愉快的回憶（誘發正面表情）、觀察他人的非語言信號、表達感恩、用溫暖、緩慢、簡短的方式說話、仔細聆聽。他們的建議，總結了如何成為更好、更擅長合作、更有影響力的說話者。

我們相信，這些建議與本書中討論的其他因素都很有用。雖然實際執行肯定比紙上談兵更難，但我們在自己身上看見了進步，也在密切與認真合作的客戶身上看見了進步。第一步很簡單卻很重要，那就是明白如果我們在不了解大腦作用的情況下試圖影響他人的行為，溝通肯定很難，而且十有八九會是無效的。

有一支TEDx演說影片很受歡迎，地點是蘇格蘭的斯特拉斯克萊德大學，題目是「溝通是種錯覺，得從大腦找答案」（*The illusion of communication and its brain-based solution*）。講者即是本書作者之一狄米崔亞迪斯，他鼓勵觀眾使用適合大腦的溝通方式，這能讓世界變成一個更好的地方。遺憾的是，我們在企業裡只看到騎象人之間進行對話，彷彿決策不需要動用大腦的其他部位，尤其是採取已有共識的行動的時候。也就是說，兩個人對話時，雙方的額葉會對合乎邏輯、理性與正確分析的行動達成共識，但接下來雙方的大腦（不只額葉，談話結束後額葉就功成身退了）卻沒有驅動這兩個人做出相應的行動。

想像一下：你和同事談話時，大家很快就同意新企劃若要成功，你們必須投注一一〇%的努力。可是你很快就發現，大家沒有如共識般加倍努力。少數幾個人稍微努力一點點，但是遠遠不如共識所預期。騎象人知道該努力，但大象沒有執行，道路也不明確。因此，唯有當我們把大腦視為整體，包括自己與他人的大腦，才有辦法做出能推動行為改變和有意義的決定。現代領導者必須與「整個」大腦進行對話，而不是只跟理性主導的額葉對話。與整體大腦對話，具體行動才會隨之而來。

意見回饋的重要性

近年，我們曾與同事做過奠基於訪談結果的研究，訪談對象包括各種產業與規模的組織和經理人。而根據我們的研究發現，管理方面的「意見回饋」是改變職場習慣的核心線索。意見回饋提供了與工作性質有關的資訊，可以用來引導工作表現的走向，亦被視為學習過程中不可或缺的一部分。另外，我們也發現，意見回饋能用來影響組織行為模式的改變。尤其是我們發現在意見回饋的過程中會出現特定的動態互動，幫助經理人理解、推動、認可及監督這個過程。

除此之外，最近我們的研究還發現，在提供意見回饋時有三個原則非常重要，分別是：

■第一個原則：

非正式提出的意見回饋效果較好。當你想跟員工討論對方的某種行為經常引發問題時，最好不要使用正式流程（至少第一次不要），例如：請對方進你的辦公室。我們建議，採用非正式的作法比較好，因為研究顯示非正式的溝通成效更好，例如：一邊喝咖啡一邊閒聊，或是一邊走路一邊閒聊。

■第二個原則：

意見回饋應該愈具體愈好。從討論開始的那一刻，經理人就必須把焦點放在需要改變的行為上。冗長的一般性討論應該避免，明確指出討論重點，以及這場討論應該做出什麼決定。

■第三個原則：

意見回饋也要提供「行為改變之後將帶來哪些好處」。經理人必須與下屬討論這些好處，強調改正目前造成問題的習慣之後，才有機會獲得這些好處。

我們把以上這三個原則，稱為「組織的意見回饋三層框架」。實際上，這份研究結果與本書中討論的許多觀念顯然有許多相似之處，這是因為意見回饋是影響大腦、進而影響行為的一種基本功能。研究發現，仔細利用資訊回饋迴路可使大腦對最初的訊息做出適當反映，從而改變我們的行為。有效的回饋迴路有四個組成部分，包括：

一、**證據**（**Evidence**）：與行為有關的數據必須被立即接收和呈現。

二、**相關性**（**Relevance**）：鮮少利用的冷數據（cold data），請經由設計、口頭報告、比較或情境，變成有意義的資料。

三、**因果關係**（**Consequence**）：訊息需要帶有意義或更廣泛的目標，如此才能回答「為什麼」。

四、**行動**（**Action**）：個人以獲得想要的數據為目的採取行動，進而結束舊迴路，開啟新迴路。

舉例來說，請想一下企業為了改善與永續相關的職場行為所做出的努力。若已有回收目標，或許可以經常表達相關意見，並提出具體數據（證據）；可將數據放在目標旁邊直接對照（相關性）；提出數據時可搭配鼓舞人心的評論，提醒大家這項行動的意義與重要性（因果關係）；最後以新的行動結束迴路，希望新的行動能帶來更好的措施（新迴路誕生）。

提升說服力的六種刺激物模型

近來發現的大腦溝通說服力，引發了一股「神經文化」（neuroculture）熱潮，也就是神經科學廣泛流傳至社會整體與流行文化中。我們認為這個現象令人興奮，因為我們深信，只要採用以大腦為基礎的方法，領導力、商業、教育、政治與生活整體都會大幅提升。溝通效能可以激增，進而省下大量的金錢與時間；對廣告業來說尤其如此。有句話說：「我的廣告只有一半效用，至於沒用的是哪一半，我也不知道。」

「神經學行銷」（neuromarketing）指的是，行銷與廣告從業人士以說服力的神經科學原理為基礎，發展出更新、更有效的溝通方式，為企業如何事半功倍提供許多撇步、技巧與模型。有些方法可輕鬆挪用於領導力情境，特別是派崔克．韓瓦瑟（Patrick Renvoise）與克里斯多福．摩林（Christophe Morin）於二〇〇二年首次提出一個以六種刺激物為基礎的模型。這個模型對於領導者如何與同事和下屬的大腦直接溝通，提供了極為有用的見解。下頁表格是韓瓦瑟與摩林的創見，告訴我們在內部溝通與管理資訊的情境下，哪些刺激物能大幅提升說服力的效果與效率。

然而實際上，能同時使用這些刺激物的情況微乎其微。不過，你可以混合使用兩、三種，以確保訊息能觸及聽眾大腦裡誘發行為反應的區域。若非如此，你將只是在跟大腦執行任務的部位溝通，它會做大量分析，但不會採取行動。

適用於領導力的「韓瓦瑟－摩林六種刺激物模型」

刺激物	描述	領導力應用
自我中心	較古老、較深層的大腦結構，主要與生存有關。自我保護的個體意識，使大腦留意與我們個人相關的事情。	開會、口頭報告和宣布重要消息時，必須強調訊息裡「與我有何關聯」的部分，務必要站在對方的角度。經常使用「你」，並搭配正面且有建設性的口吻。雖然有些人認為團隊不應區分彼此，但是團隊合作必然會涉及個人因素。無視和壓抑團隊裡的個別自我，可能會導致災難。藉由相互理解與互助合作促進個別自我，可使個別自我更上一層樓。
對比	大腦區別訊息之間的差異需要耗費能量。因此，大腦會傾向不要辨別訊息，節省能量。	內部宣傳活動與傳遞管理訊息的方式不要一成不變。把不一樣的特色與狀態突顯出來，幫助下屬的大腦輕鬆理解你的訊息。「前後差異」與「有無差異」的溝通方式在這裡很有用，也能用來說服對方接受新政策與改變計畫。「看看使用和不使用這條新規則有何差異。你喜歡哪一種情況？」這種訊息可有效利用對比，幫助大腦消化資訊。
有形的輸入	跟抽象和理論性的資訊比起來，大腦比較擅長理解具體	盡量使用具體和清楚的圖片與文字，以及明確的情境資訊，這能使困難且抽象的主題變得精確而具體。數字很有用，尤

	和有形的資訊。與前者相比，後者理解起來比較省力。	其是在特定的情境裡：不要說「我們將在這個專案投入大量資金」，改成「我們將在這個專案投入一百萬，相當於整個部門的預算」。第二個版本會造成更強大的影響力。
開頭與結尾	說故事之所以是一種歷史悠久的藝術（想想古希臘史詩《伊利亞德》與《奧德賽》），原因之一，是大腦喜歡接收有順序的資訊：有開頭、有結尾。因此注意力會在開頭和結尾時特別集中。	宣布重要事項時，開頭跟結尾的遣詞用字要特別注意。同樣的道理也適用於認識新同事與新員工：如果你在見面時說的第一句與最後一句話充滿力量，他們會牢牢記住。口頭報告切忌使用枯燥乏味的開頭，把有趣的細節留到後面。如若不然，投影片還沒秀到第十八張，觀眾早已注意力渙散了。
視覺刺激	人類是視覺動物，與其他感官相比，大腦透過雙眼接收到的資訊最多、也最快。因此，提供的訊息愈圖像化愈好。	不要使用生硬、枯燥、難以閱讀或理解的資料和投影片。訊息必須清楚、巨大、有重點。視覺效果少一點，但可以誇張一點；文字和數字少一點，但顯眼一些。極簡主義留給美術館，密密麻麻的試算表留給商學院的學生。遵循公司的企業文化與品牌方針，製作直接了當、易懂吸睛的內部文宣和報告資料。視覺效果愈顯眼明確，效果就愈好。別忘了要把你的組織對這類訊息的獨特反應，一併納入考量。

情感	大腦是情感器官，因為驅使我們對訊息採取實際行為反應的是情感。本章前面提過，大象推動我們，而騎象人為我們指引方向。	企業的資訊與溝通排除情感，這是不對的。因為要真是這樣，我們居住的環境會很不健康，甚至很變態（詳見第四章說明）。情感是大腦不可或缺的功能，甚至可以說是核心功能。因此善用情感能增加溝通的影響力，也能提升說服力。我們發現許多經理人傳遞訊息時刻意不帶情緒，這很有可能會降低溝通的影響力。只要特別留心組織文化，就能在訊息裡加入與共同目標有關的情感，將溝通的效果最大化。記得，情感帶來行動，就是這麼簡單。

發揮社會影響力的三個面向

具有影響力與說服力的作法，不一定是基於非黑即白的選擇。這些方法需要巧妙操作，針對個人與團隊量身打造，而且非常仰賴情境因素。因此，賓州大學華頓商學院的教授約拿．博格（Jonah Berger）在著作《看不見的影響力》（*Invisible Influence: The hidden forces that shape behavior*）一書中，討論了理應形塑影響力的三個面向，以及它們對說服效果的顯著影響。這三個面向分別是：

一、相似與相異

我們已經討論過共同價值觀、身分認同與意向性的重要性。但是，與眾不同也是會影響人類的一種需求。蘋果電腦一九九七年的廣告詞「不同凡想」（Think different）就是源自人類不想一味從眾以及對「與眾不同」的渴望。想要對目標團體發揮最大影響力，就必須在團體內的相似與團體外的相異之間找到平衡。有時，提醒人們應該與眾不同，會比告訴他們應該從眾更能影響對方的行為。

二、熟悉感與新鮮感

熟悉感的力量在於大腦處理與舊刺激相似的新刺激時，會比處理不熟悉的未知刺激更加省時省力。在這樣的情況下，不確定性比較低，且過往經驗能做為幫助快速決策的路線圖。另一方面新鮮感也有好處，例如：提供促使我們學習與成長不可或缺的多樣性；因為未知，所以能快速吸引注意力；不時出現的新鮮感已證實能夠增加生活滿意度。領導者在發揮影響力時，必須在熟悉感和新鮮感之間找到平衡，方法是觀察團隊過去在接觸已知與未知資訊時，分別有怎樣的行為反應。

三、合作與競爭

「共同存在」與「共同行動」都是強大的説服力條件。但另一方面，增加特定的個人與（或）團體之間的競爭感，也可以增加説服力，用更快速、強烈的方式驅策他人。換言之，合作與競爭的整合都是領導力的重要技巧。

博格的觀點是細緻操作，所以不要只選用一種方法。以上三個面向可兩兩搭配或三管齊下，從而發揮最大影響力。懂得運用時機，將決定領導者能主動説服他人還是只能被動回應。

本章重點

說服力是領導力的核心技巧，現代領導者必須具備影響行為的能力，以求實現組織目標。這意味著「掌握」三個主要功能：思考、感受與行為，如此才能完成重要結果。額葉是大腦負責執行的部位，對話雙方若僅靠額葉溝通並達成共識，幾乎不可能引發熱情與有意義的行為反應。我們必須用情感來激勵，再借助環境促成行動。指揮騎象人（理智）、激勵大象（情感）以及形塑路徑（行為與流程），能使個人和群體大腦發揮最佳效果。

以下則視情況使用：席爾迪尼的七大影響力原理；快速發揮影響力的詞彙跟語句；十二種同理心溝通法；吸引大腦注意力的六種刺激物模型。此外，說服力應該是一種組合技，而不是只用單一方法。只要使用得當，提升說服力將對你自己與他人的工作，帶來顯而易見的正面影響。

快速掌握「領導力腦科學」的關鍵重點

關於「人際關係」你必須知道……

■聚焦群策群力

與其單打獨鬥，不如攜手合作。

■建立良好友誼

五個建立良好友誼的建議：

一、培養安全感。 二、積極關注。

三、放下戒備。 四、互利互惠。

五、用不同的方式跟不同的朋友相處。

■人脈很重要

能對大腦功能與發揮影響力產生重要影響的人際關係，不容忽視。

■了解別人在想什麼

營造舒服的情境、表達時盡可能清楚明確並且積極聆聽，有助於雙方直接溝通。

■ **善用模仿的力量**

領導者在塑造他人的心情、態度與行為時，應該善用模仿的力量。

■ **說服**

利用三腦理論發揮說服力：

・提供合理說明　・情感激勵　・塑造環境

■ **診斷群體腦**

利用三種方式評估群體腦：

・對方知道什麼　・對方有什麼感受　・對方有怎樣的行為

■ **發揮影響力**

掌握影響力的原理：

・互惠　・承諾和一致　・社會認同　・權威　・喜好　・稀有性　・團結

■ **與大腦對話**

能夠產生立即影響的詞彙跟語句：

・「好處不只這些」　・「因為……」

・「我需要你『進行非常明確與（或）可量化的任務』」　・「你有權選擇」

■善用意見回饋

・非正式　・具體　・強調好處

■說服力刺激物

幫助領導者提升說服效果的六種刺激物：

一、自我中心　二、對比　三、有形的輸入

四、開頭與結尾　五、視覺刺激　六、情感

社會影響力的面向：

・相似與相異　・熟悉感與新鮮感　・合作與競爭

不要只選用一種方法。以上三個面向可兩兩搭配或三管齊下，才能發揮最大的領導影響力。

結語

腦科學、領導力與ＢＡＬ的未來發展

關於大腦的重大新發現，正在慢慢浮現；目前，我們所知道的可能只是冰山一角。美國心理學教授蓋瑞．馬庫斯（Gary Marcus）與傑瑞米．佛里曼（Jeremy Freeman）聯手編纂的《大腦的未來》（直譯，*The Future of the Brain: Essays by the world's leading neuroscientists*）一書中，他們認為：「我們活在神經科學最令人期待的年代。」

我們認為關於神經元如何放電、互動和影響行為的有趣觀察與事實，在未來的二十年，將是重大的發展期。而我們在常見的限制內，盡量在本書中收錄了大腦的最新研究與討論，並結合二十世紀中期的經典研究。我們認為以大腦相關的研究文獻為基礎，對經典與現代研究（但重點放在現代）進行綜合分析，正是ＢＡＬ領導力的優勢。我們相信，這四大支柱是可長可久的良方。但你仍需密切關注神經科學與行為科學的新發現、新研究、新應用，並抱持開放的心態，用這些新發現精進你自己的ＢＡＬ領導力。大腦具有可塑性，而且喜歡成長，而ＢＡＬ模型是一把好用的工具。

腦科學的未來

在寬廣的神經科學領域內的各項新發展之中，會對我們感知與處理大腦產生深遠影響的是「大腦互動」（brain-interacting）或「大腦改變」（brain-altering）技術；這種被稱為「神經科技」（neurotechnology）的新發現，甫問世就令人驚嘆，為腦傷患者帶來無窮希望。除了大腦植入系統 BrainGate（www.braingate2.org〔https://perma.cc/L7MF-9S8Q〕）與馬斯克創辦的 Neuralink（www.neuralink.com〔https://perma.cc/H38FRSS5〕），全球各地類似的科技與商業機構都在創造能與大腦神經元直接互動的裝置與軟體。

由此可見，能提升大腦的似乎不僅是自然發生的神經可塑性，植入頭部的電極與貼在頭頂上的感應器似乎也做得到。科技有辦法繞過大腦負責執行的區域，觸及更深層的結構，刺激直接反應。也就是說，關於大腦的思想與感受，藉由科技將能獲取更加明確的資訊。此外，科技也將幫助兩個人或更多人的大腦直接互動和交流。以下，是幾個引人入勝的相關研究：

一、腦對腦直接溝通

美國華盛頓大學資訊工程系兼ＮＳＦ感覺動作神經工程中心主任的羅傑斯．拉烏教授（Rajesh PN Rao），他在二〇一三年八月進行了史上首次腦對腦介面實驗。坐在兩個不同地方的兩名受試者必須攜手合作，設法在一場電腦遊戲中獲勝。第一個受試者叫傳送者，他看著遊戲畫面，並思考自己與搭檔的下一步應該怎麼做，但是他沒有玩遊戲的裝置。第二個受試者叫接收者，他能以手動的方式操縱遊戲裝置，但是他看不到遊戲畫面，無法自己判斷下一步要做什麼，他只能仰賴傳送者。傳送者戴著腦電波裝置（EEG），偵測他為了獲勝而思考的正確步驟。接收者則戴著跨顱磁刺激裝置（TMS），藉由刺激大腦的某些運動中樞來控制他的手，而不是由接收者自己控制。最終，兩位受試者在遊戲中獲勝。傳送者的想法遵循簡單的遊戲規則，將接收者的手往正確的方向移動。

這個實驗成果獲得大肆報導和關注。接著，在一項後續實驗中，研究團隊成功連結了三個人的大腦，他們稱之為「腦網」（BrainNet），這次他們讓受試者玩一個經典電腦遊戲：俄羅斯方塊。跟之前的實驗一樣，受試者都戴著腦電波裝置，兩個人擔任傳送者，一個人擔任接收者。實驗結果，他們的成功率高達八一．二五%，而且最重要的是，接收者光靠腦電波就能判斷哪一個傳送者的大腦信號是較能獲勝的正確信號！這個結果具有重大的社會意義。研究者表示：

> 我們發現腦網跟傳統的人際網路一樣，接收者會更加信任比較可靠的傳送者，而且我們的受試者僅仰賴直接傳送到大腦的資訊。我們的實驗結果可做為未來腦對腦介面的發展基礎，不久的將來，人類或許就可經由大腦串聯起來的「人際網路」合作解決問題。

二、影像和語音重建

二〇一一年，大阪大學認知神經科學研究室學者西本伸志等人，宣布他們成功捕捉受試者看自然影片時的影像，並使用另一個螢幕重建影像。受試者一邊看影片一邊接受ｆＭＲＩ掃描，科學家同步記錄大腦中與視覺影像有關的區域，尤其是枕顳葉視覺皮質。他們利用先進的視覺重現模型，成功地將受試者看見的動態影像重建到令人滿意的程度。雖然重建的影像很模糊，卻足以使我們懷抱希望，不久的將來必然會有進展。參與這項研究的學者之一湯瑪斯・納瑟拉里斯（Thomas Naselaris）則與二〇一五年表示：「類似讀心術的技術發展潛力，一定很快就會出現。必然會在我們的有生之年有機會實現。」

至於語音重建，美國神經科學學者摩西斯（Moses）等人，進行了一項由臉書資助的研究，他們將電極直接放在即將接受腦部手術的病患的大腦上，接著請病患大聲念出幾個問題以及每個問題可能的答案。藉由分析喉部、嘴唇、舌頭和下巴動作時大腦裡產生的電磁數據，他們能以七十六%的準確率預測受試者念出哪個問題，以六十一%的準確率預測受試者念出哪個答案。這意味著將來我們僅靠腦部數據，就能知道別人在說什麼，不需要真的聽見對方說話！

三、分享想法

一項發表於二〇一四年的研究證實，兩個大腦可藉由非侵入式的神經技術連線並分享想法。

一位受試者坐在印度的喀拉拉邦（傳送者），研究人員請他想像自己正在動手或動腳。他頭上戴的「人腦－電腦介面」裝置捕捉思考產生的大腦信號，翻譯成簡單的二進位代碼（〇和一），用來代表他想像的每一個動作。接著，研究人員為腦中想像的動作指定一個字，分別是義大利語的「ciao」和西班牙語的「hola」，各自代表動手和動腳。傳送者知道哪個字代表動手，哪個字代表動腳，並以此做出決定。他的想法變成二進位代碼後email到法國的史特拉斯堡，也就是另一位受試者（接收者）的所在地。接收者閉著雙眼，頭上也帶著儀器，這台儀器將接收到的二進位代碼轉譯成受試者腦海中的閃光，他事先知道閃光代表的意義，能依此說出「ciao」或「hola」，直接複製傳送者心中定傳送的字。

本質上，兩位受試者的大腦藉由網路直接溝通；傳送者心中想說「ciao」或「hola」，接收者知道答案。該研究的學者之一朱利奧．魯菲尼（Giulio Ruffini）則坦言：

> 這個實驗分為兩個面向。一方面，它相當技術性，為這個觀念提供了些許證據。另一方面，它是史無前例的實驗，可說是歷史性的時刻，令人興奮。

隨著了解大腦與大腦互動的研究突飛猛進，知名物理學家兼未來學家加來道雄在二〇一五年的著作《二〇五〇科幻大成真》（*The Future of the Mind: The scientific quest to understand, enhance, and empower the mind*）一書中，加入既富爭議又神祕的主題，例如：心電感應、念力、心靈控制、矽晶意識與心智超越物質等。他在這本書的開頭寫道：

自然界最大的兩個謎團是心智和宇宙……如果你想欣賞宇宙的雄偉，只要把目光投向繁星閃爍的夜空……若想看透心智的神祕，只要凝視鏡子裡的自己，問一問：這雙眼睛後面藏著什麼？……但是（直到最近）神經科學的基本工具尚未提供一套系統性的方法來分析大腦。

現在有了。讀腦技術正在快速發展，企業與政府都加倍努力，想在「人腦－電腦介面」（BCI）領域拔得頭籌。但與此同時，保護的法規亦需跟上科技發展的腳步。

以上這些進展，對BAL領導力來說意味著什麼？儘管難以確知，但我們可以預想幾個答案。首先，無論是對自己或組織，領導者都會更加認真看待訓練大腦的方法和活動，例如BAL。此外，對大腦有益的方法將進入早期教育，讓兒童與青少年借助增強大腦的方法、以更有效的方式去應付學校和生活中的挑戰。

其次，領導者與經理人在處理許多日常任務時，將使用行動應用程式、電腦程式與各種儀器來獲得神經回饋（接觸到受控制的刺激時，神經元產生的行為）。目前可行的例子包括：

・使用臉部辨識與腦電波測驗，雇用和訓練員工。應用神經科學的企業發明了使用神經科技的技能評估方法，例如：本書作者之一狄米崔亞迪斯共同創辦的 Trizma Neuro。只要頭上戴著腦電波裝置，在螢幕前坐個五分鐘，透過各種設備記錄生物特徵數據，就能完成同理心、恢復力與創意的神經評估！世界各地還有許多公司也在使用以神經科學為基礎的遊戲來評估類似的能力，並藉此招聘和訓練員工。

- 偵測員工的腦電波，藉此幫助他們快速進入心流狀態，提高生產力與成就感。
- 開會時透過語音辨識與其他方法建立情緒地圖，幫助企業打造促進合作與振奮人心的工作環境。
- 收集生理和生物特徵數據（主要藉由穿戴式裝置），用來偵測過勞、焦慮和其他威脅員工身心健康的症狀。

除此之外，相信未來各種數位工具提供的先進數據分析，都將突破根深蒂固的職場行為模式。最後，未來領導力將直接運用神經科技與腦對腦溝通，率先使用的可能是跨國企業、政府，甚至是教育機構。當然這僅是預測，需要謹慎考慮。若是隱私與道德這兩個重要問題無法妥善解決，許多技術將永遠無法實現。

當然，神經科學與神經科技的應用跟人類發明的其他工具一樣：可以用來行善，也可以用來作惡。這些工具能用來滿足自私的目標和操控他人，卻也能用來創造共同利益和群體利益。它們可以是解決衝突的方法，也可以擴大衝突，甚至帶來戰爭。《外交政策》雜誌（*Foreign Policy*）曾刊載過一份特別報告，揭露神經武器已然存在，國防機構與企業投注大量資金將神經科技和人類與基礎建設整合起來。《外交政策》雜誌二〇一五年九、十月號的封面標題是「歡迎進入神經戰爭的時代」，遺憾的是，我們距離這個無人樂見的未來或許不遠了。

「大腦結構」與「企業結構」的關係

企業結構無法自外於神經科學，我們安排工作、任務、權威層級與溝通管道的方式，都是大腦作用的結果。大腦的內在結構會鏡像反射在團隊、部門合組織的設計與結構裡。聽起來很誇張？但此事已是進行式。

二〇一二年，知名領導力大師、哈佛商學院榮譽退休榮譽教授約翰・科特（John P Kotter）在《哈佛商業評論》寫過一篇名為〈加速〉（*Accelerate*）的文章，後來在其著作《超速變革》（*XLR8: Building strategic agility for a faster-moving world*）中，延伸說明他發現的企業雙軌運作系統。一種是正式的、固定不變的傳統金字塔結構，另一種則是非正式、非強制、有彈性、類似新創公司、以專案為動力的網路結構。第一個系統確保運作正常穩定，第二個系統是提振創新、創意與未來競爭力的關鍵。這兩個系統，企業都需要，因為大腦也需要這兩個系統：理智和情感必須攜手合作、和諧共存，否則的話，大腦會出現功能故障，企業則是會被更精簡、更有創意的新創公司超越。

另外，二〇一四年，行銷專家史旺・艾倫斯（Marc de Swaan Arons）、法蘭克・德里斯特（Frank van den Driest）與基思・韋德（Keith Weed）在《哈佛商業評論》發表過一篇文章，名叫〈終極行銷工具〉（*The ultimate marketing machine*），而該期《哈佛商業評論》的主題是「思考、感受、行為：全新的行銷基礎原理」。在該篇文章中，三位筆者都認為最佳行銷功能結構鏡像反射出大腦的關鍵功能。他們認為行銷若要成功，就必須由不同的團隊分別負責「思考」任務（研究與分析）、「感受」任務（客戶管理與媒體關係）與「執行」任務（內容的創造與生產），三種團隊各自擁有擅長相應大腦作用的專家。

委婉地說，這是一場醞釀中的革命，而掌握神經科學對領導者來說是當務之急，他們也必須引領這場革命走入全新的疆界。能做到這件事的人，將贏得最終勝利。

以人際關係為本的BAL領導力

傳統領導力理論將領導力理解為個人特質，由多種認知功能組成；重點放在做為個人的領導者以及他們的人格特質、行為和處事風格上。我們認為這樣的觀念最好趕緊丟棄。

領導力的未來，在於人際關係必須結合三項核心要素：領導者、追隨者與情境。只注重這三項要素的其中一項或兩項，無法理解領導力現象的全貌。領導力是在特定的情境中，發生於領導者與追隨者的關係與互動之間的動態過程，而這三個要素息息相關，漏掉一個就無法掌握領導力的真諦。觀察領導者（與追隨者）時，不能不考慮他們參與的情境，也不能不考慮和他們有關係的人。領導力發生在彼此建立關係的過程中，目的是以一種非靜止、動態與持續演化的方式處理事情。實際上，這種以人際關係為本的方法並非首創。

十五年來，有一派觀念一直提倡領導力的本質建立在人際關係上。以人際關係為本的領導力，可以理解為一個社會性的建構過程，有複雜的多個實體（組織）彼此連結並相互依存。

我們在另一本著作中提出「關係人」（Homo relationalis）一詞（譯註：作者模仿人類學名

「智人」（Homo sapiens）的自創詞），這個詞，目的是強調如果想要進一步解釋和理解領導力，就不能不考慮人際關係（交互連結、相互關係與互動）。不過，做為一個社會性過程，領導力仍有一個缺漏的環節，而我們認為只要將腦科學中理解社會連結的不同方法納入考量，就能彌補這個缺漏。為什麼呢？

以領導力的人際關係為本，這人際關係中的各方在關懷彼此的過程中，均使用大腦來發展團體內部的合作、相互依存與信賴。這主要是因為以人際關係為本的領導力行為，比較接近人腦慢慢演化出來的社會性本質。有了更複雜的大腦皮質之後，人類有能力互惠、合作、發揮同理心、信任、對社會情況進行有智慧的分析，同時也有能力用比其他生物更聰明的方式去欺騙跟戰鬥。人腦天生具備的這些能力，應是領導者與追隨者之間持續互動的關鍵連結。

換言之，**領導力的新觀念是「人際關係」與「大腦適應」**。想要全盤了解相互依存的人類大腦，就必須重視大腦適應的人際關係領導力。以人際關係為本的ＢＡＬ領導力是一種動態、共同創造的領導風格，建立在領導力各方（領導者與追隨者）的人際關係基礎上。這種領導風格對內在運作有更深入的了解，尤其是關鍵大腦功能的意義。這種風格會在組織內部創造更多信任與合作，在有需要的時候催生克制的競爭，最終釋放出「關係人」真正的力量。我們認為ＢＡＬ將推動領導力邁向未來。

因此，ＢＡＬ領導力模型的第四根支柱「人際關係」是一根水平擺放的支柱，為另外三根支柱提供堅實的基礎。

全新的合作典範：從理性的「經濟人」，變成擅長合作的「關係人」

如果你問別人哪種動物最擅長彼此合作，通常對方會回答：蜜蜂跟螞蟻。蜜蜂與螞蟻和諧且持續地發揮團隊合作的能力，吸引人類關注。但事實真是如此嗎？若合作是與生俱來的能力，那麼人類是合作的動物，還是競爭的動物呢？事實上，我們把蜜蜂與螞蟻當成終極合作典範，這種想法源自根本上的誤解。蜜蜂與螞蟻對於合作或競爭毫無決定權，只是受到化學物質驅策才彼此合作。在這個化學物質主導的暴政下，牠們天生會與特定成員為了特定的目的攜手合作。若比擬為人類的社群，這種組織類似專政制度。因此，若答案抽離了「人性」，就會揭露出只考慮競爭、私利與孤立個體性的「經濟人」思維所造成的傷害。

「經濟人」是一種個人主義的觀念，不考慮任何社會層面，認為個人利益就是群體利益，造成極端自我中心的決策與行為模式。傳統的領導力研究中也包含「經濟人」的觀念，符合實證主義的知識論以及笛卡兒的心智與自然明顯分界原理，這種觀念導致我們與人類的合作天性，漸行漸遠。在比較智人與其他物種的演化過程以及群體大小與腦部大小的關係之後，社會腦理論於焉誕生。社會腦理論認為社群的人際互動、合作與共存取決於腦部大小，尤其是額葉皮質區。

也就是說，人類發育出較大的腦部，目的是建構更緊密的社會關係，藉由成為社會群體的成員來增加生存機會。因此，「經濟人」模型已漸漸過時。「互惠人」（Homo reciprocans）、「社會人」（Homo sociologicus）與「社會經濟人」（Homo socioeconomicus）等新模型紛紛問世，以便加深我們對複雜人際關係的了解。至於我們提出的「關係人」更是為了強調日常互動中人際關係的必要性，這些互動能促進合作，體現以人際關係為本的ＢＡＬ領導力。

ＢＡＬ領導力的未來發展

你既然已看到這裡，就表示我們用ＢＡＬ模型寫了這本書是成功的作法。至於這本書能否使你獲得成功，就端看你使用ＢＡＬ模型取得怎樣的成效，你成功，就等於我們成功。

不過，這並非我們第一次實踐ＢＡＬ模型。我們在神經科學、心理學、社會學、人類學、行為經濟學方面的參與，當然也包括管理和行銷學方面的研究，都無可避免地調整了我們的大腦，使大腦幾乎自動自發地運用許多這本書裡提到的原則。過去十年，我們兩個都在專業上扮演多重角色：老師、講者、培訓員、研究者、精神導師、教練、顧問、經理人、創業者。這些角色使我們有機會應用ＢＡＬ模型，除了我們自己直接應用，也包括觀察我們教導、建議與訓練的對象如何應用。因此，這本書裡提供的想法與建議都來自我們的親身體驗與具體成果。經驗使我們對ＢＡＬ模型深具信心，讓我們有動力寫下這本書，把ＢＡＬ的觀念散播到全世界。我們保證：只要運用ＢＡＬ原則，你的大腦將會成為最佳領導力盟友。

ＢＡＬ領導力的四大支柱將來肯定會更趨完善並有所延伸。現在，讓我們回顧一下前面討論過的幾個觀念將發揮怎樣的作用（有一些已在發生）：

支柱一：思考

思考變得更有效率。大腦會專注於它能做到的事，而不是我們以為它該做的事。我們將更快找出偏見、錯誤模式和自我耗損，因為我們懂得自我評估，也能對來自環境、個人身體與大腦的數據進行更好的分析。此外，我們也更懂得如何提問，增強恢復力，用更聰明的策略下注，並更快速地了解我們追求的目標是不是組織的目標，因為人際溝通將與大腦功能相輔相成。

支柱二：情感

情感將被視為動機與決策的基礎，因此，感受會變得更有意義。情感回饋技術會使我們更加了解自己與他人在工作時的感受，所以我們的ＥＱ會變高。此外，在數據分析與情感偵測介面的協助下，我們可以追蹤和管理情感類型與心情。我們不會執著於正面情感，而是知道我們也需要用全方位的方法善用負面情緒。

支柱三：大腦自主行為

大腦自主行為將對我們更加有利。神經設計成會協助我們創造更好的空間，包括虛擬空間與真實空間，這些空間會促發大腦進行合作、發揮創意與更高的生產力。行動裝置與其他設備上的ＡＰＰ和感測器也會使追蹤習慣變得更容易。

支柱四：人際關係

人際關係將變得更緊密，也更具驅動力。社群媒體劇烈改變人類於組織內外的互動、工作與生活方式，而且負面影響時有所聞。現在想要打造有用的溝通橋梁比過往來得容易，我們也能以更有效率的方式維護和評估這些橋梁。藉由先進的分析，甚至是電腦生成的資訊和建議，數位化成了說服力的一大助力。這主要奠基於所謂的「預測神經科學」（predictive neuroscience），亦即對大腦進行評估、模型建立和預測。與此同時，世界各地的企業重組方式也將以大腦內部結構為基礎；神經科技將會優化新結構的內部溝通效能，使其變得超級有效率，就像大腦一樣。

面對複雜性，我們需要優秀的領導者。每一種社會與經濟活動、企業與機構都需要優秀的領導者，來自任何年齡層，來自地球上的任何角落；複雜性也使我們需要具備實踐智慧的領導者。既然過往的知識不足以用來處理未來複雜的問題，我們就需要培養更多實用的日常判斷力來幫助決策，以及在各種社會情境裡做出適當的行為。希望ＢＡＬ模型會是加強「實踐智慧」的一大步，從而使全球各地的個人與群體領導力潛能都能夠獲得釋放。去吧，釋放你的潛能！

最後務必記得，閱讀這本書裡所有的「本章重點」。我們強烈建議你經常複習關鍵重點，除了溫故知新，也能使ＢＡＬ領導力更上一層樓！

後記

勇敢實踐BAL領導力吧！

BAL模型已是我們事業上與生活上不可或缺的一部分；寫這本書的過程也不例外。我們必須謹慎、前後一致、有創意地將BAL四大支柱付諸實行。以下細說分明。

關於支柱一「思考」，我們必須謹慎使用意志力，因為我們兩個都是一邊做全職工作一邊寫書。我們必須盡量避免過勞、各種認知偏見與模式辨識陷阱，尤其是在決定使用哪些相關文獻、提供那些建議與案例的時候。此外，也必須時時為這本書的內容發展提出正確的問題，並提醒自己寫這本書的崇高使命感；必須發揮創意解決各種挑戰，盡可能進入心流狀態（加快寫作進度），同時發揮超強記憶力，確定重要的資訊都沒有被遺漏。為此，增強成長心態是必要手段！

關於支柱二「情感」，寫這本書的過程中，我們體驗到的情感大致上屬於正面和極度正面（真是萬幸）。因此主要的情緒落在火箭象限。但就算因為不順遂而出現負面情感，也都獲得妥善利用：負面情感增強我們的決心與恢復力，幫助我們達成目標。這些情感是我們前進的動力

（這也是情感的功能）。我們的核心情感是興奮或追尋，而我們最常感受到的情感方程式是好奇心（＝驚奇＋敬畏）。

關於支柱三「大腦自主行為」，我們利用了促發作用：辦公桌上放滿與這本書相關的資料；無論各自身在地球上的哪個地方，我們兩個每天都會在線上碰面；我們會衝動地購買市面上的每一本提到神經科學或大腦的書和雜誌（通常是在歐洲與亞洲各家機場的書店），也利用線上資源閱讀相關主題的最新研究。這是我們兩個人過去十年來的共同習慣。

關於支柱四「人際關係」，我們盡最大的努力與朋友維持密切聯繫，包括我們彼此、出版社的優秀團隊、全球各地志同道合的專業人士與科學家，當然還有學生、同事與客戶。在新點子、解決問題與積極維繫人際關係上，弱連結的重要性不亞於強連結。

最重要的是，我們從未停止嘗試對他人發揮正面影響，包括我們彼此、我們的商業與人生夥伴，以及出版社的支援團隊，以求用最好的方式完成這本書。與此同時，我們在課堂上、企業和活動上都會提及這本書，希望給大家留下正面的印象，引發對方的期待。

感謝你拿起這本書，也希望你能多多分享我們對嶄新的、以大腦為基礎的領導力時代的看法。現在你面前有兩個選擇：繼續抱持舊有的想法、情感、習慣和人際關係，或是把ＢＡＬ的四根支柱付諸實行，變成更優秀的領導者。怎麼選看你自己，我們真心希望你的大腦已經做出正確的決定！

參考書目

前言

- Antonacopoulou, EP (2012) *Leadership: making waves, in New Insights into Leadership: An international perspective*, ed H Owen, Kogan Page, London
- Antonacopoulou, E and Psychogios, A (2015) Practising changing change: *How middle managers take a stance towards lived experiences of change, Annual Meeting of the Academy of Management*, August, Vancouver, Canada (Conference Proceedings – Paper 14448)
- Barry, TJ, Murray, L, Fearon, P, Moutsiana, C, Johnstone, T and Halligan, SL (2017) Amygdala volume and hypothalamic–pituitary–adrenal axis reactivity to social stress, *Psychoneuroendocrinology*, 85, pp 96–99
- Becker, WJ, Cropanzano, R and Sanfey, AG (2011) Organizational neuroscience: Taking organizational theory inside the neural black box, *Journal of Management*, 37(4), pp 933–61
- Beugré, CD (2018) *The Neuroscience of Organizational Behavior*, Edward Elgar Publishing, Cheltenham
- Bloom, P (2017) *Against Empathy: The case for rational compassion*, Vintage, London
- Boyd, R, and Richerson, PJ (2006) Culture and the evolution of the human social instincts, *Roots of Human Sociality*, pp 453–77
- Brown, JD (2018) In the minds of the followers: Follower–centric approaches to leadership, *in The Nature of Leadership*, ed J Antonakis and DD Day, pp 82–108, Sage, London
- Cilliers, P (2000) Rules and complex systems, *Emergence: Complexity and organization*, 2(3), pp 40–50
- Clawson, J (2011) *Level Three Leadership*, 5th edn, Prentice Hall, London
- De Neve, JE, Mikhaylov, S, Dawes, CT, Christakis, NA, and Fowler, JH (2013) Born to lead? A twin design and genetic association study of leadership role occupancy, *The Leadership Quarterly*, 24(1), 45–60
- Dimitriadis, N, Ney, J and Dimitriadis, NJ (2018) *Advanced Marketing Management: Principles, skills and tools*, Kogan Page, London
- Gander, K (2018) Endorestiform nucleus: Scientist just discovered a new part of the human brain, www.newsweek.com/endorestiform-nucleus-new-part-human-brain-discovered-scientist-1228367 (archived at https://perma.cc/X4G6-6CPT)
- Gorgiev, A and Dimitriadis, N (2016) Upgrading marketing research: Neuromarketing tools for understanding consumers, in *Handbook of Research on Innovations in Marketing Information Systems*, ed T Tsiakis, IGI Global (formerly Idea Group Inc), Pennsylvania
- Goto, Y and Grace, AA (2008) Limbic and cortical information processing in the nucleus accumbens, *Trends in Neurosciences*, 31(11), pp 552–58
- Grouda, J, Psychogios, A and Melnyk, Y (2019) The power of temperament: Exploring the biological foundations of leadership perceptions, *Interdisciplinary Perspectives on Leadership Symposium*, Theme: Power and Leadership, May, Corfu, Greece
- Hardy, B (2018) *Willpower Doesn't Work: Discover the hidden keys to success*, Piatkus, London
- Henson, C and Rossou, P (2013) *Brain Wise Leadership: Practical neuroscience to survive and thrive at work*, Learning Quest, Sydney
- Hood, B (2014) *The Domesticated Brain*, Pelican Books, London

- Horney, N, Passmore, B and O'Shea, T (2010) *Leadership agility:* A business imperative for a VUCA world, People and Strategy, 33(4), pp 34–38
- Kaas, JH and Herculano-Houzel, S (2017) What makes the human brain special: Key features of brain and neocortex, in *The Physics of the Mind and Brain Disorders*, ed I Opris and MF Casanova, pp 3–22, Springer International Publishing, New York
- Kahneman, D (2011) *Thinking, Fast and Slow*, Macmillan, Basingstoke
- Kandel, RE (2018) *The Disordered Mind: What unusual brains tell us about ourselves*, Farrar, Straus and Giroux, New York
- Kaufmann, SA (1993) *Origins of Order: Self organization and selection in evolution*, Oxford University Press, Oxford
- Lee, N, Senior, C and Butler, MJ (2012) The domain of organizational cognitive neuroscience: *Theoretical and empirical challenges, Journal of Management*, 38(4), pp 921–31
- Little, AC, Burriss, RP, Jones, BC and Roberts, SC (2007) Facial appearance affects voting decisions, *Evolution and Human Behavior*, 28(1), pp 18–27
- Maccoby, M (2004) Why people follow the leader: The power of transference, *Harvard Business Review*, September, https://hbr.org/2004/09/why-people-follow-the-leader-the-power-of-transference (archived at https://perma.cc/85MG-7F3G)
- McMillan, E (2006) *Complexity, Organizations and Change: An essential introduction*, Routledge, Abingdon
- New Scientist (2017) *How Your Brain Works: Inside the most complicated object in the known universe*, John Murray Learning and New Scientist
- Newman, R (2017) *Neuropolis: A brain science survival guide*, William Collins, London
- O'Shea, M (2005) *The Brain: A very short introduction*, Oxford University Press, Oxford
- Obolensky, N (2014) *Complex Adaptive Leadership: Embracing paradox and uncertainty*, 2nd edn, Gower Publishing Limited, Farnham
- Panksepp, J (2005) *Affective Neuroscience: The foundations of human and animal emotions*, Oxford University Press, Oxford
- Pierce, TJ and Newstrom, WJ (2014) *Leaders and the Leadership Process: Readings, self assessments and applications*, 6th edn, McGraw-Hill, New York
- Psychogios, A (2007) Towards the transformational leader: Addressing women's leadership style in modern business management, *Journal of Business and Society*, 20(1 and 2), pp 169–80
- Psychogios, A and Garev, S (2012) Understanding complexity leadership behaviour in SMEs: Lessons from a turbulent business environment, *Emergence: Complexity and organization*, 14(3), pp 1–22
- Rock, D and Ringleb, AH (2009) Defining NeuroLeadership as a field, *NeuroLeadership Journal*, 2, pp 1–7
- Rock, D and Tang, Y (2009) Neuroscience of engagement, *NeuroLeadership Journal*, 2, pp 15–22
- Rosenberg, MJ and Hovland, CI (1960) Cognitive, affective, and behavioral components of attitudes, in *Attitude Organization and Change: An Analysis of consistency among attitude components*, ed MJ Rosenberg, CI Hovland, WJ McGuire, RP Abelson and JW Brehm, pp 1–14, Yale University Press, New Haven
- Sapolsky, RM (2017) *Behave: The biology of humans at our best and worst*, Penguin, London
- Stacey, RD (2004) *Strategic Management and Organizational Dynamics: The challenge of complexity*, 4th edn, Prentice Hall, London
- Stacey, RD (2010) *Complexity and Organizational Reality: Uncertainty and the need to rethink management after the collapse of investment capitalism*, 2nd edn, Routledge, Abingdon
- Stacey, RD (2012) *Tools and Techniques of Leadership and Management: Meeting the challenge of complexity*, 1st edn, Routledge, Abingdon

- Tooby, J and Cosmides, L (2005) The theoretical foundations of evolutionary psychology, in *The Handbook of Evolutionary Psychology,* ed DM Buss, pp 5–67, John Wiley, Chichester
- Van der Meij, L, Schaveling, J and van Vugt, M (2016) Basal testosterone, leadership and dominance: A field study and meta-analysis, *Psychoneuroendocrinology,* 72, pp 72–79
- Vugt, MV (2018) Evolutionary, biological, and neuroscience perspectives, in *The Nature of Leadership,* ed J Antonakis and DD Day, pp 189–217, Sage, London
- Vugt, MV and Grabo, AE (2015) The many faces of leadership: An evolutionary–psychology approach, *Current Directions in Psychological Science,* 24(6), pp 484–89
- Vugt, MV and Ronay, R (2014) The evolutionary psychology of leadership: Theory, review, and roadmap, *Organizational Psychology Review,* 4(1), pp 74–95
- Western, S (2013) *Leadership: A critical text,* 2nd edn, Sage, London
- Wheatley, JM (1999) *Leadership and the New Science,* 2nd edn, Better-Koehler Publishers, San Francisco

第一章

- APA (2019) Building your resilience, www.apa.org/topics/resilience (archived at https://perma.cc/E324-T5GY)
- Bachmann, O, Grunschel, C and Fries, S (2019) Multitasking and feeling good? Autonomy of additional activities predicts affect, *Journal of Happiness Studies,* 20(3), pp 899–918
- Baumeister, FR and Tierney, J (2011) *Willpower: Rediscovering the greatest human strength,* Penguin Group, London
- Borysenko, K (2019) Burnout is now an officially diagnosable condition: Here's what you need to know about it, www.forbes.com/sites/karlynborysenko/ 2019/05/29/burnout-is-now-an-officially-diagnosable-condition-heres-what- you-need-to-know-about-it/#45495e092b99 (archived at https://perma.cc/Q7RY-KLFM)
- Fletcher, D and Sarkar, M (2013) Psychological resilience: A review and critique of definitions, concepts, and theory, *European Psychologist,* 18, pp 12–23
- Foer, J (2012) *Moonwalking with Einstein: The art and science of remembering everything,* Penguin Books, London
- Gelles, D Steward, JB, Silver-Greenberg, J and Kelly, K (2018) 'Worst is yet to come': A fraying, exhausted Elon Musk confronts a fateful tweet and 'excruciating' year, https://business.financialpost.com/transportation/autos/a-fraying-exhausted-elon-musk-confronts-a-fateful-tweet-and-an-excruciating-year (archived at https://perma.cc/JMM6-CA5T)
- Inzlicht, M, Berkman, E and Elkins-Brown, N (2016) The neuroscience of 'ego depletion': How the brain can help us understand why self-control seems limited, in *Social Neuroscience: Biological approaches to social psychology,* 1st edn, ed E Harmon-Jones and M Inzlicht, pp 101–23, Routledge, New York
- Kozloski, J (2016) Closed-loop brain model of neocortical information-based exchange, *Frontiers in Neuroanatomy,* 10, p 3
- Luthans, F, Avey, JB, Avolio, BJ, Norman, SM and Combs, GM (2006) *Psychological capital development: Toward a micro-intervention, Journal of Organizational Behavior: The international journal of industrial, occupational and organizational psychology and behavior,* 27(3), pp 387–93
- Maulding, WS, Peters, GB, Roberts, J, Leonard, E and Sparkman, L (2012) Emotional intelligence and resilience as predictors of leadership in school administrators, *Journal of Leadership Studies,* 5(4), pp 20–29
- Mischel, W (2014) *The Marshmallow Test: Understanding self-control and how to master it,* Corgi, London
- Nease, B (2016) *The Power of Fifty Bits: The new science of turning good intentions into positive results,* HarperCollins, New York

- Nield, D (2016) Neuroscientist says he's solved the mystery of why our brains use so much energy, www.sciencealert.com/scientists-think-they-ve-figured-out-why-the-brain-uses-up-so-much-energy (archived at https://perma.cc/65JQ-RZZN)
- Nørretranders, T (1998) *The User Illusion: Cutting consciousness down to size*, Penguin Books, New York
- Ohashi, K, Anderson, CM, Bolger, EA, Khan, A, McGreenery, CE, and Teicher, MH (2019) Susceptibility or resilience to maltreatment can be explained by specific differences in brain network architecture, *Biological Psychiatry*, 85(8), pp 690–702
- Peterson, SJ, Balthazard, PA, Waldman, DA and Thatcher, RW (2008) Neuroscientific implications of psychological capital: Are the brains of optimistic, hopeful, confident, and resilient leaders different? *Organizational Dynamics*, 37(4), pp 342–53
- Rapier, G (2019) Elon Musk's infamous tweet declaring he had 'funding secured' at $420 per share to take Tesla private was sent one year ago today. Here's everything the company's faced in the year since, www.businessinsider.com/elon-musk-tesla-private-one-year-anniversary-2019-8?r=US&IR=T (archived at https://perma.cc/SP46-5XDL) Reynolds, E (2016) Why does the brain use so much energy? www.wired.co.uk/article/why-brain-uses-so-much-energy (archived at https://perma.cc/Z3V8-L6B2)
- Richardson, MW (2019) How much energy does the brain use? www.brainfacts.org/brain-anatomy-and-function/anatomy/2019/how-much-energy-does-the-brain-use-020119 (archived at https://perma.cc/5UVM-56BL)
- Russo, SJ, Murrough, JW, Han, MH, Charney, DS and Nestler, EJ (2012) Neurobiology of resilience, *Nature Neuroscience*, 15(11), pp 1475–84
- Sanbonmatsu, DM, Strayer, DL, Medeiros-Ward, N and Watson, JM (2013) Who multi-tasks and why? Multi-tasking ability, perceived multi-tasking ability, impulsivity, and sensation seeking, *PLOS ONE*, 8(1)
- Siegler, MG (2010) Eric Schmidt: Every 2 days we create as much information as we did up to 2003, http://techcrunch.com/2010/08/04/schmidt-data/ (archived at https://perma.cc/4P9M-LKXN)
- Southwick, FS, Martini, BL, Charney, DS and Southwick, SM (2017) Leadership and resilience, in *Leadership Today, ed J Marques and S Dhiman*, pp 315–33, Springer, New York
- Steward, J (2014) Sustaining emotional resilience for school leadership, *School Leadership and Management*, 34(1), pp 52–68
- Swaminathan, N (2008) Why does the brain need so much power? *Scientific American*, 29 April
- Walter, M (2014) *Marshmallow Test*, Transworld Publishers, London
- WHO (2019) Burn-out an 'occupational phenomenon': International Classification of Diseases, www.who.int/mental_health/evidence/burn-out/en/ (archived at https://perma.cc/76T6-HGPK)
- Woods, DD (2006) Essential characteristics of resilience engineering, in *Resilience Engineering: Concepts and precepts*, ed E Hollnagel, DD Woods and N Leveson, pp 21–34, Ashgate Publishing, Burlington
- Zautra, AJ, Hall, JS, and Murray, KE (2010) A new definition of health for people and communities, in *Handbook of Adult Resilience*, ed JW Reich, AJ Zautra and JS Hall, pp 3–29, Guilford Press, New York

第二章

- Ariely, D (2008) *Predictably Irrational: The hidden forces that shape our decisions*, HarperCollins, London
- Ariely, D and Loewenstein, G (2006) The heat of the moment: The effect of sexual arousal on sexual decision making, *Journal of Behavioral Decision Making*, 19(2), pp 87–98

- Badaracco, JL (2016) How to tackle your toughest decisions, *Harvard Business Review*, September, pp 104–07
- Berger, W (2014) *A More Beautiful Question: The power of inquiry to spark breakthrough ideas*, Bloomsbury, New York
- Bhangal, S, Merrick, C, Cho, H and Morsella, E (2018) Involuntary entry into consciousness from the activation of sets: Object counting and color naming, *Frontiers in Psychology*, 9, p 1017
- CIPD (2019) *Diversity Management That Works: Research report*, www.cipd.co.uk/ Images/7926-diversity-and-inclusion-report-revised_tcm18-65334.pdf (archived at https://perma.cc/5VYQ-EBL4)
- Darley, JM and Batson, CD (1973) 'From Jerusalem to Jericho': A study of situational and dispositional variables in helping behaviour, *Journal of Personality and Social Psychology*, 27(1), pp 100–08
- Dennett, DC (2018) *From Bacteria to Bach and Back: The evolution of minds*, Penguin Books, London
- Fridman, J, Barrett, LF, Wormwood, JB and Quigley, KS (2019) Applying the theory of constructed emotion to police decision making, *Frontiers in Psychology*, 10, p 1946
- Gibbs, S (2017) The iPhone only exists because Steve Jobs 'hated this guy at Microsoft', www.theguardian.com/technology/2017/jun/21/apple-iphone-steve-jobs-hated-guy-microsoft-says-scott-forstall (archived at https://perma.cc/V5TK-XAK4)
- Goleman, D (1986) *Emotional Intelligence: Why it can matter more than IQ*, Bloomsbury, New York
- Goleman, D (1998) *Vital Lies, Simple Truths: The psychology of self deception*, Bloomsbury, New York
- Harris, S (2012) *Free Will*, *Free Press*, New York
- Haselton, MG, Nettle, D and Andrews, PW (2005) The evolution of cognitive bias, in *The Handbook of Evolutionary Psychology*, ed DM Buss, pp 724–46, John Wiley and Sons Inc, Hoboken
- Hill, D (2010) *Emotionomics: Leveraging emotions for business success*, Kogan Page, London
- Isaac, M (2017) Inside Uber's aggressive, unrestrained workplace culture, www.nytimes.com/2017/02/22/technology/uber-workplace-culture.html (archived at https://perma.cc/2USF-8QNE)
- Janis, IL (1982) *Groupthink: Psychological studies of policy decisions and fiascoes*, Houghton Mifflin, Boston
- Jeffery, R (2014) The neuroscience of bias: Diet cola makes you (even) more racist, www.peoplemanagement.co.uk/long-reads/articles/neuroscience-bias (archived at https://perma.cc/A8P7-R2TK)
- Kahneman, D (2011) *Thinking, Fast and Slow*, *Farrar, Straus and Giroux*, New York
- Kleinman, Z (2017) Uber: The scandals that drove Travis Kalanick out, www.bbc.com/ news/technology-40352868 (archived at https://perma.cc/L6E2-6NMG)
- Molenberghs, P and Louis, WR (2018) Insights from FMRI studies into ingroup bias, *Frontiers in Psychology*, 9, p 1868
- Peters, S (2012) *The Chimp Paradox: The mind management program to help you achieve success, confidence, and happiness*, Vermilion, London
- Reingold, J (2014) How Home Depot CEO Frank Blake kept his legacy from being hacked, *Fortune*, 17 November
- Ross, HJ (2014) *Everyday Bias*, Rowman and Littlefield Publishers, London
- Schoemaker, PJ, and Krupp, S (2015) The power of asking pivotal questions, *MIT Sloan Management Review*, 56(2), pp 39–47

- Silver, N (2012) *The Signal and the Noise: Why so many predictions fail-but some don't,* The Penguin Press, New York
- Tetlock, PE (2005) *Expert Political Judgment: How good is it? How can we know?* Princeton University Press, Princeton
- Watkins, A (2013) *Coherence: The secret science of brilliant leadership,* Kogan Page, London
- Williams, M (2017) Numbers take us only so far, *Harvard Business Review,* November–December, pp 142–46

第三章

- Advanced Brain Monitoring (2020) Official website, www.advancedbrainmonitoring.com (archived at https://perma.cc/7WD8-GGT2)
- *American Heritage Dictionary of the English Language* (2011) 5th edn, Houghton Mifflin Harcourt Publishing Company, New York
- Bargh, J (2017) *Before You Know It: The unconscious reasons we do what we do,* William Heinemann, London
- Bechara, A (2011) The somatic marker hypothesis and its neural basis: Using past experiences to forecast the future in decision making, in *Predictions in the Brain: Using our past to generate a future,* ed M Bar, pp 122–33, Oxford University Press, Oxford
- Bjork, RA, and Bjork, EL (2019) Forgetting as the friend of learning: Implications for teaching and self-regulated learning. *Advances in Psychology Education,* 43, pp 164–67
- Boyatzis, RE, Passarelli, AM, Koenig, K, Lowe, M, Mathew, B, Stoller, JK and Phillips, M (2012) Examination of the neural substrates activated in memories of experiences with resonant and dissonant leaders, *The Leadership Quarterly,* 23(2), pp 259–72
- Buchanan, DA and Hunczynsky, AA (2010) *Organizational Behaviour,* 7th edn, Prentice Hall, Upper Saddle River, NJ
- Burnett, D (2016) *Idiot Brain: What your head is really up to,* WW Norton and Company, New York
- Bursley, JK (2012) Unconscious learning: James Bursley at TEDxEnola, www.youtube.com/watch?v=ghPX9NhPqpg (archived at https://perma.cc/C397-PP9D)
- Bursley, JK, Nestor, A, Tarr, MJ and Creswell, JD (2016) Awake: Offline processing during associative learning, PLOS ONE, 11(4): e0127522
- Burtis, P J (1982) Capacity increase and chunking in the development of short-term memory, *Journal of Experimental Child Psychology,* 34(3), pp 387–413
- Carey, B (2015) *How We Learn: The surprising truth about when, where, and why it happens,* Random House Trade Paperbacks, London
- Chopra, D and Tanzi, RE (2013) *Super Brain: Unleash the explosive power of your mind,* Rider Books, London
- Chrysikou, EG (2014) Your fertile brain at work, *Scientific American Mind,* Special Collector's Edition on Creativity, 23(1, Winter), pp 86–93
- Conti, R, Angelis, J, Cooper, C, Faragher, B and Gill, C (2006) The effects of lean production on worker job stress, *International Journal of Operations and Production Management,* 26(9), pp 1013–38
- Csikszentmihalyi, M (2008) *Flow: The psychology of optimal experience,* Harper Perennial Modern Classics, London
- Curtis, CE and D'Esposito, M (2003) Persistent activity in the prefrontal cortex during working memory, *Trends in Cognitive Sciences,* 7(9), pp 415–23
- Dweck, CS (2012) *Mindset: How you can fulfill your potential,* Robinson, London
- Eichenbaum, H (2011) *The Cognitive Neuroscience of Memory: An introduction,* Oxford University Press, Oxford
- *Entrepreneur* (2015) Creative genius: Habits and tips from inventive people in the business, April, pp 56–60

- Foer, J (2012) *Moonwalking with Einstein: The art and science of remembering everything*, Penguin Books, London
- *Fortune* (2014) CEO 101: Business leaders share their secrets to success, Fortune, 17 November, pp 46–53
- Fox, E (2013) *Rainy Brain, Sunny Brain: How to retrain your brain to overcome pessimism and achieve a more positive outlook*, Arrow Books, London
- Godden, DR and Baddeley, AD (1975) Context-dependent memory in two natural environments: On land and underwater, *British Journal of Psychology*, 66(3), pp 325–31
- Hamann, S (2001) Cognitive and neural mechanisms of emotional memory, *Trends in Cognitive Sciences*, 5(9), pp 394–400
- Hood, B (2014) *The Domesticated Brain*, Pelican Books, London
- Howe, MJA, Davidson, JW and Sloboda, JA (1998) Innate talents: Reality or myth?, *Behavioral and Brain Sciences*, 21(3), pp 399–407
- IBM (2010) IBM 2010 global CEO study: Creativity selected as most crucial factor for future success, IBM Press News, www-03.ibm.com/press/us/en/pressrelease/31670.wss (archived at https://perma.cc/8MD6-ECYF)
- Johansson, F (2012) *The Click Moment: Seizing opportunity in an unpredictable world*, Penguin, London
- Johnston, I (2017) 'Catastrophic' lack of sleep in modern society is killing us, warns leading sleep scientist, www.independent.co.uk/news/sleep-deprivation-epidemic-health-effects-tired-heart-disease-stroke-dementia-cancer-a7964156.html (archived at https://perma.cc/5L8Q-EUYS)
- Kempermann, G, Kuhn, HG and Gage, FH (1997) More hippocampal neurons in adult mice living in an enriched environment, Nature, 386(6624), pp 493–95
- Klimesch, W (2013) *The Structure of Long-Term Memory: A connectivity model of semantic processing*, Psychology Press, Hove
- Kotler, S (2014a) *The Rise of Superman: Decoding the science of ultimate human performance*, Houghton Mifflin Harcourt, New York:
- Kotler, S (2014b) The science of peak human performance, https://time.com/56809/the-science-of-peak-human-performance/ (archived at https://perma.cc/GUN8-Q7SM)
- Lewis, PA, Knoblich, G and Poe, G (2018) How memory replay in sleep boosts creative problem-solving, *Trends in Cognitive Sciences*, 22(6), pp 491–503
- Lunau, K (2019) A 'memory hacker' explains how to plant false memories in people's minds, www.vice.com/en_in/article/8q8d7x/memory-hacker-implant-false-memories-in-peoples-minds-julia-shaw-memory-illusion (archived at https://perma.cc/8XCK-SJVB)
- Mackay, DG (2014) The engine of memory, *Scientific American Mind*, 25(3, May/June), pp 30–38
- Medeiros, J (2017) How to 'game your brain': The benefits of neuroplasticity, www.wired.co.uk/article/game-your-brain (archived at https://perma.cc/UHT3-7VKX)
- Mourkogiannis, N (2006) *Purpose: The starting point of great companies*, Palgrave/Macmillan, Basingstoke
- Mueller, JS, Melwani, S and Goncalo, J (2012) The bias against creativity: Why people desire yet reject creative ideas, *Psychological Science*, 21(1), pp 13–17
- Pink, D (2009a) *Drive: The surprising truth about what motivates us*, Riverhead Books, New York
- Pink, D (2009b) The puzzle of motivation, TED Talks, www.youtube.com/watch?v=rrkrvAUbU9Y&t=4s- (archived at https://perma.cc/6QYG-JAWP)
- Psychogios, GA, Alexandris, K, and Onofrei, A (2008) Addressing individual and organizational factors influencing middle managers' synthesising role in knowledge creation and diffusion, *International Journal of Learning and Intellectual Capital*, 5(2), pp 208–22
- Quinn, RE and Thakor, AV (2018) Creating a purpose-driven organization, *Harvard Business Review*, July–August, pp 78–85
- *Scientific American Mind* (2014) Upgrading the brain, Scientific American Mind, Special issue: The future you, 25(6, November/December), pp 8–9

- Seelig, T (2012) *inGenius: A crash course on creativity*, Hay House, Inc, Carlsbad, CA
- Shaw, J (2016) *The Memory Illusion: Remembering, forgetting, and the science of false memory*, Random House, London
- Sims, P (2011) *Little Bets: How breakthrough ideas emerge from small discoveries*, Random House, London
- Sinek, S (2009) Start with why: How great leaders inspire action, TED Talks, www.youtube.com/watch?v=u4ZoJKF_VuA&t=5s (archived at https://perma.cc/ 4UJK-GHWY)
- Sinek, S (2010) *Start With Why: How great leaders inspire everyone to take action*, Penguin, London
- Sinek, S (2014) *Leaders Eat Last: Why some teams pull together and others don't*, Penguin, London
- Taleb, NN (2007) *Black Swan: The impact of the highly improbable*, Penguin, London
- Taleb, NN (2012) *Antifragile*, Allen Lane, London
- Taylor, R (2013) *Creativity at Work: Supercharge your brain and make your ideas stick*, Kogan Page, London
- The Economist (2010) The world in figures: Countries, *The World in 2011: 25-year special edition*, *The Economist*, London
- Yong, E (2018) A new theory linking sleep and creativity, www.theatlantic.com/science/archive/2018/05/sleep-creativity-theory/560399/ (archived at https://perma.cc/73Z5-6C27)

第四章

- Antonacopoulou, EP and Gabriel, Y (2001) Emotion, learning and organizational change: Towards an integration of psychoanalytic and other perspectives, *Journal of Organizational Change Management*, 14(5), pp 435–51
- Australian Psychological Society (2016) Corporate psychopaths common and can wreak havoc in business, researcher says, www.psychology.org.au/news/media_releases/13September2016/Brooks/ (archived at https://perma.cc/Q5YX-MNXP)
- Babiak, P and Hare, DR (2006) *Snakes in Suits: When psychopaths go to work*, HarperBusiness, London
- Barsade, SG, Coutifaris, CG and Pillemer, J (2018) Emotional contagion in organizational life, *Research in Organizational Behavior*, 38, pp 137–51
- Boyatzis, R and Goleman, D (1996) *Emotional Competency Inventory*, The Hay Group, Boston, MA
- Boyatzis, R and McKee, A (2005) *Resonant Leadership: Sustaining yourself and connecting to others through mindfulness, hope, and compassion*, Harvard Business School Press, Boston
- Brooks, AW (2013) Get excited: Reappraising pre-performance anxiety as excitement, *Journal of Experimental Psychology: General*, 143(3), pp 1144–58
- Buhayar, N (2013) 'Laser-focused' CEOs proliferate as jargon infects speech, www.bloomberg.com/news/articles/2013-09-11/laser-focused-ceos-multiply-with-promises-from-ipads-to-macaroni (archived at https://perma.cc/QNR8-TH3E)
- Chamorro-Premuzic, T (2019) 1 in 5 business leaders may have psychopathic tendencies – Here's why, according to a psychology professor, www.cnbc.com/ 2019/04/08/the-science-behind-why-so-many-successful-millionaires-are-psychopaths-and-why-it-doesnt-have-to-be-a-bad-thing.html (archived at https://perma.cc/7GUT-YSWZ)
- Conley, C (2012) *Emotional Equations: Simple truths for creating happiness + success*, Simon and Schuster, New York
- Cooper, RK and Sawaf, A (1996) *Executive EQ: Emotional intelligence in leadership and organizations*, Perigee, New York

- Craig, AD (2010) The sentient self, *Brain Structure and Function,* 214(5–6), pp 563–77
- Damasio, A (1994) *Descartes' Error: Emotion, reason and the human brain,* Penguin, New York
- Damasio, A (2004) Emotions and feelings: A neurobiological perspective, in *Feelings and Emotions: The Amsterdam symposium,* ed AS Manstead, N Frijda and A Fischer, pp 49–57, Cambridge University Press, Cambridge
- Damasio, A (2018) *The Strange Order of Things: Life, feeling and the making of cultures,* Pantheon Books, New York
- Davidson, JR and Begley, S (2012) *The Emotional Life of Your Brain: How to change the way you think, feel and live,* Hudson Street Press, New York
- Dijk, CFV and Freedman, J (2007) Differentiating emotional intelligence in leadership, *Journal of Leadership Studies,* 1(2), pp 8–20
- Dutton, DG and Aaron, AP (1974) Some evidence for heightened sexual attraction under conditions of high anxiety, *Journal of Personality and Social Psychology,* 30, pp 510–17
- Ekman, P (2007) *Emotions Revealed: Recognizing faces and feelings to improve communication and emotional life,* Owl Books, New York
- Ellis, BJ, and Boyce, WT (2008) Biological sensitivity to context, *Current Directions in Psychological Science,* 17(3), pp 183–87
- Eurich, T (2018) What self-awareness really is (and how to cultivate it), *Harvard Business Review, January,* p 4
- Fayol, H (1930) *Industrial and General Administration,* Sir Isaac Pitman and Sons, London
- Fayol, H (1949) *General and Industrial Management,* Sir Isaac Pitman and Sons, London
- Fox, E (2013) *Rainy Brain, Sunny Brain: How to retrain your brain to overcome pessimism and achieve a more positive outlook,* Arrow Books, London
- Galetzka, C (2017) The story so far: How embodied cognition advances our understanding of meaning-making, *Frontiers in Psychology,* 8, p 1315
- Goleman, D (1995) *Emotional Intelligence: Why it can matter more than IQ,* Bantam, New York
- Goleman, D, Boyatzis, R and McKee, A (2002) *Primal Leadership: Realizing the power of emotional intelligence,* Harvard Business School Press, Boston
- Gonzales, M (2012) *Mindful Leadership: The 9 ways to self-awareness, transforming yourself and inspiring others,* John Wiley and Sons, Chichester
- Gu, X, Hof, PR, Friston, KJ and Fan, J (2013) Anterior insular cortex and emotional awareness, *Journal of Comparative Neurology,* 521(15), pp 3371–88
- Hasson, U, and Frith, CD (2016) Mirroring and beyond: Coupled dynamics as a generalized framework for modelling social interactions, *Philosophical Transactions of the Royal Society B: Biological Sciences,* 371(1693)
- *Independent* (2010) Think oblique: How our goals are best reached indirectly, www.independent.co.uk/arts-entertainment/books/features/think-oblique-how-our-goals-are-best-reached-indirectly-1922948.html?amp (archived at https://perma.cc/JNH8-K795)
- Jiang, J, Chen, C, Dai, B, Shi, G, Ding, G, Liu, L and Lu, C (2015) Leader emergence through interpersonal neural synchronization, *Proceedings of the National Academy of Sciences,* 112(14), pp 4274–79
- Kaczmarek, LD, Behnke, M, Enko, J, Kosakowski, M, Guzik, P and Hughes, BM (2019) Splitting the affective atom: Divergence of valence and approach-avoidance motivation during a dynamic emotional experience, *Current Psychology,* 23 April, pp 1–12
- Kelley, NJ, Hortensius, R, Schutter, DJ and Harmon-Jones, E (2017) The relationship of approach/avoidance motivation and asymmetric frontal cortical activity: A review of studies manipulating frontal asymmetry, *International Journal of Psychophysiology,* 119, pp 19–30

- Le Merrer, J, Becker, AJJ, Befort, K and Kieffer, LB (2009) Reward processing by the opioid system in the brain, *Physiological Reviews*, 89(4), pp 1379–1412
- Miller, L (2009) *Mood Mapping: Plot your way to emotional health and happiness*, Rodale, London
- Miller, M, Bentsen, T, Clendenning, DD, Harris, S, Speert, D and Binder, C (2008) *Brain Facts: A primary on the brain and nervous system*, Society for Neuroscience, Washington
- Nadler, RT, Rabi, R and Minda, JP (2010) Better mood and better performance: Learning rule-described categories is enhanced by positive mood, *Psychological Science*, 21(12), pp 1770–76
- Oldroyd, K, Pasupathi, M and Wainryb, C (2019) Social antecedents to the development of interoception: Attachment related processes are associated with interoception, *Frontiers in Psychology*, 10, pp 712
- Parvizi, J, Jacques, C, Foster, BL, Withoft, N, Rangarajan, V, Weiner, KS and Grill-Spector, K (2012) Electrical stimulation of human fusiform face-selective regions distorts face perception, *Journal of Neuroscience*, 32(43): pp 14915–20
- Posner, J, Russell, JA and Peterson, BS (2005) The circumplex model of affect: An integrative approach to affective neuroscience, cognitive development, and psychopathology, *Development and Psychopathology*, 17(3), pp 715–34
- Ronson, J (2011) *The Psychopath Test: A journey through the madness industry*, London: Picador
- Segal, NL, Goetz, AT and Maldonado, AC (2016) Preferences for visible white sclera in adults, children and autism spectrum disorder children: Implications of the cooperative eye hypothesis, *Evolution and Human Behavior*, 37(1), pp 35–39
- Snaebjornsson, IM and Vaiciukynaite, E (2016) Emotion contagion in leadership: Follower-centric approach, *Business and Economic Horizons* (BEH), 12(1232-2017-2389), pp 53–62
- Taylor, WF (1911) *The Principles of Scientific Management*, Harper and Brothers, New York and London
- Tee, EY (2015) The emotional link: Leadership and the role of implicit and explicit emotional contagion processes across multiple organizational levels, *The Leadership Quarterly*, 26(4), pp 654–70
- Tomasello, M (2019) Michael Shermer with Dr Michael Tomasello: Becoming human, Science Salon 54, www.youtube.com/watch?v=ghJklTn-il8 (archived at https://perma.cc/XL6N-R5FV)
- Weber, M (1947) *The Theory of Social and Economic Organization*, Free Press, New York

第五章

- Achor, S (2010) *The Happiness Advantage: The seven principles of positive psychology that fuel success and performance at work*, Crown Publishing, New York
- Adler, JM, and Hershfield, HE (2012) Mixed emotional experience is associated with and precedes improvements in psychological well-being, PLOS ONE, 7(4), https://journals.plos.org/plosone/article?id=10.1371/journal.pone.0035633 (archived at https://perma.cc/YU7C-5ES6)
- Adolphs, R and Anderson, DJ (2018) *The Neuroscience of Emotion: A new synthesis*, Princeton University Press, New Jersey
- Antonakis, J, Fenley, M and Liechti, S (2011) Can charisma be taught? Tests of two interventions, *Academy of Management Learning and Education*, 10(3), pp 374–96
- Badawy, AAB (2003) Alcohol and violence and the possible role of serotonin, *Criminal Behavior and Mental Health*, 13(1), pp 31–44

- Barsade, SG, Coutifaris, CG and Pillemer, J (2018) Emotional contagion in organizational life, *Research in Organizational Behavior*, 38, pp 137–51
- Bastian, B (2018) *The Other Side of Happiness: Embracing a more fearless approach to living*, Allen Lane, London
- Berggren, N, Jordahl, H and Poutvaara, P (2010) The looks of a winner: Beauty and electoral success, *Journal of Public Economics*, 94(1–2), pp 8–15
- Boehm, JK and Lyubomirsky, S (2008) Does happiness promote career success?, *Journal of Career Assessment*, 16(1), pp 101–16
- Brown, P, Kingsley, J and Paterson, S (2015) *The Fear-Free Organization: Vital insights from neuroscience to transform your business culture*, Kogan Page Limited, London
- Burnett, D (2016) *Idiot Brain: What your head is really up to*, WW Norton and Company, New York
- Colvin, G (2015) Personal bests, Fortune, 15 March, pp 32–36
- Conley, C (2012) *Emotional Equations: Simple truths for creating happiness + success*, Simon and Schuster, New York
- Dolan, P (2014) *Happiness by Design: Finding pleasure and purpose in everyday life*, Penguin, London
- Ekman, P (1984) Expression and the nature of emotion, *Approaches to Emotion*, 3, pp 19–344
- Ekman, P (2007) *Emotions Revealed: Recognizing faces and feelings to improve communication and emotional life*, Owl Books, New York
- Gander, K (2014) Top words of 2014: The heart emoji named most used term of the year, www.independent.co.uk/news/weird-news/top-words-of-2014-the-heart-emoji-named-most-used-term-of-the-year-9948644.html (archived at https://perma.cc/2ASX-GTXV)
- Greenfield, S (2015) *The Human Brain: A guided tour*, Weidenfeld and Nicholson, London
- Hammond, C (2005) *Emotional Rollercoaster: A journey through the science of feelings*, HarperCollins, New York
- Heiss, ED (2014) The MBA of the future needs a different toolbox, www.forbes.com/ sites/darden/2014/10/01/the-mba-of-the-future-how-many-doing-what/ (archived at https://perma.cc/8VPL-7J55)
- Herzberg, F, Mausner, B and Snyderman, B (1959) *The Motivation to Work*, 2nd edn, John Wiley, New York
- Jack, RE, Garrod, OG and Schyns, PG (2014) Dynamic facial expressions of emotion transmit an evolving hierarchy of signals over time, *Current Biology*, 24(2), pp 187–92
- Kashdan, T and Biswas-Diener, R (2015) *The Power of Negative Emotion: How anger, guilt and self doubt are essential to success and fulfillment*, Oneworld Publications, London
- Lövheim, H (2012) A new three-dimensional model for emotions and monoamine neurotransmitters, *Medical Hypotheses*, 78(2), pp 341–48
- Mallan, KM, Lipp, OV and Cochrane, B (2013) Slithering snakes, angry men and out-group members: What and whom are we evolved to fear? *Cognition and Emotion*, 27(7), pp 1168–80
- McGonigal, K (2015) *The Upside of Stress: Why stress is good for you, and how to get good at it*, Penguin Random House, London
- Michalos, AC (1985) Multiple discrepancies theory (MDT), *Social Indicators Research*, 16(4), pp 347–413
- Milgram, S (1974) *Obedience to Authority: An experimental view*, HarperCollins, New York
- Montag, C and Panksepp, J (2017) Primary emotional systems and personality: An evolutionary perspective, *Frontiers in Psychology*, 8, p 464
- Nathanson, DL (1992) *Shame and Pride: Affect, sex, and the birth of the self*, WW Norton, New York:

- Ohlsen, G, van Zoest, W, and van Vugt, M (2013) Gender and facial dominance in gaze cuing: Emotional context matters in the eyes that we follow, *PLOS ONE*, 8(4), e59471
- Olivola, CY, Eubanks, DL and Lovelace, JB (2014) The many (distinctive) faces of leadership: Inferring leadership domain from facial appearance, *The Leadership Quarterly*, 25(5), pp 817–34
- Panksepp, J and Biven, L (2012) *The Archaeology of Mind: Neuroevolutionary origins of human emotion*, W W Norton and Company, New York
- Phutela, D (2015) The importance of non-verbal communication, *IUP Journal of Soft Skills*, 9(4), p 43
- Plutchik, R (2001) The nature of emotions, *American Scientist*, 89(4), pp 344–50
- Psychogios, AG (2005) Towards a contingency approach to promising business management paradigms: The case of Total Quality Management, *Journal of Business and Society*, 18(1/2), pp 120–34
- Psychogios, A and Szamosi, TL (2015) Fight or fly? Rationalizing working conditions in a crisis context, 31st European Group of Organization Studies (EGOS) Colloquium, Athens, 1–4 July (Conference Proceedings)
- Psychogios, A, Szamosi, L, Brewster, C and Prouska, R (2019) Varieties of crisis and working conditions: A comparative study between Greece and Serbia, *European Journal of Industrial Relations*, DOI: 101177/0959680119837101
- Sanfey, AG (2007) Social decision-making: Insights from game theory and neuroscience, *Science*, 318(5850), pp 598–602
- Schultz, W (2002) Getting formal with dopamine and reward, *Neuron*, 36(2), pp 241–63
- Spisak, BR, Homan, AC, Grabo, A and Van Vugt, M (2012) Facing the situation: Testing a biosocial contingency model of leadership in intergroup relations using masculine and feminine faces, *The Leadership Quarterly*, 23(2), pp 273–80
- Ten Brinke, L, MacDonald, S, Porter, S and O'Connor, B (2012) Crocodile tears: Facial, verbal and body language behaviours associated with genuine and fabricated remorse, *Law and Human Behavior*, 36(1), p 51
- The Tomkins Institute (2014) Nine affects, present at birth, combine with life experience to form emotion and personality, www.tomkins.org/what-tomkins-said/introduction/nine-affects-present-at-birth-combine-to-form-emotion-mood- and-personality/ (archived at https://perma.cc/YV9R-ZGW2)
- Todorov, A, Olivola, CY, Dotsch, R and Mende-Siedlecki, P (2015) Social attributions from faces: Determinants, consequences, accuracy, and functional significance, *Annual Review of Psychology*, 66, pp 519–45
- Tomkins, S (2008) *Affect Imagery Consciousness (Volumes I and II)*, Springer Publishing Company, New York
- Trichas, S, Schyns, B, Lord, R and Hall, R (2017) 'Facing' leaders: Facial expression and leadership perception, *The Leadership Quarterly*, 28(2), pp 317–33
- Vugt, MV (2018) *Evolutionary, biological, and neuroscience perspectives, in The Nature of Leadership*, ed J Antonakis and DD Day, pp 189–217
- Wallis, C (2005) The new science of happiness, TIME Magazine, 17(1), http://content.time.com/time/magazine/article/0,9171,1015832,00.html (archived at https://perma.cc/HLQ2-GCY9)
- Wiseman, R (2009) *59 Seconds: Think a little, change a lot*, Macmillan, New York
- Wolpert, D (2011) The real reason for brains, www.youtube.com/watch?v=7s0CpRfyYp8 (archived at https://perma.cc/J6PC-7ZP4)
- Yu, AJ and Dayan, P (2005) Uncertainty, neuromodulation, and attention, *Neuron*, 46(4), pp 681–92

- Zimbardo, P (2007) *The Lucifer Effect: Understanding how good people turn evil*, Random House, New York

第六章

- Ackerman, JM, Nocera, CC and Bargh, JA (2010) Incidental haptic sensations influence social judgments and decisions, *Science*, 328, pp 1712–15
- Alter, A (2013) *Drunk Tank Pink: The subconscious forces that shape how we think, feel and behave*, Oneworld Publications, London
- Amaya, KA and Smith, KS (2018) Neurobiology of habit formation, *Current Opinion in Behavioral Sciences*, 20, 145–52
- Bargh, JA (1994) *The four horsemen of automaticity: Awareness, efficiency*, intention and control in social cognition, in Handbook of Social Cognition, 2nd edn, ed RS Wyer and TK Srull, pp 1–40, Erlbaum, Hillsdale
- Bargh, JA (2013) Social psychology cares about causal conscious thought, not free will per se, *British Journal of Social Psychology*, 52(2), pp 228–30
- Bargh, JA (2014) *Our unconscious mind, Scientific American*, 310(1, January), pp 20–27
- Bargh, J (2017) *Before You Know It: The unconscious reasons we do what we do*, William Heinemann, London
- Bargh, JA, Chen, M and Burrows, L (1996) Automaticity of social behavior: Direct effects of trait construct and stereotype activation on action, *Journal of Personality and Social Psychology*, 71(2), pp 230–44
- Barton, RA and Venditti, C (2014) Rapid evolution of the cerebellum in humans and other great apes, *Current Biology*, 24(20), pp 2440–44
- Baumeister, RF and Bargh, JA (2014) Conscious and unconscious: Toward an integrative understanding of human mental life and action, *in Dual-Process Theories of the Social Mind*, ed JW Sherman, B Gawronski and Y Trope, pp 35–49, Guilford Publications, New York
- Beard, A (2019) The right way to form new habits, https://hbr.org/podcast/2019/12/the-right-way-to-form-new-habits (archived at https://perma.cc/ 5EY4-WZB7)
- Bos, MW, Dijksterhuis, A and van Baaren, RB (2006) On making the right choice: The deliberation-without-attention effect, *Science*, 311(17 February), pp 1005–07
- Brandon, J (2015) 40 powerful words to help you lead a team, www.inc.com/john-brandon/40-words-of-leadership-wisdom.html (archived at https://perma.cc/ 3MY5-ELBE)
- Buchanan, DA and Hunczynsky, AA (2010) *Organizational Behaviour*, 7th edn, Prentice Hall, Upper Saddle River, NJ
- *Cambridge Advanced Learner's Dictionary and Thesaurus*, Cambridge University Press, http://dictionary.cambridge.org/dictionary/english/unconscious (archived at https://perma.cc/5V3S-YY3V)
- Chivers, T (2019) What's next for psychology's embattled field of social priming, *Nature*, www.nature.com/articles/d41586-019-03755-2 (archived at https://perma.cc/8FPS-MWBP)
- Chu, J (2013) TOMS sets out to sell a lifestyle, not just shoes, www.fastcompany.com/3012568/blake-mycoskie-toms (archived at https://perma.cc/ 59HV-FQSX)
- Clear, J (2018) *Atomic Habits: An easy and proven way to build good habits and break bad ones*, Random House Business, London
- Covey, S (1989) *The 7 Habits of Highly Effective People*, Free Press, New York
- Cuddy, A (2012) Your body language may shape who you are, www.ted.com/talks/amy_cuddy_your_body_language_may_shape_who_you_are (archived at https://perma.cc/KN9L-HS7S)
- Dahlén, M (2005) The medium as a contextual cue: Effects of creative media choice, *Journal of Advertising*, 34(3), pp 89–98

- Doya, K (2000) Complementary roles of basal ganglia and cerebellum in learning and motor control, *Current Opinion in Neurobiology*, 10(6), pp 732–39
- Doyen, S, Klein, O, Pichon, CL and Cleeremans, A (2012) Behavioral priming: It's all in the mind, but whose mind? *PLOS ONE*, 7(1), e29081
- Duhigg, C (2013) *The Power of Habit: Why we do what we do and how to change*, Random House, London
- Feldman, M (2000) *Organizational routines as a source of continuous change*, Organization Science, 1, pp 611–29
- Fitzsimmons, GM, Chartrand, TL and Fitzsimmons, GJ (2008) Automatic effects of brand exposure on motivated behavior: How Apple makes you 'Think Different', *Journal of Consumer Research*, 35(1), pp 21–35
- Flegal, KE and Anderson, MC (2008) Overthinking skilled motor performance: Or why those who teach can't do, *Psychonomic Bulletin and Review*, 15, pp 927–32
- Fried, I, Mukamel, R and Kreiman, G (2011) Internally generated preactivation of single neurons in human medial frontal cortex predicts volition, *Neuron*, 69(3), pp 548–62
- Gandel, S (2011) *The 7 Habits of Highly Effective People* (1989), by Stephen R Covey, in The 25 most influential business management books, http://content. time.com/time/specials/packages/article/0,28804,2086680_2086683_2087685, 00.html (archived at https://perma.cc/E7Y4-5GYF)
- Gazzaniga, MS (1998) *The Mind's Past*, University of California Press, Berkeley
- Gholipour, B (2019) A famous argument against free will has been debunked, www.theatlantic.com/health/archive/2019/09/free-will-bereitschaftspotential/ 597736/ (archived at https://perma.cc/5VP3-YMDA)
- Gigerenzer, G (2007) *Gut Feelings: Short cuts to better decision making*, Penguin, London
- Gladwell, M (2005) *Blink: The power of thinking without thinking*, Penguin Books, London
- Goldhill, O (2019) Neuroscientists can read brain activity to predict decisions 11 seconds before people act, https://qz.com/1569158/neuroscientists-read-unconscious-brain-activity-to-predict-decisions/ (archived at https://perma.cc/G8LY-CJE2)
- Graybiel, AM and Smith, KS (2014) Good habits, bad habits, *Scientific American*, 310(6), pp 38–43
- Groot, AD de and Gobet, F (1996) *Perception and Memory in Chess: Studies in the heuristics of the professional eye*, Van Gorcum, Assen
- Hong, YY, Morris, MW, Chiu, CY and Benet-Martinez, V (2000) Multicultural minds: A dynamic constructivist approach to culture and cognition, *American Psychologist*, 55(7), pp 709–20
- Hood, B (2012) *The Self Illusion: Why there is no 'you' inside your head*, Constable, London
- HR Exchange (2018) Employee engagement on the rise: Gallup survey shows increase from 2015, www.hrexchangenetwork.com/employee-engagement/articles/employee-engagement-on-the-rise-gallup-survey (archived at https://perma.cc/Q3ZF-DUXY)
- Jostmann, N, Lakens, D and Schubert, T (2009) Weight as an embodiment of importance, *Psychological Science*, September, doi 101111/j1467-9280200902426x
- Kahneman, D (2012) A proposal to deal with questions about priming effects, www.nature.com
- Kark, R and Shamir, B (2002) The dual effect of transformational leadership: Priming relational and collective selves and further effects on followers, *Transformational and Charismatic Leadership: The road ahead*, 2(2), pp 67–91
- Klein, GA (1998) *Sources of Power: How people make decisions*, MIT Press, Cambridge, MA
- Koenig-Robert, R and Pearson, J (2019) Decoding the contents and strength of imagery before volitional engagement, *Scientific Reports*, 9(1), p 3504

- Kosslyn, SM and Miller, GW (2013) *Top Brain, Bottom Brain: Surprising insights into how you think*, Simon and Schuster, New York
- Koziol, LF, Budding, DE and Chidekel, D (2010) Adaptation, expertise and giftedness: Towards an understanding of cortical, subcortical and cerebellar network contributions, *The Cerebellum*, 9(4), pp 499–529
- Kristof, ND (2008) What? Me biased? www.nytimes.com/2008/10/30/opinion/30kristof.html (archived at https://perma.cc/YD65-M3A6)
- Lally, P, Van Jaarsveld, CH, Potts, HW and Wardle, J (2010) How are habits formed? Modeling habit formation in the real world, *European Journal of Social Psychology*, 40(6), pp 998–1009
- Latu, IM, Mast, MS, Lammers, J and Bombari, D (2013) Successful female leaders empower women's behavior in leadership tasks, *Journal of Experimental Social Psychology*, 49(3), pp 444–48
- Libet, B, Gleason, CA, Wright, EW and Pearl, DK (1983) Time of conscious intention to act in relation to onset of cerebral activity (readiness-potential): The unconscious initiation of a freely voluntary act, *Brain*, 106(3), pp 623–42
- Lobel, T (2014) *Sensation: The new science of physical intelligence*, Icon Books, London
- McGilchrist, I (2012) *The Master and His Emissary: The divided brain and the making of the western world*, Yale University Press, New Haven, CT
- McGowan, K (2014) The second coming of Sigmund Freud, *Discover*, 24 April, pp 54–61
- Meyer, DE and Schvaneveldt, RW (1971) Facilitation in recognizing pairs of words: Evidence of a dependence between retrieval operations, *Journal of Experimental Psychology*, 90, pp 227–34
- Moravec, H (1988) *Mind Children: The future of robot and human intelligence, Harvard University Press*, Cambridge, MA
- Neal, DT, Wood, W and Quinn, JM (2006) *Habits: A repeat performance, Current Directions in Psychological Science*, 15(4), pp 198–202
- Newell, BR, Wong, KY, Cheung, JC and Rakow, T (2009) Think, blink or sleep on it? The impact of modes of thought on complex decision making, *The Quarterly Journal of Experimental Psychology*, 62(4), pp 707–32
- Pentland, B and Rueter, H (1994) Organizational routines as grammars of action, *Administrative Science Quarterly*, 39, pp 484–510
- Pentland, BT, Feldman, MS, Becker, MC and Liu, P (2012) Dynamics of organizational routines: A generative model, *Journal of Management Studies*, 49, pp 1484–508
- Robinson, K (2006) Do schools kill creativity? www.ted.com/talks/sir_ken_robinson_do_schools_kill_creativity (archived at https://perma.cc/58Z5- YHNP)
- Rosen, LD (2012) *iDisorder: Understanding our obsession with technology and overcoming its hold on us*, Macmillan. New York
- Saggar, M, Quintin, EM, Kienitz, E, Bott, NT, Sun, Z, Hong, WC, Chien NL, Dougherty, RF, Royalty, A, Hawthrone, G and Reiss, AL (2015) Pictionary- based fMRI paradigm to study the neural correlates of spontaneous improvisation and figural creativity, *Scientific Reports*, 5, article 10864
- Schacter, DL (1987) Implicit memory: History and current status, *Journal of Experimental Psychology: Learning, memory and cognition*, 13, pp 501–18
- Schultz, W and Romo, R (1990) Dopamine neurons of the monkey midbrain: Contingencies of responses to stimuli eliciting immediate behavioral reactions, *Journal of Neurophysiology*, 63(3), pp 607–24
- Soon, CS, Brass, M, Heinze, HJ and Haynes, JD (2008) Unconscious determinants of free decisions in the human brain, *Nature Neuroscience*, 11(5), pp 543–45
- Thompson, C (2013) *Smarter Than You Think: How technology is changing our minds for the better*, William Collins, London

- TOMS (2015) Your impact, https://www.toms.com/impact (archived at https://perma.cc/DFQ5-AAKS)Tucker, AL and Singer, SJ (2015) The effectiveness of management-by-walking-around: A randomized field study, Production and Operations Management, 24(2), pp 253–71
- Valera, FJ, Thompson, E and Rosch, E (1991) *The Embodied Mind: Cognitive science and human experience*, MIT Press, Cambridge, MA
- Verplanken, B and Orbell, S (2003) Reflections on past behavior: A self-report index of habit strength, *Journal of Applied Social Psychology*, 33(6), pp 1313–30
- Wig, GS, Grafton, ST, Demos, KE and Kelley, WM (2005) Reductions in neural activity underlie behavioral components of repetition priming, *Nature Neuroscience*, 8(9), pp 1228–33
- Williams, LE and Bargh, JA (2008) Experiencing physical warmth promotes interpersonal warmth, *Science*, 322, pp 606–07
- Wilson, TD (2002) *Strangers to Ourselves: Discovering the adaptive unconscious*, Harvard University Press, Cambridge, MA
- Winerman, L (2011) Suppressing the 'white bears', *APA Monitor on Psychology*, 42(9), October, p 44
- Wood, W and Neal, DT (2007) A new look at habits and the habit-goal interface, *Psychological Review*, 114(4), pp 843–63
- Zaltman, G (2003) *How Consumers Think: Essential insights into the mind of the market*, Harvard Business School Press, Boston, MA
- Zimbardo, P (2008) The psychology of evil, www.ted.com/talks/philip_zimbardo_the_psychology_of_evil (archived at https://perma.cc/JT2H-H78Z)

第七章

- Adolphs, R, Baron-Cohen, S and Tranel, D (2002) Impaired recognition of social emotions following amygdala damage, *Journal of Cognitive Neuroscience*, 14(8), pp 1264–74
- Axelrod, R (1984) *The Evolution of Cooperation*, Basic Books, New York
- Blair, HT (2001) Synaptic plasticity in the lateral amygdala: A cellular hypothesis of fear conditioning, *Learning and Memory*, 8(5), pp 229–42
- Boyatzis, RE, Passarelli, AM, Koenig, K, Lowe, M, Mathew, B, Stoller, JK and Phillips, M (2012) Examination of the neural substrates activated in memories of experiences with resonant and dissonant leaders, *The Leadership Quarterly*, 23(2), pp 259–72
- Brafman, O and Brafman, R (2010) *Click: The forces behind how we fully engage with people, work and everything we do*, Crown Business, New York
- Cabane, OF (2013) *The Charisma Myth: Master the art of personal magnetism*, Portfolio Penguin, London
- Capraro, V (2013) A model of human cooperation in social dilemmas, *PLOS ONE*, 8(8), e72427
- Chartrand, TL and van Baaren, RB (2009) Human mimicry, *Advances in Experimental Social Psychology*, 41, pp 219–74
- Cheng, Y, Meltzoff, AN and Decety, J (2007) Motivation modulates the activity of the human mirror neuron system, *Cerebral Cortex*, 17, pp 1979–86
- Christakis, NA and Fowler, JH (2010) *Connected: The surprising power of our social networks and how they shape our lives*, HarperPress, London
- Colvin, G (2015) Humans are underrated, *Fortune*, European Edition, 172(2), 1 August, pp 34–43
- Cozolino, L (2006) *The Neuroscience of Human Relationships: Attachment and the development of the social brain*, WW Norton & Company, London
- Dawkins, R (1976) *The Selfish Gene*, Oxford University Press, Oxford
- De Waal, F (2014) One for all, *Scientific American*, Special evolution issue: How we became human, 311(3), September, pp 52–55

- di Pellegrino, G, Fadiga, L, Fogassi, L, Gallese, V and Rizzolatti, G (1992) Understanding motor events: A neurophysiological study, *Experimental Brain Research*, 91(1), pp 176–80
- Dimitriadis, N (2008) Information flow and global competitiveness of industrial districts: Lessons learned from Kastoria's fur district in Greece, in *Innovation Networks and Knowledge Clusters: Findings and insights from the US, EU and Japan*, ed EG Carayannis, D Assimakopoulos and M Kondo, pp 186–209, Palgrave Macmillan, London
- Dimitriadis, N and Ketikidis, P (1999) Logistics and strategic enterprise networks: Cooperation as a source of competitive advantage, 4th Hellenic Logistics Conference, Sole – The International Society of Logistics – Athens Chapter (in Greek)
- Dimitriadis, N and Psychogios, A (2020) Social brain-constructed relational leadership: A neuroscience view of the leader–follower duality, CAFÉ Working Papers 1, Centre for Applied Finance and Economics, Birmingham City Business School
- Dumontheil, I, Apperly, IA and Blakemore, SJ (2010) Online usage of theory of mind continues to develop in late adolescence, *Developmental Science*, 13(2), pp 331–38
- Epley, N (2014) *Mindwise: Why we misunderstand what others think, believe, feel and want*, Allen Lane, London
- Fabbri-Destro, M and Rizzolatti, G (2008) Mirror neurons and mirror systems in monkeys and humans, *Physiology*, 23, pp 171–79
- Fox, E (2013) *Rainy Brain, Sunny Brain: How to retrain your brain to overcome pessimism and achieve a more positive outlook*, Arrow Books, London
- Frith, CD and Frith, U (1999) Interacting minds: A biological basis, *Science*, 286(5445), pp 1692–95
- Goleman, D and Boyatzis, R (2008) Social intelligence and the biology of leadership, *Harvard Business Review*, 86(9), pp 74–81
- Granovetter, MS (1973) The strength of weak ties, *American Journal of Sociology*, 78(6), pp 1360–80
- Granovetter, M (1983) The strength of weak ties: A network theory revisited, *Sociological Theory*, 1(1), pp 201–33
- Guzman, IP (2015) What is consciousness? Dr Michael Graziano and the attention schema theory, *BrainWorld*, 6(2), Winter, pp 46–49
- Halligan, P and Oakley, D (2015) Consciousness isn't all about you, you know, *New Scientist*, 227(3034), 15 August, pp 26–27
- Hallowell, EM (2011) *Shine: Using brain science to get the best from your people*, Harvard Business Review Press, Boston, MA
- Hattula, JD, Herzog, W, Dahl, DW and Reinecke, S (2015) Managerial empathy facilitates egocentric predictions of consumer preferences, *Journal of Marketing Research*, 52(2), pp 235–52
- Hewlett, SA (2014) *Executive Presence: The missing link between merit and success*, HarperCollins, New York
- Hickok, G (2009) Eight problems for the mirror neuron theory of action: Understanding in monkeys and humans, *Journal of Cognitive Neuroscience*, 21(7), pp 1229–43
- Iacoboni, M (2009) *Mirroring People: The science of empathy and how we connect with others*, Picardo, New York
- Jiang, J, Chen, C, Dai, B, Shi, G, Ding, G, Liu, L and Lu, C (2015) Leader emergence through interpersonal neural synchronization, *Proceedings of the National Academy of Sciences*, 112(14), pp 4274–79
- Keysers, C, (2010) *Mirror neurons, Current Biology*, 19(21), pp 971–73
- Kilner, JM (2011) More than one pathway to action understanding, *Trends in Cognitive Sciences*, 15(8), pp 352–57
- Klein, N and Epley, N (2015) Group discussion improves lie detection, *Proceedings of the National Academy of Sciences*, 112(24), pp 7460–65
- Korkmaz, B (2011) Theory of mind and neurodevelopmental disorders of childhood, *Pediatric Research*, 69, pp 101R–108R

- Kouzakova, M, van Baaren, R and van Knippenberg, A (2010) Lack of behavioral imitation in human interactions enhances salivary cortisol levels, *Hormones and Behavior*, 57, pp 421–26
- Levitin, DJ (2015) Why the modern world is bad for your brain, Guardian, www.theguardian.com/science/2015/jan/18/modern-world-bad-for-brain-daniel-j-levitin-organized-mind-information-overload (archived at https://perma.cc/ 7Q46-7LPJ)
- Lieberman, MD (2013) *Social: Why our brains are wired to connect*, Broadway Books, New York
- Malone, C and Fiske, ST (2013) *The Human Brand: How we relate to people, products and companies*, Jossey-Bass, San Francisco
- Marean, WM (2015) The most invasive species of all, *Scientific American*, 313(2), August, pp 22–29
- Marshall, J (2014) *Mirror neurons, Proceedings of the National Academy of Science USA*, 111(18), p 6531
- Martin, A and Weisberg, J (2003) Neural foundations for understanding social and mechanical concepts, *Cognitive Neuropsychology*, 20(3–6), pp 575–87
- McGilchrist, I (2012) *The Master and His Emissary: The divided brain and the making of the western world*, Yale University Press
- Molenberghs, P, Prochilo, G, Steffens, NK, Zacher, H and Haslam, SA (2017) The neuroscience of inspirational leadership: The importance of collective-oriented language and shared group membership, *Journal of Management*, 43(7), pp 2168–94
- Neffinger, J and Kohut, M (2014) *Compelling People: The hidden qualities that make us influential*, Fiaktus, London
- Ney, J (2014) Connectedness and the digital self: Jillian Ney at TEDx University of Glasgow, www.youtube.com/watch?v=3QA8iy7sjT8 (archived at https://perma.cc/K8A6-JTFY)
- Nowak, MA (2012) *Why we help, Scientific American*, 307(1), July, pp 20–25
- Parkinson, C, Kleinbaum, AM and Wheatley, T (2018) Similar neural responses predict friendship, *Nature Communications*, 9(1), pp 1–14
- Pattee, E (2019) How to have closer friendships (and why you need them) www.nytimes.com/2019/11/20/smarter-living/how-to-have-closer-friendships.html (archived at https://perma.cc/EK98-NY2B)
- Poulsen, K (2014) No limit: Two Las Vegas gamblers found a king-size bug in video poker. It was the worst thing that could have happened to them, *WIRED*, November, pp 138–45
- Premack, D and Woodruff, G (1978) Does the chimpanzee have a theory of mind? *Behavioral and Brain Sciences*, 1(4), pp 515–26
- Psychogios, A, Nyfoudi, M, Theodorakopoulos, N, Szamosi, LT and Prouska, R (2019) Many hands lighter work? Deciphering the relationship between adverse working conditions and organization citizenship behaviours in small and medium-sized enterprises during a severe economic crisis, *British Journal of Management*, 30(3), pp 519–37
- Ramachandran, VS (2011) *The Tell-Tale Brain: A neuroscientist's quest for what makes us human*, WW Norton, New York
- Ridley, M (1997) *The Origins of Virtue: Human instincts and the evolution of cooperation*, Penguin, London
- Rifkin, J (1995) *The End of Work: The decline of the global labor force and the dawn of the post-market era*, Putnam, New York
- Rizzolatti, G and Craighero, L (2004) The mirror-neuron system, *Annual Review of Neuroscience*, 27(1), pp 169–92
- Schulte-Rüther, M, Markowitsch, HJ, Fink, GR and Piefke, M (2007) Mirror neuron and theory of mind mechanisms involved in face-to-face interactions: A functional magnetic resonance imaging approach to empathy, *Journal of Cognitive Neuroscience*, 19(8), pp 1354–72

- Shaffer, M and Schiller, D (2020) In search of the brain's social road maps, *Scientific American*, February, pp 23–27
- Stix, G (2014) The 'it' factor, *Scientific American*, Special evolution issue: How we became human, 311(3), September, pp 72–79
- Sullivan, J (2015) Born to trust: The brain evolution as a social organism – a conversation with Louis Cozolino, PhD, *BrainWorld*, 6(2), Winter, pp 50–53
- Thaler, RH (2015) *Misbehaving: The making of behavioral economics*, Allen Lane, London
- Thaler, RH and Sunstein, CR (2008) *Nudge: Improving decisions about health, wealth and happiness*, Yale University Press, New Haven, CT
- Tomasello, MA (2014) *Natural History of Human Thinking, Harvard University Press*, Cambridge, MA
- Tomasello, M and Carpenter, M (2007) Shared intentionality, *Developmental Science*, 10(1), pp 121–25
- Van der Goot, MH, Tomasello, M and Liszkowski, U (2014) Differences in the nonverbal requests of great apes and human infants, *Child Development*, 85(2), pp 444–55
- Van Overwalle, F (2009) Social cognition and the brain: A meta-analysis, *Human Brain Mapping*, 30, pp 829–58
- Watts, DJ and Dodds, PS (2007) Influentials, networks and public opinion formation, *Journal of Consumer Research*, 34(4), pp 441–58
- Wimmer, H and Perner, J (1983) Beliefs about beliefs: Representation and constraining function of wrong beliefs in young children's understanding of deception, *Cognition*, 13(1), pp 103–28
- Winston, JS, Strange, BA, O'Doherty, J and Dolan, RJ (2002) Automatic and intentional brain responses during evaluation of trustworthiness of faces, *Nature Neuroscience*, 5(3), pp 277–83
- Young, LJ (2003) The neural basis of pair bonding in a monogamous species: A model for understanding the biological basis of human behavior, in Offspring: *Human fertility behavior in biodemographic perspective*, ed KW Wachter and RA Bulatao, pp 91–103, The National Academy Press, Washington DC
- Zak, P (2011) Trust, morality – and oxytocin? www.ted.com/talks/paul_zak_trust_morality_and_oxytocin (archived at https://perma.cc/888B-664L)

第八章

- AdAge (1999) John Wanamaker – special report: The advertising century, https://adage.com/article/special-report-the-advertising-century/john-wanamaker/140185 (archived at https://perma.cc/2C8S-H28B)
- Asch, SE (1951) Effects of group pressure on the modification and distortion of judgments, in *Groups, Leadership and Men*, ed H Guetzkow, pp 177–90, Carnegie Press, Pittsburgh
- Ashby, FG and O'Brien, JRB (2007) The effects of positive versus negative feedback on information–integration category learning, *Perception and Psychophysics*, 69, pp 865–78
- Berger, J (2016) *Invisible Influence: The hidden forces that shape behavior*, Simon and Schuster, New York
- Cialdini, RB (2007) *Influence: The psychology of persuasion*, HarperCollins, New York
- Cialdini, R (2016) *Pre-Suasion: A revolutionary way to influence and persuade*, Random House Books, London
- Cialdini, RB, Demaine, LJ, Sagarin, BJ, Barrett, DW, Rhoads, K and Winter PL (2006) Managing social norms for persuasive impact, *Social Influence*, 1(1), pp 3–15
- Cory, GA (2002) Reappraising MacLean's triune brain concept, in *The Evolutionary Neuroethology of Paul MacLean: Convergences and frontiers*, ed GA Cory and R Gardner, pp

9–27, Greenwood Publishing Group, Westport

- Dimitriadis, N (2014) Neuromarketing is the future, www.ekapija.com/website/en/page/842820/Nikolaos-Dimitriadis-CEO-of-DNA-communications-Neuro-marketing-is-the-future (archived at https://perma.cc/8DWY-TF4D)
- Dimitriadis, N (2015) The illusion of communication and its brain-based solution, TEDx, The University of Strathclyde, Glasgow, 25 April
- Dimitriadis, N and Psychogios, A (2020) Social brain-constructed relational leadership: A neuroscience view of the leader–follower duality, Working Paper 1, Centre for Applied Finance and Economics, Birmingham City Business School
- Dobelli, R (2013) *The Art of Thinking Clearly*, Spectre, London
- Fedor, DB, Davis, WD, Maslyn, JM and Mathieson, K (2001) Performance improvement efforts in response to negative feedback: The role of source power and recipient self-esteem, *Journal of Management*, 27, pp 79–97
- Festinger, L (1957) *A Theory of Cognitive Dissonance*, Row, Peterson, & Co, Evanston, IL
- Frazzetto, G and Anker, S (2009) Neuroculture, *Nature Reviews Neuroscience*, 10(11), pp 815–21
- French, JRP and Raven, BH (1959) The bases of social power, in *Studies of Social Power*, ed D Cartwright, pp 259–69, Institute for Social Research, Ann Arbor
- Goetz, T (2011) *The feedback loop, Wired Magazine*, July, pp 126–133, 162
- Haidt, J (2006) *The Happiness Hypothesis: Finding modern truth in ancient wisdom*, Basic Books, New York
- Harrington, A (1992) At the intersection of knowledge and values: Fragments of a dialogue in Woods Hole, Massachusetts, August 1990, in *So Human a Brain: Knowledge and values in the neuroscience*, ed A Harrington, pp 247–324, Springer Science and Business Media, New York
- Heath, C and Heath, D (2010) *Switch: How to change things when change is hard*, Crown Business, New York
- Hickson, DJ, Hinings, CR, Lee, CA, Schneck, RS and Pennings, JM (1971) A Strategic contingencies theory of intra-organizational power, *Administrative Science Quarterly*, 16, pp 216–29
- Ignatius, A (2013) Influence and leadership. Editorial on the HBR Special issue on influence: How to get it, how to use it, Harvard Business Review online, https://hbr.org/2013/07/influence-and-leadership (archived at https://perma.cc/ 5K4S-354G)
- Kahneman, D (2011) *Thinking, Fast and Slow, Farrar*, Straus and Giroux, New York
- Klucharev, V, Smidts, A and Fernández, G (2008) Brain mechanisms of persuasion: How 'expert power' modulates memory and attitudes, *Social Cognitive and Affective Neuroscience*, 3(4), pp 353–66
- Langer, EJ, Blank, A and Chanowitz, B (1978) The mindlessness of ostensibly thoughtful action: The role of 'placebic' information in interpersonal interaction, *Journal of Personality and Social Psychology*, 36(6), pp 635–42
- Leckart, S (2012) The hackathon is on: Pitching and programming the next killer app, Wired online, www.wired.com/2012/02/ff_hackathons/all/1 (archived at https://perma.cc/G57S-BMFN)
- MacLean, PD (1990) *The Triune Brain in Evolution: Role in paleocerebral functions*, Plenum Press, New York
- Mechanic, D (1962) Sources of power of lower participants in complex organizations, *Administrative Science Quarterly*, 7, pp 349–64

- Mercier, H and Sperber, D (2017) *The Enigma of Reason: A New theory of human understanding*, Allen Lane, London
- Montag, C and Panksepp, J (2017) Primary emotional systems and personality: An evolutionary perspective, *Frontiers in Psychology*, 8, p 464
- Newberg, A and Waldman, MR (2012) *Words Can Change Your Brain: 12 conversational strategies to build trust, resolve conflict and increase intimacy*, Hudson Street Press, New York
- Patchen, M (1974) The locus and basis of influence on organizational decisions, *Organizational Behavior and Human Performance*, 11, pp 195–221
- Pettigrew, A (1972) Information control as a power resource, *Sociology*, 6, pp 187–204
- Pribram, KH (2002) Pribram and MacLean in perspective, in *The Evolutionary Neuroethology of Paul MacLean: Convergences and Frontiers*, ed GA Cory and R Gardner, pp 1–8, Greenwood Publishing Group, Westport
- Psychogios, A, Antonacopoulou, A, Nyfoudi, M, Blakcori, F and Szamosi, TL (2018) How does feedback matter for the sustainability of organizational routines? Annual Meeting of the Academy of Management, August 2018, Chicago, Conference proceedings – paper 16801
- Psychogios, A, Blakcori, F, Szamosi, L and O'Regan, N (2019) From feeding-back to feeding-forward: Managerial feedback as a trigger of change in SMEs, *Journal of Small Business and Enterprise Development*, 26(1), pp 18–42
- Renvoise, P and Morin, C (2007) *Neuromarketing: Understanding the 'buy buttons' in your customer's brain*, SalesBrain LLC, San Francisco
- Sullivan, J (2015) Born to trust: The brain evolution as a social organism – a conversation with Louis Cozolino, PhD, *BrainWorld*, 6(2), Winter, pp 50–53
- Yeung, R (2011) *I is for Influence: The new science of persuasion*, Macmillan, London

結語

- Arons, MDS, van den Driest, F and Weed, K (2014) The ultimate marketing machine, *Harvard Business Review*, July–August, 92(7), pp 54–63
- Bradbury, H and Lichtenstein, B (2000) Relationality in organizational research: Exploring the 'space between', *Organization Science*, 11(5), pp 551–64
- Dihn, J, Lord, RG, Gardner, W, Meuser JD, Liden, RC and Hu, J (2014) Leadership theory and research in the new millennium: Current theoretical trends and changing perspectives, *The Leadership Quarterly*, 25, pp 36–62
- Dimitriadis, N and Psychogios, A (2020) Social brain-constructed relational leadership: A neuroscience view of the leader–follower duality, CAFÉ Working Papers 1, Centre for Applied Finance and Economics, Birmingham City Business School
- Donoghue, J (2015) Neurotechnology, in *The Future of the Brain: Essays by the world's leading neuroscientists*, ed G Marcus and J Freeman, pp 219–33, Princeton University Press, Princeton
- Dunbar, RIM (1998) *The social brain hypothesis, Evolutionary Anthropology: Issues, news, and reviews*, 6(5), pp 178–90
- Duncan, A (2019) Mind-reading technology is closer than you think, www.fastcompany.com/90388440/mind-reading-technology-is-closer-than-you-think (archived at https://perma.cc/CF9U-DYYX)
- Eveleth, R (2015) I emailed a message between two brains, www.bbc.com/future/story/20150106-the-first-brain-to-brain-emails (archived at https://perma.cc/NB5F-PFU2)
- Gamble, C, Gowlett, J and Dunbar, R (2014) *Thinking Big: How the evolution of social life shaped the human mind*, Thames and Hudson, London

- Grau, C, Ginhoux, R, Riera, A, Nguyen, TL, Chauvat, H, Berg, M, Amengual, JL, Pascual-Leone, A and Ruffini, R (2014) Conscious brain-to-brain communication in humans using non-invasive technologies, *PLOS ONE*, 9(8), e105225, doi 101371/journalpone0105225
- Jiang, L, Stocco, A, Losey, DM, Abernethy, JA, Prat, CS and Rao, RP (2019) Brainnet: A multi-person brain-to-brain interface for direct collaboration between brains, *Scientific Reports*, 9(1), pp 1–11
- Kaku, M (2015) *The Future of the Mind: The scientific quest to understand, enhance, and empower the mind*, Anchor Books, New York
- Kotter, JP (2012) *Accelerate! Harvard Business Review*, November
- Kotter, JP (2014) *XLR8: Building strategic agility for a faster-moving world*, Harvard Business Review Press, Boston
- Marcus, G and Freeman, J (2015) *Preface, in The Future of the Brain: Essays by the world's leading neuroscientists*, ed G Marcus and J Freeman, pp xi–xiii, Princeton University Press, Princeton
- Markram, H (2013) Seven challenges for neuroscience, *Functional Neurology*, 28(3), pp 145–51
- Moses, DA, Leonard, MK, Makin, JG and Chang, EF (2019) Real-time decoding of question-and-answer speech dialogue using human cortical activity, *Nature Communications*, 10(1), pp 1–14
- Nishimoto, S, Vu, AT, Naselaris, T, Benjamini, Y, Yu, B and Gallant, JL (2011) Reconstructing visual experiences from brain activity evoked by natural movies, *Current Biology*, 21(19), pp 1641–46
- O'Boyle, EJ (2007) Requiem for Homo Economicus, *Journal of Markets and Morality*, 10(2), pp 321–37
- Psychogios, A and Garev, S (2012) Understanding complexity leadership behaviour in SMEs: Lessons from a turbulent business environment, *Emergence: Complexity and organization*, 14(3), pp 1–22
- Rao, RPN, Stocco, A, Bryan, M, Sarma, D, Youngquist, TM and Wu, J (2014) A direct brain-to-brain interface in humans, *PLOS ONE*, 9(11), e111332, doi 101371/journalpone0111332
- Requarth, T (2015) This is your brain. This is your brain as a weapon, Foreign Policy, https://foreignpolicy.com/2015/09/14/this-is-your-brain-this-is-yourbrain-as-a-weapon-darpa-dual-use-neuroscience/ (archived at https://perma.cc/AY6E-ZN59)
- Rogers, S (2019) Brain–computer technology is accelerating: Will we soon be typing with our minds? www.forbes.com/sites/solrogers/2019/09/25/brain-computer-technology-is-accelerating-will-we-soon-be-typing-with-our-minds/#4b78fadd483c (archived at https://perma.cc/PX3Z-BAUQ)
- Uhl-Bien, M (2005) Implicit theories of relationships in the workplace, in *Implicit Leadership Theories: Essays and explorations*, ed B Schyns and JR Meindl, pp 103–33, Information Age Publishing, Greenwich, CT
- Uhl-Bien, M (2006) Relational leadership theory: Exploring the social processes of leadership and organizing, *The Leadership Quarterly*, 17(6), pp 654–76

領導力腦科學：精進大腦適應性，優化你的領導實用智慧

Neuroscience for Leaders: Practical insights to successfully lead people and organizations

作　　者　尼可拉斯・狄米崔亞迪斯（Nikolaos Dimitriadis）、
　　　　　亞歷山卓斯・皮斯荷納斯（Alexandros Psychogios）
譯　　者　駱香潔
責任編輯　夏于翔
特約編輯　周書宇
內頁構成　葉若蒂
封面美術　萬勝安

發 行 人　蘇拾平
總 編 輯　蘇拾平
副總編輯　王辰元
資深主編　夏于翔
主　　編　李明瑾
業　　務　王綬晨、邱紹溢
行　　銷　曾曉玲
出　　版　日出出版
　　　　　地址：10544 台北市松山區復興北路 333 號 11 樓之 4
　　　　　電話：02-2718-2001 傳真：02-2718-1258
　　　　　網址：www.sunrisepress.com.tw
　　　　　E-mail 信箱：sunrisepress@andbooks.com.tw
發　　行　大雁文化事業股份有限公司
　　　　　地址：10544 台北市松山區復興北路 333 號 11 樓之 4
　　　　　電話：02-2718-2001 傳真：02-2718-1258
　　　　　讀者服務信箱 : andbooks@andbooks.com.tw
　　　　　劃撥帳號 :19983379 戶名：大雁文化事業股份有限公司
印　　刷　中原造像股份有限公司
初版一刷　2022 年 7 月
初版二刷　2022 年 10 月
定　　價　520 元
I S B N　978-626-7044-55-1

國家圖書館出版品預行編目 (CIP) 資料

領導力腦科學 : 精進大腦適應性 , 優化你的領導實用智慧 / 尼可拉斯 . 狄米崔亞迪斯 (Nikolaos Dimitriadis), 亞歷山卓斯 . 皮斯荷納斯 (Alexandros Psychogios) 著 ; 駱香潔譯 . -- 初版 . -- 臺北市 : 日出出版 : 大雁文化事業股份有限公司發行 , 2022.07 , 368 面 ; 17x23 公分
譯自 : Neuroscience for leaders : practical insights to successfully lead people and organizations.
ISBN 978-626-7044-55-1(平裝)
1.CST: 神經系統 2.CST: 認知心理學 3.CST: 領導
394.9　　111008592